气候变化对流域水土环境中污染物迁移转化过程的影响及效应

夏星辉 李 阳 刘瑞民 著

科 学 出 版 社

北 京

内 容 简 介

本书将实验模拟和模型模拟研究相结合，深入系统地阐述气候变化及气象要素对典型污染物在流域水土环境中迁移转化行为的影响及效应，分析气候变化及气象要素对污染物在河道外的土壤环境过程、坡面–河道界面过程（即非点源污染产生与入河过程）以及在河道内迁移转化过程的影响，主要包括以下几方面内容：①研究增温对植物富集多环芳烃的影响以及增温对蔬菜叶面农药光解的影响；②分析气候因子对农田非点源氮迁移转化和三种温室气体（CO_2、CH_4和N_2O）排放的影响；③研究流域非点源污染特征及其对气候变化的响应，探究气候要素产品对非点源污染模拟的影响；④分析增温对水体典型有毒有机污染物生物有效性的影响机制及效应；⑤分析气象要素对纳米/微塑料等新污染物在水体中的环境行为及毒性的影响机制；⑥以典型污染物多环芳烃为例，从全国尺度分析气候变化对污染物在水–土–气–生物等多介质中的分布及健康风险的影响，为气候变化背景下污染物的风险管理提供科学依据。

本书可作为高等院校环境科学与工程、地球化学、自然地理学、水利工程等专业研究生和高年级本科生的参考书，同时也可供环保和水利等部门的研究与管理人员参考。

审图号：GS 京（2024）1271 号

图书在版编目（CIP）数据

气候变化对流域水土环境中污染物迁移转化过程的影响及效应／夏星辉，李阳，刘瑞民著. 北京：科学出版社，2024. 8. -- ISBN 978-7-03-078903-7

Ⅰ. X5

中国国家版本馆 CIP 数据核字第 2024NJ4001 号

责任编辑：杨逢渤／责任校对：樊雅琼
责任印制：赵　博／封面设计：无极书装

科 学 出 版 社 出版
北京东黄城根北街 16 号
邮政编码：100717
http://www.sciencep.com

涿州市般润文化传播有限公司印刷
科学出版社发行　各地新华书店经销

*

2024 年 8 月第　一　版　　开本：787×1092　1/16
2024 年 11 月第二次印刷　　印张：18 3/4
字数：450 000

定价：228.00 元
（如有印装质量问题，我社负责调换）

前　言

生态环境质量改善和全球气候变化应对是当今全世界面临的重大挑战。生态环境质量同时又受全球气候变化的影响，水土环境质量受污染物在水土环境系统中迁移转化的影响，后者又直接受气象要素的影响。气候变化以及降水、气温、风速和辐射等气象要素的变化首先会影响污染物在土壤环境中的挥发、沉降、吸附、解吸、光降解、生物降解与生物富集等迁移转化过程。同时，气象要素的变化还会影响陆生植物的生长和土壤微生物的群落结构，这些将进一步影响污染物在土壤环境中的迁移转化作用和生物富集过程。另外，气象要素的变化还会影响土地利用类型和水土流失，从而进一步影响污染物从土壤环境进入水环境的过程和途径，进一步影响水体的非点源污染。在水环境中，气象要素会同样影响水体污染物的吸附解吸、生物降解和生物富集等过程。同时，气象要素还会影响污染物在沉积物和上覆水体之间的交换。因此，气象要素将影响污染物在水土环境中的来源、分布、迁移转化以及生态效应，从而最终影响水土环境质量。

作者将实验模拟和模型模拟研究相结合，深入系统地阐述了气候变化及气象要素对典型污染物在流域水土环境中迁移转化行为的影响及效应，分析了气候变化及气象要素对污染物在河道外的土壤环境过程、坡面-河道界面过程（即非点源污染产生与入河过程）以及在河道内迁移转化过程的影响。本书主要包括以下几方面的内容：①研究增温对植物富集多环芳烃的影响以及增温对蔬菜叶面农药光解的影响；②分析气候因子对农田非点源氮的迁移转化和 N_2O 排放的影响，同时综合分析升温对农田土壤中三种温室气体（CO_2、CH_4 和 N_2O）排放的影响强度和影响机制；③研究流域非点源污染特征及其对气候变化的响应，进一步探究气象要素产品对非点源污染模拟的影响；④分析增温对水体典型有毒有机污染物生物有效性的影响及效应，探讨升温通过影响污染物的赋存形态以及生物的生理特征进而影响污染物生物有效性的机制；⑤分析气象要素对纳米/微塑料等新污染物在水体中的环境行为及毒性的影响机制；⑥以典型污染物多环芳烃为例，从全国尺度分析气候变化对污染物在水-土-气-生物等多介质中的分布及健康风险的影响，为气候变化背景下污染物的风险管理提供科学依据。

本书得以完成，要感谢许多同行和同事的支持与帮助，特别要感谢数届博士、硕士研究生席楠楠、高会、王清睿、王薪杰、赵俭、陈建、保嘉傲、张倩茹、黄靖、商恩香等与作者共同完成相关研究课题，他（她）们与作者合作发表了系列科技论文，这些论文以及他（她）们的学位论文是本书的写作基础。

鉴于作者水平有限，在研究和撰写过程中难免存在一些不足之处，且环境科学与工程等相关学科在不断发展，书中有些认识可能存在偏差，敬请广大读者批评指正，以便进一步完善和提高。

作　者

2023 年 3 月

目 录

第1章 | 绪 论

1.1 气候变化的内涵

气候变化是指气候平均状态随时间的变化，通常用不同时期的温度和降水等气候要素的统计量的差异来反映，即气候平均状态和离差（距平）两者中的一个或两个一起出现了统计意义上的显著变化。气候变化泛指各种时间尺度气候状态的变化，范围从最长的几十亿年到最短的年际变化，可分为地质时期气候变化、历史时期气候变化和现代气候变化。目前科学界和各国政府更关注的是现代气候变化，即这种很有可能是由人类活动导致的气候变化。据政府间气候变化专门委员会（IPCC）第六次评估报告，自 2011 年以来（AR5 报告的测量数据），大气中温室气体（GHG）的浓度在持续增加，到 2019 年，二氧化碳（CO_2）、甲烷（CH_4）和一氧化二氮（N_2O）年平均浓度分别为 410ppm[①]、1866ppb[②] 和 332ppb。与 2011 年相比，三者的增幅分别为 19ppm、63ppb 和 8ppb。大气中这些温室气体浓度的增加可以说主要是人类活动排放所致，而且目前认为大气温室气体浓度的增加引发了全球变暖。

据 IPCC 第六次评估报告，过去四十年中的每一个十年都比 1850 年以来的任何十年更温暖。21 世纪前 20 年（2001～2020 年）的全球表面温度比 1850～1900 年高 0.99 [0.84～1.10]℃。2011～2020 年全球表面温度比 1850～1900 年高 1.09 [0.95～1.20]℃，其中，陆地表面增温（1.59 [1.34～1.83]℃）高于海洋表面增温（0.88 [0.68～1.01]℃）。从 1850～1900 年到 2010～2019 年，人类活动造成的全球表面温度上升的可能范围为 0.8～1.3℃，最佳估计为 1.07℃。很可能是混合良好的温室气体导致 1.0～2.0℃ 的升温，其他人类驱动因素（主要是气溶胶）导致 0～0.8℃ 的降温，自然驱动因素将全球表面温度改变了-0.1～0.1℃，内部变率将其改变了-0.2～0.2℃。自 1979 年以来，温室气体很有可能是对流层变暖的主要驱动因素，而人类活动造成的平流层臭氧损耗极有可能是 1979 年到 20 世纪 90 年代中期平流层低层冷却的驱动因素。几乎可以肯定的是，自 20 世纪 50 年代以来，极端高温（包括热浪）在大部分陆地地区变得更频繁、更强烈，而极端低温（包括寒潮）变得越来越不频繁和不强烈。

与陆地表面增温相对应，自 1950 年以来，全球陆地平均降水量很可能在持续增加，且自 20 世纪 80 年代以来增长速度更快。与此同时，大部分地区强降水事件发生的频率和强度均有所增加。另外，伴随着温度和降水的变化，辐射和风速等其他气象要素也在发生

---

① 1ppm = 10^{-6}。

② 1ppb = 10^{-9}。

变化。所有这些气象要素的变化既体现在长时间趋势性的变化，又包括极端气候事件等短时间的剧烈波动。

1.2 气候变化对流域水土环境中污染物 迁移转化过程的影响途径

目前有关气候变化对水文循环和水资源的影响研究较多，但有关气候变化对污染物迁移转化过程影响的研究相对较少，尤其缺乏将流域水土环境作为一个整体进行研究。气候变化以及降水、气温、风速和辐射等气象要素的变化首先会影响污染物在土壤环境中的挥发、沉降、吸附、解吸、光降解、生物降解和生物富集等迁移转化过程（图 1-2-1）。同时，气象要素的变化还会影响陆生植物的生长和土壤微生物的群落结构，这些将进一步影响污染物在土壤环境中的迁移转化作用和生物富集过程。另外，气象要素的变化还会影响土地利用类型和水土流失，从而进一步影响污染物从土壤环境进入水环境的过程和途径，进一步影响水体的非点源污染。在水环境中，气象要素会同样影响水体污染物的吸附解吸、生物降解和生物富集等过程。同时，气象要素还会影响污染物在沉积物和上覆水体之间的交换。因此，气象要素将影响污染物在水土环境中的来源分布、迁移转化以及生态效应，从而最终影响水土环境质量（图 1-2-1）。

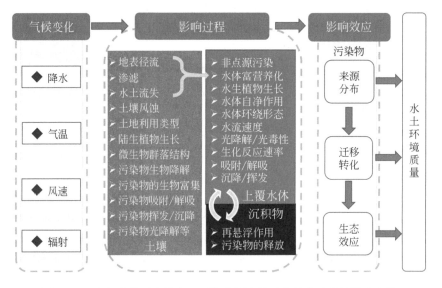

图 1-2-1 气候变化对流域水土环境中污染物迁移转化过程的影响途径

污染物在流域水土环境中的迁移转化主要受控于各种水土界面过程，包括流域河道外的土壤–水界面、坡面–河道界面（包括物质通过地表径流等汇入河道的路径）以及河道内的水–沉积物和水–悬浮颗粒物界面（图 1-2-2）。气候变化及气象要素将通过影响污染物的水土界面过程，进而影响污染物的赋存形态、在水土环境中的迁移转化，以及对生物的有效性和生态效应，最终影响水土环境质量。

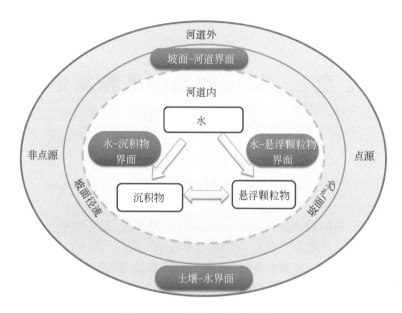

图 1-2-2　流域水土界面示意图

1.3　本书的主要内容

本书重点遴选对气候变化敏感的水土环境质量要素，包括碳氮元素及温室气体、有毒有机污染物和新污染物等，将实验模拟和模型模拟研究相结合，深入系统地阐述气候变化及气象要素对典型污染物在流域水土环境中迁移转化行为的影响及效应，分析气候变化及气象要素对污染物在河道外的土壤环境过程、坡面–河道界面（包括污染物通过地表径流等汇入河道的路径）过程以及在河道内的环境过程的影响。本书具体包括以下几方面的内容：①研究增温对植物富集多环芳烃的影响以及增温对蔬菜叶面农药光解的影响；②分析气候因子对农田非点源氮的迁移转化和 N_2O 排放的影响，同时综合分析升温对农田土壤中三种温室气体（CO_2、CH_4 和 N_2O）排放的影响强度和影响机制；③研究流域非点源污染特征及其对气候变化的响应，进一步探究气候要素产品对非点源污染模拟的影响；④分析增温对水体典型有毒有机污染物生物有效性的影响机制及效应，探讨升温通过影响污染物的赋存形态以及生物的生理特征进而影响污染物生物有效性的机制；⑤分析气候要素对纳米材料和微塑料等新污染物在水体中的环境行为及毒性的影响机制；⑥以典型污染物多环芳烃为例，从全国尺度分析气候变化对污染物在水–土–气–生物等多介质中的分布及健康风险的影响，为气候变化背景下污染物的风险管理提供科学依据。

第 2 章 | 增温对典型植物富集多环芳烃的影响

2.1 引 言

疏水性有机物（hydrophobic organic compounds，HOCs）是环境中一类被主要关注的有机污染物，广泛存在于环境各介质中（González-Gaya et al.，2019）。HOCs 具有较强的亲脂性、持久性和毒性效应，其会在大气–土壤–水体–植物系统中进行相间分配，并倾向于蓄积在可食用植物体内，通过食物链传递，最终危害人体健康（Zhu et al.，2016）。目前，已有大量学者关注了 HOCs 在植物体内的吸收和转运过程，也取得了一定的进展（Gong et al.，2020；Nason et al.，2019；Sun et al.，2019）。但值得注意的是，在自然环境中，HOCs 在植物体内的富集过程往往还受到多环境胁迫因子（如气候变化和共存重金属）的复合影响。

迄今，许多证据表明全球气温正在持续且快速地增加，而且发现气候变暖会显著影响 HOCs 在大气–土壤–水体–植物系统的环境行为（Marquès et al.，2016）。然而，目前有关气候变暖背景下，HOCs 在植物体内富集和转运的研究尚未见报道。另外，众多学者一致认为 HOCs 和重金属往往以共存的形式存在于多数污染土壤中，如在工业废水排放地、矿业和冶金工业站点、电子垃圾回收站、用废水灌溉的农业地、自然沉积物（Huang et al.，2016；Viana et al.，2012）。近年来，许多学者探究共存重金属对植物富集 HOCs 的影响时发现，其存在促进或抑制作用甚至无明显作用（Deng et al.，2018；Hu et al.，2019）。这些不一致的结果表明，现有的相关机理还不能很好地解释重金属对植物富集 HOCs 的影响。此外，目前有关气候变暖背景下，重金属对植物富集 HOCs 的影响及其健康风险研究尚处于空白。

为此，本研究选取多环芳烃（polycyclic aromatic hydrocarbons，PAHs）为 HOCs 代表，进而探究：①增温对 PAHs 在菠菜体内的富集和吸收途径的影响。②重金属（以铜为例）对菠菜富集 PAHs 的影响机制，并综合考虑菠菜生理特性以及铜和 PAHs 之间的分子间作用（如阳离子–π 作用）；重点探究阳离子–π 作用对 PAHs 生物有效性的影响，以及验证铜–PAHs 络合物是否具有植物有效性。③增温和铜双重胁迫对菠菜富集 PAHs 的影响；明确增温和重金属之间的交互作用；定量评估同时通过土壤暴露、空气吸入和菠菜摄取三种途径暴露于 PAHs 产生的致癌风险。在气候变暖和有机物–无机物复合土壤污染的背景下，本研究将为理解 HOCs 在可食用植物体内的富集过程以及评估农产品安全提供科学依据。

2.2 研究方法

2.2.1 实验材料

PAHs 的选取：本研究选取萘（Nap）、菲（Phe）、蒽（Ant）、荧蒽（Fla）、芘（Pyr）和苯并（a）蒽（BaA）六种典型的 PAHs 作为研究对象，其正辛醇-水分配系数（log K_{ow}）范围为 5.13~10.2。为了避免环境背景 PAHs 的干扰，本研究选用氘代 PAHs。

土壤样品的采集：采样点位于我国河北省保定市的一块典型农业用地（39°25′54″N；115°41′56″E）。采集表层的土壤（~20cm）。土壤为褐土，有机碳含量为 1.61%，pH 为 8.17。

菠菜幼苗的栽培：培养方式为土培和水培，其中水培用 1/2 强度的霍格兰营养液培养。幼苗在人工气候箱中培养，光照/黑暗时间为 16h/8h，相应温度为 18℃/13℃，光照强度为 12000lx，湿度为 75%。

2.2.2 土壤-大气-植物密闭微宇宙的构建

本研究构建了土壤-大气-植物密闭微宇宙以期探究土壤-根部（soil-root）和土壤-大气-茎叶（soil-air-shoot）两种吸收途径对 PAHs 在菠菜体内总富集量的相对贡献。如图 2-2-1 所示，土壤-大气-植物密闭微宇宙的主体为有机玻璃圆筒，包括茎叶室（高 15cm、直径 25cm）和根部室（高 15cm、直径 15cm）。加入一定量的 NaOH/NaHCO₃ 缓冲液以调节圆筒内的 CO_2 浓度相对不变。圆筒内置集成传感器，以监测 CO_2 浓度和湿度。

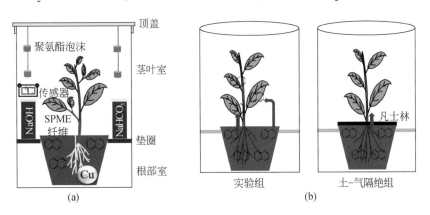

图 2-2-1 土壤-大气-植物密闭微宇宙示意图（a）及吸收途径实验处理组（b）

2.2.3　增温对多环芳烃在菠菜体内的富集和吸收途径的影响

温度设置为 15℃/10℃ （黄淮海流域菠菜收割时期的平均温度） 和 21℃/16℃ ［Sun 等 （2015） 基于模型预测到 21 世纪末黄淮海流域的平均气温将增加 6℃］。将 PAHs 加载到土壤老化 4 周后测定 PAHs 的浓度并开展土培实验。一根 SPME 纤维插入根际土中用来萃取土壤孔隙水中植物有效态的 PAHs。将四个聚氨酯泡沫悬挂在每个 PVP 盆上方，用于采集气相中的 PAHs （图 2-2-1）。每个处理组设置三个重复。45 天后，收集聚氨酯泡沫、菠菜根茎叶、土壤样品和 SPME 纤维，并置于−20℃条件下保存待测。

为了探究根部吸收和茎叶吸收的相对贡献以及增温的影响，本研究设置了实验组和土-气隔绝组 （图 2-2-1）。其中实验组中积累在茎叶中的 PAHs 来源于根部的向顶运输和气相的茎叶吸收。土-气隔绝组中土壤表面涂抹了一层凡士林以阻隔 PAHs 的土-气交换，因此土-气隔绝组茎叶中的 PAHs 只来源于根部的向顶运输。每个处理组设置三个重复。

2.2.4　铜对菠菜富集多环芳烃的影响

2.2.4.1　铜对菠菜吸收多环芳烃的影响

水培实验处理组如下：PAHs （对照组），PAHs+Cu。营养液中 PAHs 的浓度设置为 1~2μg/L （PAHs 的环境相关浓度）。Cu 的浓度设置为 1μmol/L （Cu1）、10μmol/L （Cu10）、50μmol/L （Cu50）、100μmol/L （Cu100） （Cu 的环境相关浓度）。每个处理组设置三个重复。将一根 SPME 纤维置于溶液中用来萃取溶液中植物有效态的 PAHs。人工气候箱设置条件同上。14 天后，收集菠菜根茎叶和 SPME 纤维，于−20℃条件下保存待测。

2.2.4.2　表征多环芳烃和铜之间的阳离子-π作用

PAHs 在电解质溶液中的溶解度可以表征 PAHs 和水合 Cu^{2+} 之间的亲和力大小。因此，本研究首先开展溶解度增强实验，测定了不同 Cu 浓度溶液 （0~400mmol/L） 中 PAHs 的溶解度。然后利用量子化学软件模拟计算水环境中 PAHs 和 Cu 之间的阳离子-π作用，以及温度的影响。最后利用 X 射线吸收近边结构 （XANES） 技术来验证 PAHs-Cu 络合物是否能被菠菜根部直接吸收。具体细节详见作者团队先前的研究 （Chen et al., 2020a）。

2.2.5　增温和铜双重胁迫对菠菜富集多环芳烃的影响

本节选用老化土壤 （PAHs 老化 4 周） 开展土培实验。土培实验主要有如下处理组：PAHs （对照组），PAHs+增温 （+6℃），PAHs+Cu，PAHs+增温+Cu。$CuSO_4$ 在土壤中的浓度分别为 100mg/kg （Cu100）、200mg/kg （Cu200）、400mg/kg （Cu400） 和 600mg/kg （Cu600）。温度设置为 15℃/10℃ 和 21℃/16℃。每个处理组设置三个重复。45 天后，按上述方法进行采样。

2.2.6 化学和生物分析

PAHs 的测定：固体样品（土壤样品、植物样品和聚氨酯泡沫样品）中 PAHs 的测定采用超声–溶剂萃取法，水溶液中 PAHs 的测定采用液–液萃取的方法。为了测定植物有效态的浓度，将 SPME 纤维浸泡在甲醇中，平衡两天后上机测定。本研究采用气相色谱–质谱联用仪（GC-MS，Shimadzu，TQ8040，Japan）对上述样品中的 PAHs 进行定性和定量分析。具体样品萃取方法和仪器运行条件可参照作者团队先前的研究（Chen et al., 2019；Zhai et al., 2018）。

土壤中水溶态 Cu 的测定：按 1∶5 的土水比，充分摇匀 30min 后，离心 15min，最后过 0.22μm 滤膜。加入适量 1% 的稀硝酸溶液酸化样品后，利用电感耦合等离子体质谱仪（ICP-MS，Shimadzu，ICPMS-2030，Japan）测定样品中 Cu 的浓度。

植物生理特性的测定：利用正己烷和乙醇混合液（$v∶v=1∶1$），超声萃取，测定菠菜的脂肪和碳水化合物的含量（Yang et al., 2017）。将样品置于 121℃ 条件下灭菌 20min，用电导率测定仪测定溶液灭菌前后的电导率，可得菠菜根部的电解质渗透率（Fu et al., 2018）。

土壤理化性质的测定：以 1∶2.5 的土水比混合摇匀 30min 后，测定土壤的 pH。土壤中 *nidA* 基因（芘的功能降解基因）拷贝数的测定参考作者团队先前的研究（Xia et al., 2015）。

2.3 增温对菠菜富集多环芳烃的影响

2.3.1 增温对菠菜生长的影响

如表 2-3-1 所示，增温会显著增加菠菜茎叶和根部的生物量（$p<0.05$），分别增加了 22.4% 和 13.1%。这是因为温度升高会促进叶片的光合作用，这可从增加的叶绿素含量得到验证。另外，增温会略微降低根部的脂肪含量，这可能是因为生长稀释和脂质过氧化。

表 2-3-1　不同温度条件下菠菜的生理特性和土壤中 *nidA* 基因拷贝数

温度	茎叶生物量/mg FW	根部生物量/mg FW	叶绿素（SPAD）	根部脂肪含量/%	*nidA* 基因拷贝数/g⁻¹ 土壤
15℃/10℃	1148.9±73.2	42.8±2.5	24.4±0.9	1.82	$5.52×10^5$
21℃/16℃	1405.8±108.5	48.4±1.2	27.4±2.4	1.56	$2.09×10^6$

2.3.2 增温对土壤中菠菜吸收多环芳烃的影响

如图 2-3-1 所示，增温会显著降低菠菜根部和茎叶中 PAHs 的浓度（$p<0.05$）。例如，

增温后，茎叶中菲（Phe）、蒽（Ant）、荧蒽（Fla）和芘（Pyr）的浓度分别下降了24.4%、54.7%、41.8%和41.7%。为进一步评估菠菜吸收PAHs的能力，本研究计算了PAHs的生物富集系数。结果表明，4种PAHs的菠菜根部富集系数（RCF）的对数值与其log K_{ow}之间存在显著正相关（$p<0.01$，图2-3-2），这表明根部吸收PAHs可视为PAHs在土壤固相–土壤水相–植物水相–植物有机相的一系列连续分配过程。然而，PAHs的菠菜茎叶富集系数（SCF）的对数值与其log K_{ow}之间不存在显著相关性（$p>0.05$），这是因为茎叶中的PAHs不仅来源于根部的向顶运输，还来源于气相的茎叶吸收。另外，增温会轻微降低PAHs的RCF，这是因为PAHs从土壤孔隙水到植物有机相的分配是一个自发且放热的过程（Chen et al.，2020b）。

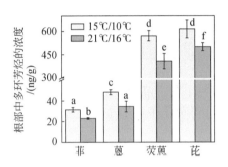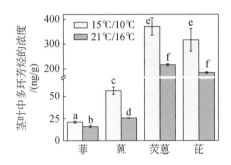

图 2-3-1　不同温度条件下菠菜组织中 PAHs 的浓度

不同的字母表明存在显著差异。下同

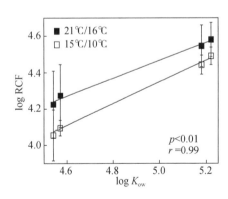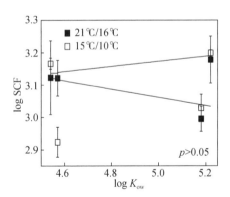

图 2-3-2　PAHs 的根部富集系数或茎叶富集系数的对数值与其 log K_{ow} 之间的相关性

本研究发现根部中PAHs的浓度与PAHs自由溶解态的浓度之间存在显著正相关（图2-3-3），这再一次说明PAHs的植物有效性是控制其在植物体内富集的关键因素。由图2-3-3可知，增温显著降低土壤孔隙水中PAHs自由溶解态的浓度。具体为，增温条件下，菲（Phe）、蒽（Ant）、荧蒽（Fla）和芘（Pyr）的自由溶解态的浓度分别降低20.5%、23.4%、45.3%和51.3%。土壤孔隙水中的PAHs主要来源于土壤固相和土壤水相的分配。为此，本研究进一步研究了增温对土壤中可萃取PAHs浓度的影响。如图2-3-4

所示，增温显著降低土壤中 PAHs 的浓度，具体为，增温条件下，土壤中菲（Phe）、蒽（Ant）、荧蒽（Fla）和芘（Pyr）的浓度分别降低 39.9%、38.3%、43.8% 和 44.7%。土壤中 PAHs 浓度的降低可能归因于增温促进土壤 PAHs 的挥发和生物降解。这可从增温后大气中 PAHs 浓度的增加（图 2-3-4）和土壤中 *nidA* 基因（芘的功能降解基因）拷贝数（表 2-3-1）的增加得到验证。综上，一方面增温会促进土壤中 PAHs 的挥发和生物降解，导致土壤中 PAHs 浓度的降低，从而降低 PAHs 自由溶解态的浓度和随后的根部吸收；另一方面，增温会降低根部的脂肪含量，减少植物根部吸附固定 PAHs 的量。

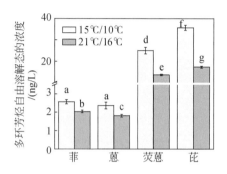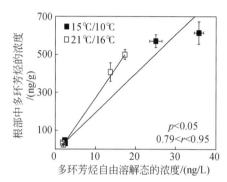

图 2-3-3　PAHs 的自由溶解态的浓度以及其与根部中 PAHs 的浓度之间的关系

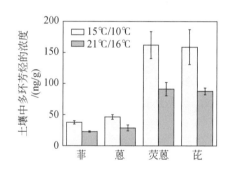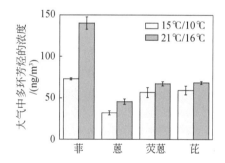

图 2-3-4　土壤中 PAHs 的浓度和大气中 PAHs 的浓度

2.3.3　增温对多环芳烃在菠菜体内吸收途径的影响

为探究根部的向顶运输和气相的茎叶吸收对 PAHs 在茎叶体内的总积累量的相对贡献，本研究设置实验组和土–气隔绝组（图 2-2-1）。其中，实验组茎叶中的 PAHs 来源于根部的向顶运输和气相中的茎叶吸收，而土–气隔绝组茎叶中的 PAHs 只来源于根部的向顶运输。因此，根部的向顶运输对 PAHs 在茎叶体内的总积累量的相对贡献（R_t）可根据如下公式计算：

$$R_t = \frac{\text{土–气隔绝组茎叶中 PAHs 的浓度}}{\text{实验组茎叶中 PAHs 的浓度}} \tag{2-3-1}$$

萘、菲、芘、苯并（a）蒽的 $\log K_{ow}$ 分别为 3.37、4.57、5.18、5.91。如图 2-3-5 所示，PAHs 的 R_t 随其 $\log K_{ow}$ 的增加而降低，这是因为高 $\log K_{ow}$ 的 PAHs 亲脂性较高，易被根部脂肪吸附固定，从而难以随蒸腾流向顶运输迁移至茎叶组织。另外，PAHs 的 R_t 随温度的升高而增加，且两者之间存在显著正相关（$p<0.05$），这可归因于温度升高会促进植物的蒸腾流，进而贡献 PAHs 在植物体内的向顶运输。本研究应用逐步多元回归方程来评估温度和 PAHs 的 $\log K_{ow}$ 对其 R_t 的影响，并得到了如下统计学上的定量关系：

$$\log R_t = \frac{-2.257}{T} - 0.110 \log K_{ow} + 0.41 \quad (p<0.05, r^2=0.965, n=24) \quad (2\text{-}3\text{-}2)$$

另外，为了进一步探究根部吸收（F_r）和茎叶吸收（F_s）对 PAHs 在菠菜体内总积累量的相对贡献，本研究建立了如下计算公式：

$$F_r = \frac{U_r}{U_r + U_s} \times 100\% = \frac{A_t + A_r}{A_s + A_r} \times 100\% \quad (2\text{-}3\text{-}3)$$

$$F_s = \frac{U_s}{U_r + U_s} \times 100\% = \frac{A_f}{A_s + A_r} \times 100\% \quad (2\text{-}3\text{-}4)$$

式中，U_r 和 U_s 分别为 PAHs 通过根部吸收和茎叶吸收在菠菜体内的积累量；A_t 为 PAHs 通过向顶运输在茎叶中的积累量，等于土-气隔绝组茎叶中 PAHs 的积累量；A_r 为对照组根部中 PAHs 的积累量；A_s 为对照组茎叶中 PAHs 的积累量；A_f 为 PAHs 只通过气相的茎叶吸收在茎叶中的积累量，等于对照组茎叶中 PAHs 的积累量减去土-气隔绝组茎叶中 PAHs 的积累量。

如图 2-3-5 所示，根部吸收途径占 PAHs 在菠菜体内总积累量的 57.6%~83.3%，这说明根部吸收是菠菜富集 PAHs 的主要吸收途径。另外，增温会促进根部吸收途径的相对贡献，这是因为温度升高有利于菠菜的蒸腾作用，进而促进 PAHs 在菠菜体内的向顶运输。例如，当温度从 15℃/10℃ 升高到 21℃/16℃ 时，萘（Nap）、菲（Phe）、芘（Pyr）和苯并（a）蒽（BaA）的根部吸收途径的相对贡献分别增加 4.2%、4.1%、17.9% 和 10.5%。

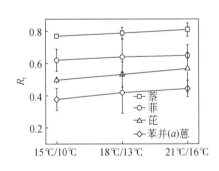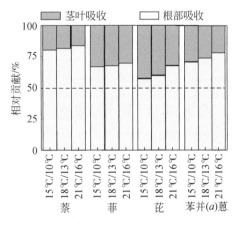

图 2-3-5　PAHs 的 R_t 以及根部吸收和茎叶吸收对植物总积累 PAHs 的相对贡献

2.4 铜对菠菜富集多环芳烃的影响

2.4.1 铜对菠菜生长的影响

如图 2-4-1 所示，Cu 显著降低菠菜根部和茎叶的生物量，且菠菜生物量随 Cu 浓度的增加而进一步降低。例如，与对照组（PAHs 处理组）相比，Cu1、Cu10、Cu50 和 Cu100 处理组茎叶的生物量分别降低 24.0%、29.3%、48.5% 和 53.5%。另外，低浓度 Cu（0~10μmol/L）对菠菜根部电解质渗透率没有显著影响，而高浓度 Cu（50~100μmol/L）会显著增加菠菜根部的电解质渗透率，表明高浓度 Cu 会增加菠菜根部细胞膜的通透性。

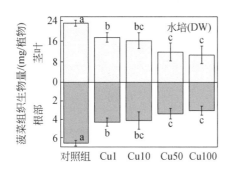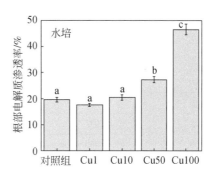

图 2-4-1 不同 Cu 浓度处理条件下菠菜组织的生物量和根部的电解质渗透率

2.4.2 铜对多环芳烃在菠菜体内的富集和转运的影响

如图 2-4-2 所示，菠菜根部中 PAHs 的浓度随 Cu 浓度的增加而增加（$p<0.05$）。例如，与对照组（PAHs 处理组）相比，Cu1、Cu10、Cu50 和 Cu100 处理组根部中菲（Phe）的浓度分别增加 42.8%、60.2%、62.4% 和 65.9%。Cu 对菠菜茎叶富集 PAHs 的影响与对菠菜根部富集 PAHs 的影响一致，即菠菜茎叶中 PAHs 的浓度随 Cu 浓度的增加而呈增加趋势（图 2-4-2）。例如，与对照组相比，Cu1、Cu10、Cu50 和 Cu100 处理组茎叶中芘（Pyr）的浓度分别增加 4.2%、7.9%、62.4% 和 140.3%。

为了进一步探究菠菜根部中 PAHs 向菠菜茎叶组织的转运能力，本研究计算了 PAHs 的转运系数（TFs，茎叶和根部中 PAHs 含量的比值）。由表 2-4-1 可知，PAHs 的 TFs 的范围为 0.003~0.081，其 TFs 较低是因为菠菜茎叶中的 PAHs 只来源于根部的向顶运输（锥形瓶的瓶口用封口膜密封住）。另外，PAHs 的 TFs 随 PAHs 的 $\log K_{ow}$ 的增加而降低，这是因为高 $\log K_{ow}$ 的 PAHs 具有较高的亲脂性，易被根部脂肪吸附固定，从而难以随蒸腾流向顶运输迁移至植物茎叶组织中。

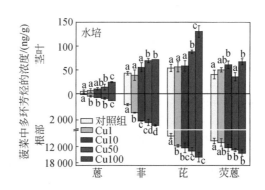

图 2-4-2　不同重金属条件下菠菜组织中 PAHs 的浓度

表 2-4-1　水培条件下 PAHs 的转运系数（TFs）

处理组	菲	蒽	芘	荧蒽
对照组	0.053	0.081	0.007	0.004
Cu1	0.027	0.038	0.005	0.005
Cu10	0.027	0.039	0.005	0.005
Cu50	0.032	0.040	0.006	0.003
Cu100	0.030	0.049	0.008	0.005

2.4.3　铜对菠菜富集多环芳烃的影响机制

2.4.3.1　多环芳烃和铜之间的阳离子-π 作用

在含有金属阳离子的水溶液中，如果金属阳离子增强了 PAHs 的溶解度，表明 PAHs 和水合重金属之间存在阳离子-π 作用。如图 2-4-3 所示，在低 Cu 浓度范围内（0 ~ 0.1mmol/L），PAHs 的溶解度随 Cu 浓度的增加而增加，这表明在低 Cu 浓度范围内，PAHs 和 Cu^{2+} 之间存在阳离子-π 作用。然而，在高 Cu 浓度范围内（0.5 ~ 400mmol/L），PAHs 的溶解度随 Cu 浓度的增加而降低，这表明在高 Cu 浓度范围内，PAHs 和 Cu^{2+} 之间不存在阳离子-π 作用，这是由于 Cu 对 PAHs 产生"盐析"效应（Chen et al., 2007）。值得注意的是，在低 Cu 浓度范围内（0 ~ 0.1mmol/L），PAHs 的溶解度随 Cu 浓度的增加呈非线性增加的趋势，表明可能存在多种 PAHs-Cu 络合形式。

本研究进一步利用量子化学软件模拟计算水环境中 PAHs 和 Cu^{2+} 之间的阳离子-π 作用的结合能（ΔG）（表 2-4-2），以及模拟 Cu^{2+} 与 PAHs（以菲和芘为例）之间形成的 Cu-PAHs 络合物的构象（图 2-4-4）。由表 2-4-2 可知，根据 $\Delta G < 0$ 的判定依据，PAHs 和 Cu^{2+} 的络合形式包括 1∶1 和 2∶1，即 $[PAH-Cu(H_2O)_{0~4}]^{2+}$ 和 $[2 \cdot PAH-Cu(H_2O)_{0~2}]^{2+}$。溶解度增强实验和量子化学计算均表明，水相中 PAHs 和 Cu^{2+} 之间可通过阳离子-π 作用形

成 $\left[\text{PAH-Cu}(\text{H}_2\text{O})_{0\sim4}\right]^{2+}$ 和 $\left[2\cdot\text{PAH-Cu}(\text{H}_2\text{O})_{0\sim2}\right]^{2+}$ 络合物。

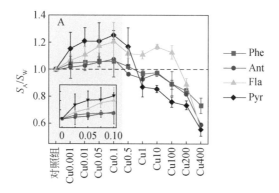

图 2-4-3 不同 Cu 浓度条件下 PAHs 的溶解度

S_A 和 S_w 分别是有 Cu 和无 Cu 处理组中 PAHs 的溶解度，$S_A/S_w>1$ 表明 Cu 增强了 PAHs 的溶解度

表 2-4-2 PAHs 和 Cu^{2+} 之间作用的结合能 （ΔG）

络合物	ΔG	络合物	ΔG
$\left[\text{Phe-Cu}\right]^{2+}$	-88.97 （kcal[①]/mol）	$\left[\text{Pyr-Cu}\right]^{2+}$	-96.37 （kcal/mol）
$\left[2\text{Phe-Cu}\right]^{2+}$	-101.49 （kcal/mol）	$\left[2\text{Pyr-Cu}\right]^{2+}$	-111.45 （kcal/mol）
$\left[\text{Phe-Cu}(\text{H}_2\text{O})_4\right]^{2+}$	-3.58 （kJ/mol）	$\left[\text{Pyr-Cu}(\text{H}_2\text{O})_4\right]^{2+}$	-3.20 （kJ/mol）
$\left[\text{Phe-Cu}(\text{H}_2\text{O})_5\right]^{2+}$	15.93 （kJ/mol）	$\left[\text{Pyr-Cu}(\text{H}_2\text{O})_5\right]^{2+}$	42.41 （kJ/mol）
$\left[2\text{Phe-Cu}(\text{H}_2\text{O})_2\right]^{2+}$	-73.02 （kJ/mol）	$\left[2\text{Pyr-Cu}(\text{H}_2\text{O})_2\right]^{2+}$	-107.43 （kJ/mol）

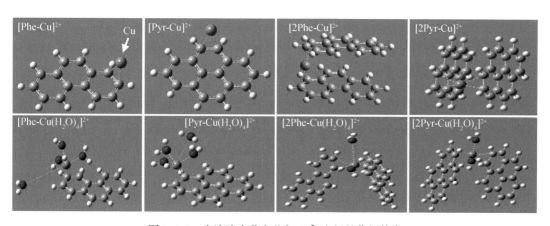

图 2-4-4 水溶液中菲和芘与 Cu^{2+} 之间的作用构象

1kcal=4.184kJ。

2.4.3.2 铜对多环芳烃的植物有效态浓度的影响

菠菜根部中 PAHs 的浓度与 PAHs 的植物有效态的浓度（C_p）之间存在显著正相关性（图 2-4-5，$p<0.01$），这表明通过 SPME 纤维测定的 PAHs 的 C_p 可以精确地表征 PAHs 的植物有效性。然而，菠菜根部中 PAHs 的浓度与根部细胞膜的通透性之间不存在显著的相关性（表 2-4-3），这进一步说明 PAHs 的植物有效性是影响其在植物体内富集的关键因素，而非植物的生理特性。如图 2-4-5 所示，PAHs 的 C_p 随溶液中 Cu 浓度的增加而增加。在本研究的体系中，水溶液中 PAHs 的 C_p 的影响因素主要包括 PAHs 与溶解性有机碳之间的吸附以及 PAHs 和 Cu 之间的分子间作用力。然而，PAHs 的 C_p 与水溶液中溶解性有机碳之间不存在显著的相关性（表 2-4-3），这说明 PAHs 和 Cu 之间的分子间作用力可能是影响 PAHs 的 C_p 的重要因素。

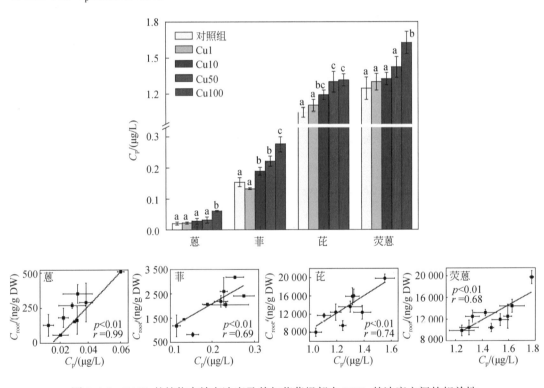

图 2-4-5　PAHs 的植物有效态浓度及其与菠菜根部中 PAHs 的浓度之间的相关性

表 2-4-3　根部电解质渗透率和水相中溶解性有机碳与菠菜根部中 PAHs 的浓度之间的相关性检验

多环芳烃	菲		蒽		荧蒽		芘	
	p	r	p	r	p	r	p	r
电解质渗透率	0.263	0.182	<0.001	0.989	0.119	0.479	0.341	0.065
溶解性有机碳	0.525	−0.138	0.020	0.828	0.343	0.062	0.938	−0.330

理论上，通过阳离子–π 作用形成的 PAHs-Cu 络合物会降低水相中 PAHs 的自由溶解态的浓度。然而，本研究通过 SPME 纤维测定的 PAHs 的有效态浓度随 Cu 浓度的增加而增加，以及菠菜根部中 PAHs 的浓度也随 Cu 浓度的增加而增加（图 2-4-2）。这些结果表明，除了自由溶解态的 PAHs 具有植物有效性，部分 PAHs-Cu 络合物也具有植物有效性；另外，自由溶解态的 PAHs 和部分 PAHs-Cu 络合物均能扩散进入 SPME 纤维中。先前文献表明 SPME 纤维萃取 PAHs 的机理是疏水性有机物从水相分配扩散至聚二甲基硅氧烷相中（Baltussen et al.，1999；Heringa and Hermens，2003）。另外，Brown 等（2001）证实了 $2.8 < \log K_{ow} < 6.1$ 的疏水性有机物均能分配扩散进入 SPME 纤维相中。Tao 等（2015）发现 PAHs 和 Cu 之间的阳离子–π 作用会降低 PAHs 的 $\log K_{ow}$，但仍处于 $2.8 < \log K_{ow} < 6.1$ 范围内。综上，部分 PAHs-Cu 络合物能扩散进入 SPME 纤维中以及具有植物有效性。因此，本研究推测，水相中，一方面通过 Cu 和 PAHs 之间阳离子–π 作用形成的 PAHs-Cu 络合物具有植物有效性；另一方面阳离子–π 作用会降低 PAHs 的 $\log K_{ow}$（疏水性），进而抑制 PAHs 在溶解性有机碳上的吸附，最终增加水相中 PAHs 有效态的浓度以及随后在根部体内的吸收。

2.4.3.3 菠菜根部吸收 PAHs-Cu 络合物的直接证据

为了验证本研究的假设 PAHs-Cu 络合物具有植物有效性，本研究利用 X 射线吸收近边结构（XANES）技术来分析 Cu 的价态和菲–Cu 络合物的结构特征。如图 2-4-6 所示，根据标准品的 Cu K 边 XANES 光谱图，区域（α）和区域（β）分别表征为 Cu（Ⅰ）和 Cu（Ⅱ）（Collin et al.，2014）。$CuSO_4$ 溶液（参比–Cu）的主要峰位于 ~ 8995eV（区域 β），表明 $CuSO_4$ 溶液的主要成分为 Cu（Ⅱ）。相较于 $CuSO_4$ 溶液，菲+$CuSO_4$ 混合溶液的区域（β）减弱，而区域（α）增强，这说明通过阳离子–π 作用形成的菲–Cu 络合物中的 Cu 主要以 Cu（Ⅰ）价态形式存在。先前有学者发现在阳离子–π 作用下，金属阳离子的缺电子表面易吸引芳环化合物中芳环结构上的 π 电子云（Wang et al.，2015）。据此，本研究认为，在菲和 Cu 之间的阳离子–π 作用下，Cu^{2+} 会吸引菲上芳环的 π 电子，导致 Cu（Ⅱ）被还原成 Cu（Ⅰ），故而菲+$CuSO_4$ 混合溶液的 Cu 主要以 Cu（Ⅰ）价态形式存在。相比于样品菠菜–Cu（菠菜暴露于 $CuSO_4$ 溶液），样品菠菜–Cu–菲（菠菜暴露于菲+$CuSO_4$ 混合溶液）的区域（β）减弱，而区域（α）增强。另外，在 Cu K 边 XANES 光谱中，样品菠菜–Cu–菲的峰位置形状与菲+$CuSO_4$ 混合溶液一致，这表明样品菠菜–Cu–菲的组分与菲+$CuSO_4$ 混合溶液近似，即 Cu（Ⅰ）为主要成分。菠菜根部中的菲–Cu 络合物可能来源于以下两种途径：①在水溶液中，通过阳离子–π 作用形成的菲–Cu 络合物被菠菜根部直接吸收；②菠菜根部单独吸收水相中的 Cu 和菲，然后在根部体内形成菲–Cu 络合物。菠菜根部中的菲–Cu 络合物如果来源于途径②，那么不可能观察到菠菜根部中菲的浓度随 Cu 浓度的增加而增加（图 2-4-2）。综上，菠菜根部中的菲–Cu 络合物来源于水相中形成的菲–Cu 络合物，这表明水相中通过阳离子–π 作用形成的菲–Cu 络合物也具有一定的植物有效性。

结合 XANES 结果，本研究推测过量 Cu 暴露后会造成根损伤，进而促进 PAHs-Cu 络合物通过非选择性的质外体通道被菠菜根部吸收（图 2-4-7），最终增加 PAHs 在菠菜体内

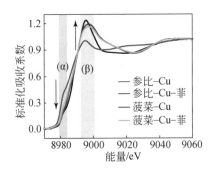

图 2-4-6　CuSO$_4$ 溶液和菠菜根部样品的 Cu K 边 XANES 光谱

的富集量（图 2-4-2）。图 2-4-1 的数据也验证了过量 Cu 会显著增加根部的电解质渗透率，即表明铜胁迫条件会提高菠菜根部细胞膜的通透性。另外，自由溶解态的 PAHs 可通过质外体通道和共质体通道被菠菜根部吸收（图 2-4-7）。

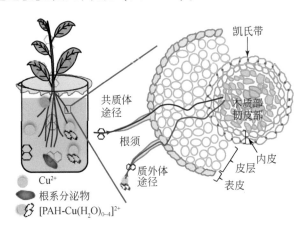

图 2-4-7　菠菜根部吸收 PAHs 和 PAHs-Cu 络合物的示意图

2.5　增温和铜胁迫对菠菜富集多环芳烃的复合影响

2.5.1　增温和铜双重胁迫对菠菜生长的影响

与对照组（PAHs 处理组）相比，由于毒性效应，Cu 会显著降低菠菜的生物量（图 2-5-1，$p<0.05$），且菠菜生物量随 Cu 浓度的增加会进一步降低。然而，增温会显著促进菠菜生物量的增加（图 2-5-1，$p<0.05$），这是由于增温会促进菠菜的光合作用。增温和 Cu 对菠菜生长具有拮抗作用，且表观上降低菠菜的生物量（图 2-5-1），这归因于 Cu 对菠菜生长的抑制作用大于增温的促进作用。

由表2-5-1可知,单独 Cu 或增温处理后,菠菜根部的脂肪含量均会降低。另外,单独 Cu 或增温均会增加菠菜根部的电解质渗透率,这表明 Cu 和增温均会促进菠菜根部细胞膜的通透性。例如,与对照组相比,增温和 Cu 处理条件下,菠菜根部的电解质渗透率分别增加11.4%和6.5%～18.9%。

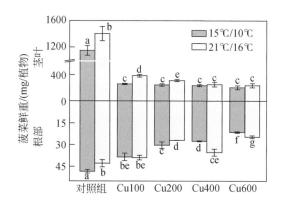

图 2-5-1　不同温度和 Cu 处理条件下菠菜组织的生物量 (FW)

表 2-5-1　不同温度和 Cu 处理条件下菠菜根部的脂肪含量和电解质渗透率

处理组	根部脂肪含量/%		根部电解质渗透率/%	
	15℃/10℃	21℃/16℃	15℃/10℃	21℃/16℃
对照组	1.82	1.56	15.86	17.67
Cu100	1.76	1.54	15.57	16.75
Cu200	1.63	1.50	14.33	17.04
Cu400	1.58	1.48	36.94	43.28
Cu600	1.45	1.40	39.53	42.11

2.5.2　增温和铜对菠菜吸收和转运多环芳烃的交互影响

与对照组相比,Cu 显著降低 PAHs 在菠菜体内的富集量,且 PAHs 的富集量随 Cu 浓度的增加而降低 (图 2-5-2)。另外,无论是否有 Cu 的存在,增温均会降低 PAHs 在菠菜体内的富集量。如图 2-5-2 所示,增温和 Cu 复合作用会进一步降低 PAHs 在菠菜体内的富集量。例如,与对照组相比,增温和 Cu 处理条件下,根部中蒽 (Ant) 的浓度分别降低29.0%和33.9%～54.9%;而增温+Cu100、增温+Cu200、增温+Cu400 和增温+Cu600 处理组根部中蒽 (Ant) 的浓度分别降低35.4%、56.4%、62.3%和68.8%。

为了进一步探究增温和 Cu 对菠菜富集 PAHs 的交互作用,本研究计算了交互作用系数 [interaction factors,IFs,增温和 Cu 复合作用/ (增温的作用+Cu 的作用)]。由表2-5-2可知,IFs 均小于1,说明增温和 Cu 对菠菜富集 PAHs 具有拮抗作用。

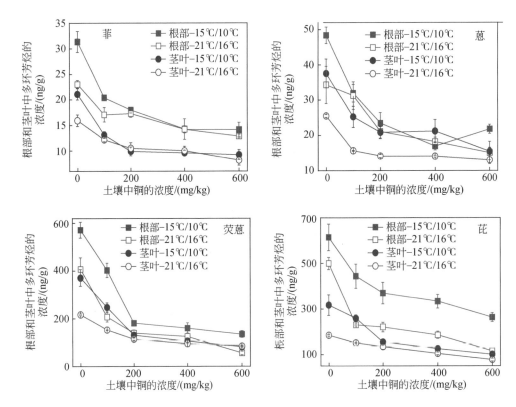

图 2-5-2　不同温度和 Cu 处理条件下根部和茎叶中 PAHs 的浓度

表 2-5-2　温度和 Cu 复合作用对根部和茎叶吸收 PAHs 的交互作用系数

处理组	根部吸收				茎叶吸收			
	菲	蒽	荧蒽	芘	菲	蒽	荧蒽	芘
增温+Cu100	0.74	0.56	1.09	1.05	0.68	0.66	0.78	0.87
增温+Cu200	0.65	0.70	0.78	0.68	0.65	0.64	0.65	0.62
增温+Cu400	0.68	0.66	0.77	0.77	0.67	0.64	0.66	0.66
增温+Cu600	0.72	0.82	0.86	0.86	0.76	0.60	0.65	0.69

2.5.3　增温和铜复合作用对菠菜根部吸收多环芳烃的影响机制

本研究应用相关性检验来分析根部中 PAHs 的浓度与菠菜根部生理特性或 PAHs 形态之间的相关性。如图 2-5-3 所示，根部中 PAHs 的浓度和菠菜根部的电解质渗透率之间不存在显著相关性（$p>0.05$）。然而，根部中 PAHs 的浓度和 PAHs 的自由溶解态浓度之间存在显著正相关性（$p<0.01$）。另外，根部中 PAHs 的浓度和根部的脂肪含量之间也存在显著正相关性（$p<0.05$）。这些相关性表明土壤中植物吸收 PAHs 的本质是自由溶解态的PAHs 从土壤孔隙水到植物根部脂肪相的分配过程。

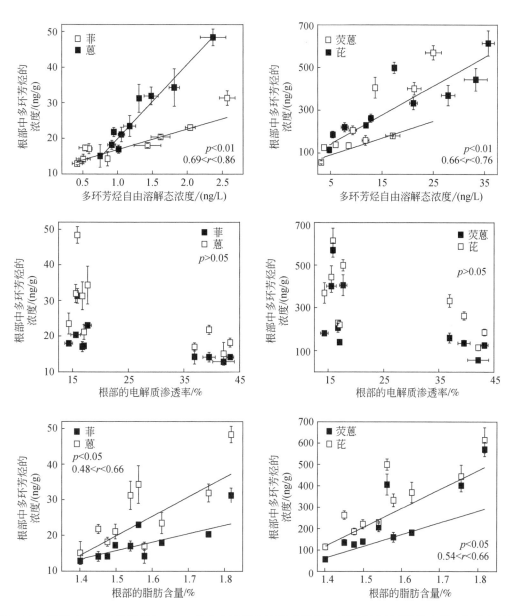

图 2-5-3　根部中 PAHs 的浓度与 PAHs 的自由溶解态浓度或根部电解质渗透率或脂肪含量之间的相关性

2.5.3.1　增温和铜复合作用对土壤中可萃取多环芳烃的浓度的影响

如图 2-5-4 所示，相对于单独增温或 Cu 处理组，增温和 Cu 复合作用会进一步降低土壤中可萃取 PAHs 的浓度（$p<0.05$），且随 Cu 浓度的增加会进一步降低。增温和 Cu 复合作用对土壤中 PAHs 浓度的抑制作用可归因于 Cu 对 PAHs 老化作用的促进作用以及增温对土壤中 PAHs 的生物降解和挥发（图 2-3-4）的促进作用。

进一步计算发现，增温和 Cu 复合作用对土壤中可萃取 PAHs 的浓度的交互作用系数

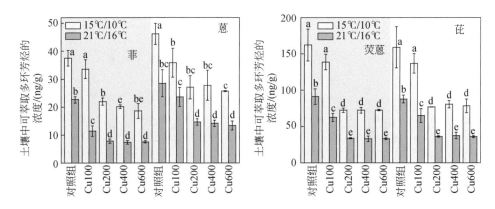

图 2-5-4　不同温度和 Cu 处理条件下根际土壤中可萃取 PAHs 的浓度

（IFs）小于 1，说明增温和 Cu 对土壤中可萃取 PAHs 的浓度具有拮抗作用。增温和 Cu 的拮抗作用可归因于两者对土壤中 PAHs 生物降解具有相反的影响。如图 2-5-5 所示，增温显著增加土壤中 $nidA$ 基因的拷贝数（$p<0.05$），表明增温促进土壤中 PAHs 的生物降解。然而，Cu 显著降低土壤中 $nidA$ 基因的拷贝数（$p<0.05$），表明由于 Cu 的毒性效应，Cu 会抑制土壤中 PAHs 的生物降解。

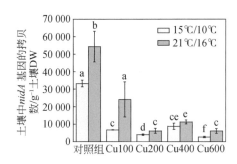

图 2-5-5　不同温度和 Cu 处理条件下土壤中 $nidA$ 基因的拷贝数

2.5.3.2　增温和铜复合作用对土壤中水溶态铜的浓度的影响

如图 2-5-6 所示，土壤中水溶态 Cu 的浓度随土壤初始 Cu 浓度的增加而增加（$p<0.05$）。综合 2.4.3 节的结果与讨论，土壤中水溶态 Cu 浓度的增加会促进 Cu 和 PAHs 之间的阳离子–π 作用，进而促进土壤孔隙水中 PAH-Cu-SOC（soil organic carbon，土壤有机碳）三元络合物的形成，最终降低 PAHs 的自由溶解态的浓度（C_{free}）。另外，增温对土壤中水溶态 Cu 的浓度没有显著影响（$p>0.05$）。

为了探究温度对 Cu 和 PAHs 之间阳离子–π 作用的影响，本研究利用量子化学理论计算不同温度条件下阳离子–π 作用的结合能（ΔG）。计算结果表明，增温会略微增加 Cu 和 PAHs 之间的结合能（ΔG），表明增温会抑制 Cu 和 PAHs 之间的阳离子–π 作用，这可归因于 Cu 和 PAHs 之间的络合作用属于放热反应。水溶态 Cu 和增温对阳离子–π 作用具有相反的影响，这可能也是 Cu 和 PAHs 对 PAHs 自由溶解态浓度具有拮抗作用的机理之一。

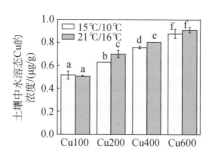

图 2-5-6 不同温度和 Cu 处理条件下土壤中水溶态 Cu 的浓度

2.5.4 增温和铜复合作用对菠菜茎叶吸收多环芳烃的影响机制

为了揭示菠菜茎叶吸收 PAHs 的机理，本研究将茎叶中 PAHs 的浓度用脂肪含量进行标准化。如图 2-5-7 所示，增温增加脂肪校正后茎叶中 PAHs 浓度 [$\log(C_{root}/f_{lipid})$]，然而 $\log(C_{root}/f_{lipid})$ 随 Cu 浓度的增加而逐渐降低（$p<0.05$）。在 Cu 和增温复合处理组中，尽管增温会部分抵消 Cu 对 $\log(C_{root}/f_{lipid})$ 的抑制作用，但 $\log(C_{root}/f_{lipid})$ 表观上仍表现为降低。

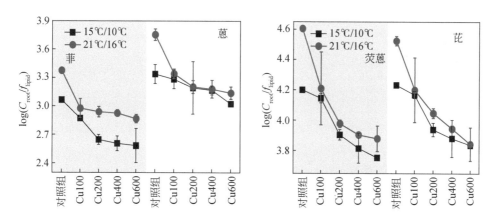

图 2-5-7 不同温度和 Cu 处理条件下脂肪校正后茎叶中 PAHs 的浓度

一般地，积累在植物茎叶中的疏水性化合物主要来源于：①根部的向顶运输；②气相的茎叶吸收（Chen et al.，2020a）。值得注意的是，PAHs 的 $\log(C_{root}/f_{lipid})$ 与大气中 PAHs 的浓度之间呈显著正相关关系（图 2-5-8，$p<0.01$），这说明茎叶吸收 PAHs 主要与 PAHs 的气–叶分配有关。在土壤–植物–大气系统中，气相中的 PAHs 来源于土壤和植物叶片中 PAHs 的挥发。Chen 等（2019）认为与其土壤挥发相比，植物中 PAHs 的植物挥发可忽略不计。与预期一致的是，本研究也发现气相中 PAHs 的浓度与土壤中 PAHs 的浓度之间存在显著正相关（图 2-5-9，$p<0.05$），这也进一步说明气相中 PAHs 的浓度与 PAHs 的

土-气分配有关。综上,增温和 Cu 对菠菜茎叶吸收 PAHs 的影响主要与 PAHs 的土-气-茎叶连续分配过程有关。

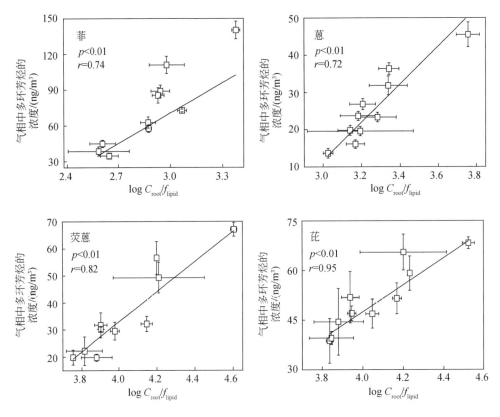

图 2-5-8　PAHs 的 $\log C_{root}/f_{lipid}$ 与气相中 PAHs 的浓度之间的相关性

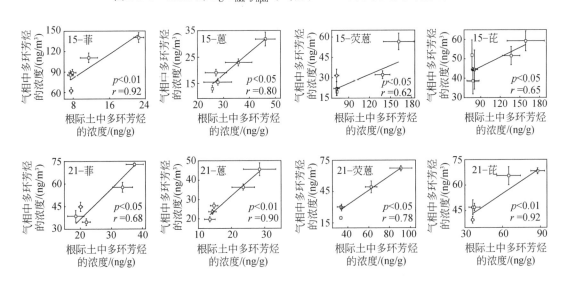

图 2-5-9　气相中 PAHs 的浓度和土壤中 PAHs 的浓度之间的相关性

2.5.5 多环芳烃的致癌风险评估

本研究采用终生癌症风险增量（incremental lifetime cancer risk，ILCR）模型（Chen et al.，2020b）来评估成人通过蔬菜摄取、空气呼吸、土壤暴露 3 种途径暴露于 PAHs 所产生的健康风险。由表 2-5-3 可知，通过土壤暴露、空气吸入和菠菜摄取暴露于 PAHs 的 ILCR（$ILCR_{soil}$、$ILCR_{air}$ 和 $ILCR_{plant}$）分别为 $5.86 \times 10^{-6} \sim 2.39 \times 10^{-5}$、$2.32 \times 10^{-7} \sim 7.26 \times 10^{-7}$ 和 $1.22 \times 10^{-7} \sim 1.04 \times 10^{-6}$，即暴露途径的风险水平为土壤暴露>菠菜摄取>空气吸入，这是因为在本研究中，整个系统中的 PAHs 来源于土壤。另外，土壤暴露、空气吸入和菠菜摄取同时暴露于 PAHs 的 $ILCR_{total}$ 为 $6.30 \times 10^{-6} \sim 2.54 \times 10^{-5}$，介于 $10^{-6} \sim 10^{-4}$ 范围表明具有潜在的致癌风险（Chen et al.，2020b）。一个有趣的发现是，在土壤-植物-大气密闭系统中，通过土壤暴露途径产生的致癌风险远高于空气吸入和菠菜摄取途径（表 2-5-3），这是因为大气中较低的 PAHs 浓度（$13.7 \sim 140.3 ng/m^3$，图 2-5-8）和较低的菠菜日摄取量（22.4g/d FW）。

表 2-5-3　通过菠菜摄取、空气呼吸和土壤暴露途径产生的 PAHs 终生致癌风险

处理组	15℃/10℃				21℃/16℃			
	$ILCR_{soil}$	$ILCR_{air}$	$ILCR_{plant}$	$ILCR_{total}$	$ILCR_{soil}$	$ILCR_{air}$	$ILCR_{plant}$	$ILCR_{total}$
对照组	2.39×10^{-5}	5.04×10^{-7}	1.04×10^{-6}	2.54×10^{-5}	1.47×10^{-5}	7.26×10^{-7}	2.75×10^{-7}	1.57×10^{-5}
Cu100	1.74×10^{-5}	3.72×10^{-7}	3.54×10^{-7}	1.81×10^{-5}	1.01×10^{-5}	5.85×10^{-7}	1.93×10^{-7}	1.09×10^{-5}
Cu200	1.39×10^{-5}	3.12×10^{-7}	2.42×10^{-7}	1.45×10^{-5}	8.22×10^{-6}	4.31×10^{-7}	1.64×10^{-7}	8.82×10^{-6}
Cu400	1.25×10^{-5}	2.71×10^{-7}	2.02×10^{-7}	1.30×10^{-5}	6.14×10^{-6}	3.97×10^{-7}	1.43×10^{-7}	6.68×10^{-6}
Cu600	1.14×10^{-5}	2.32×10^{-7}	1.40×10^{-7}	1.18×10^{-5}	5.86×10^{-6}	3.18×10^{-7}	1.22×10^{-7}	6.30×10^{-6}

由表 2-5-3 可知，Cu 降低土壤暴露、空气吸入和菠菜摄取 3 种暴露途径的致癌风险。例如，与对照组相比，Cu100、Cu200、Cu400 和 Cu600 处理组的 ILCR 分别降低 28.7% ~ 30.6%、42.9% ~ 43.8%、48.8% ~ 57.5% 和 53.5% ~ 59.9%。这些结果表明 Cu 的存在会缓解 Cu-PAHs 复合污染土壤体系中 PAHs 的人体健康风险。另外，增温降低土壤暴露和菠菜摄取途径的致癌风险，而增加空气吸入途径的致癌风险，但表观上降低 PAHs 的总致癌风险。本研究进一步探究了增温和 Cu 对 PAHs 致癌风险的交互作用。由表 2-5-4 可知，$ILCR_{plant}$、$ILCR_{soil}$ 和 $ILCR_{total}$ 的交互作用系数（IFs）均小于 1，说明增温和 Cu 复合作用对通过土壤暴露和菠菜摄取暴露于 PAHs 产生的致癌风险具有拮抗作用。

值得注意的是，本研究的实验体系是基于土壤-大气-植物密闭微宇宙，土壤是 PAHs 的源，且无大气外源 PAHs 的输入。然而在一些地区，人为活动和工业排放产生的 PAHs 会大量释放至大气中，导致气相中 PAHs 浓度显著升高，此时土壤是 PAHs 的汇。在此条件下，增温和重金属对植物富集 PAHs 及其致癌风险的影响可能与本研究存在不一致的结果。因此，往后的研究在探究不同增温幅度和重金属对植物富集 PAHs 及其健康风险的影响时，还需考虑大气 PAHs 输入的情况影响。

表 2-5-4　温度和 Cu 复合作用对 ILCR 的交互作用系数

处理组	$ILCR_{soil}$	$ILCR_{plant}$	$ILCR_{total}$
增温+Cu100	0.88	0.58	0.85
增温+Cu200	0.82	0.56	0.80
增温+Cu400	0.86	0.56	0.85
增温+Cu600	0.83	0.55	0.82

2.6　小　　结

本研究在评述植物富集疏水性有机物及其影响因素等相关研究进展的基础上，以 PAHs 为疏水性有机物的代表，以增温和 Cu 为环境胁迫因子，系统性地研究增温和 Cu 以及两者复合作用对菠菜富集 PAHs 的影响。本研究的主要结论如下。

（1）在老化土壤体系中，增温会降低菠菜根部和茎叶中 PAHs 的浓度。这是因为一方面增温会促进土壤中 PAHs 的挥发和生物降解，导致土壤中 PAHs 浓度的降低，从而降低 PAHs 自由溶解态的浓度以及随后的根部吸收；另一方面，增温会降低根部的脂肪含量，进而减少植物根部吸附固定 PAHs 的量。根部吸收是菠菜富集 PAHs 的主要途径，根部吸收和茎叶吸收途径的相对贡献分别为 57.6% ～ 83.3% 和 16.7% ～ 42.4%。增温会进一步促进根部吸收途径的相对贡献，这归因于增温有利于菠菜的蒸腾作用，进而促进 PAHs 的向顶运输。另外，对于疏水性相对较弱的 PAHs，其在茎叶组织的富集量主要来源于根部的向顶运输。

（2）水培条件下，Cu 会增加菠菜根部和茎叶中 PAHs 的浓度，且分别增加 42.8% ～ 65.9% 和 4.2% ～ 140.3%。这是因为一方面通过 Cu 和 PAHs 之间的阳离子-π 作用形成的 PAH-Cu 络合物具有植物有效性；另一方面阳离子-π 作用会降低 PAHs 的 $\log K_{ow}$，进而抑制 PAHs 在溶解性有机碳上的吸附，最终增加水相 PAHs 的有效态浓度以及随后的根部吸收。X 射线吸收近边结构技术也证实了 PAH-Cu 络合物能被菠菜根部直接吸收。

（3）在老化土壤体系中，单独 Cu 或增温处理均会降低 PAHs 在菠菜体内的富集量，Cu 和增温复合作用会进一步抑制菠菜富集 PAHs，且 Cu 和增温之间存在拮抗作用。增温和 Cu 对菠菜根部富集 PAHs 的拮抗作用可归因于增温和 Cu 对土壤中 PAHs 的生物降解和阳离子-π 作用具有相反的作用。增温和 Cu 对植物吸收 PAHs 的影响与 PAHs 在土壤水相-植物脂肪相的连续分配过程有关。而菠菜茎叶吸收 PAHs 主要与 PAHs 的土-气-茎叶连续分配过程有关。在无外源 PAHs 输入条件下，Cu 和增温均会降低 PAHs 的总致癌风险，且 Cu 和增温之间存在拮抗作用。

参 考 文 献

Baltussen E, Sandra P, David F, et al. 1999. Study into the equilibrium mechanism between water and poly（dimethylsiloxane）for very apolar solutes：adsorption or sorption？. Analytical Chemistry, 71（22）：5213-5216.

Brown R S, Akhtar P, Åkerman J, et al. 2001. Partition controlled delivery of hydrophobic substances in toxicity tests using poly (dimethylsiloxane) (PDMS) films. Environmental Science & Technology, 35 (20): 4097-4102.

Chen J, Xia X, Chu S, et al. 2020a. Cation−π interactions with coexisting heavy metals enhanced the uptake and accumulation of polycyclic aromatic hydrocarbons in spinach. Environmental Science & Technology, 54 (12): 7261-7270.

Chen J, Xia X, Wang H, Zhai, et al. 2019. Uptake pathway and accumulation of polycyclic aromatic hydrocarbons in spinach affected by warming in enclosed soil/water-air-plant microcosms. Journal of Hazardous Materials, 379: 120831.

Chen J, Xia X, Zhang Z, et al. 2020b. The combination of warming and copper decreased the uptake of polycyclic aromatic hydrocarbons by spinach and their associated cancer risk. Science of the Total Environment, 727: 138732.

Chen J, Zhu D, Sun C. 2007. Effect of heavy metals on the sorption of hydrophobic organic compounds to wood charcoal. Environmental Science & Technology, 41 (7): 2536-2541.

Collin B, Doelsch E, Keller C, et al. 2014. Evidence of sulfur-bound reduced copper in bamboo exposed to high silicon and copper concentrations. Environmental Pollution, 187: 22-30.

Deng S, Ke T, Wu Y, et al. 2018. Heavy metal exposure alters the uptake behavior of 16 priority polycyclic aromatic hydrocarbons (PAHs) by pak choi (Brassica chinensis L.). Environmental Science & Technology, 52 (22): 13457-13468.

Fu H, Yu H, Li T, et al. 2018. Influence of cadmium stress on root exudates of high cadmium accumulating rice line (Oryza sativa L.). Ecotoxicology and Environmental Safety, 150: 168-175.

Gong X, Wang Y, Pu J, et al. 2020. The environment behavior of organophosphate esters (OPEs) and di-esters in wheat (Triticum aestivum L.): uptake mechanism, in vivo hydrolysis and subcellular distribution. Environment International, 135: 105405.

González-Gaya B, Martínez-Varela A, Vila-Costa M, et al. 2019. Biodegradation as an important sink of aromatic hydrocarbons in the oceans. Nature Geoscience, 12 (2): 119-125.

Heringa M B, Hermens J L M. 2003. Measurement of free concentrations using negligible depletion-solid phase microextraction (nd-SPME). TrAC Trends in Analytical Chemistry, 22 (9): 575-587.

Hu Y, Habibul N, Hu Y Y, et al. 2019. Mixture toxicity and uptake of 1-butyl-3-methylimidazolium bromide and cadmium co-contaminants in water by perennial ryegrass (Lolium perenne L.). Journal of Hazardous Materials, 386: 121972.

Huang Y, Fulton A N, Keller A A. 2016. Simultaneous removal of PAHs and metal contaminants from water using magnetic nanoparticle adsorbents. Science of The Total Environment, 571: 1029-1036.

Marquès M, Mari M, Audí-Miró C, et al. 2016. Climate change impact on the PAH photodegradation in soils: characterization and metabolites identification. Environment International, 89-90: 155-165.

Nason S L, Miller E L, Karthikeyan K G, et al. 2019. Effects of binary mixtures and transpiration on accumulation of pharmaceuticals by spinach. Environmental Science & Technology, 53 (9): 4850-4859.

Sun J, Wu Y, Jiang P, et al. 2019. Concentration, uptake and human dietary intake of novel brominated flame retardants in greenhouse and conventional vegetables. Environment International, 123: 436-443.

Sun Q, Miao C, Duan Q. 2015. Projected changes in temperature and precipitation in ten river basins over China in 21st century. International Journal of Climatology, 35 (6): 1125-1141.

Tao Y, Xue B, Yang Z, et al. 2015. Effects of metals on the uptake of polycyclic aromatic hydrocarbons by the cyanobacterium Microcystis aeruginosa. Chemosphere, 119: 719-726.

Viana P Z, Yin K, Rockne K J. 2012. Field measurements and modeling of ebullition-facilitated flux of heavy metals and polycyclic aromatic hydrocarbons from sediments to the water column. Environmental Science & Technology, 46 (21): 12046-12054.

Wang H, Grant D J, Burns P C, et al. 2015. Infrared signature of the cation−π interaction between calcite and aromatic hydrocarbons. Langmuir, 31 (21): 5820-5826.

Xia X, Xia N, Lai Y, et al. 2015. Response of PAH-degrading genes to PAH bioavailability in the overlying water, suspended sediment, and deposited sediment of the Yangtze River. Chemosphere, 128: 236-244.

Yang C Y, Chang M L, Wu S C, et al. 2017. Partition uptake of a brominated diphenyl ether by the edible plant root of white radish (*Raphanus sativus* L.). Environmental Pollution, 223: 178-184.

Zhai Y, Xia X, Xiong X, et al. 2018. Role of fluoranthene and pyrene associated with suspended particles in their bioaccumulation by zebrafish (*Danio rerio*). Ecotoxicology and Environmental Safety, 157: 89-94.

Zhu H, Sun H, Zhang Y, et al. 2016. Uptake pathway, translocation, and isomerization of hexabromocyclododecane diastereoisomers by wheat in closed chambers. Environmental Science & Technology, 50 (5): 2652-2659.

第3章 升温对拟除虫菊酯类农药在菠菜叶面光解的影响

3.1 引 言

气候变暖是目前全球关注的热点问题,据报道,到 2100 年,全球气温将比 1960 ~ 2000 年上升 1.5 ~ 4.8℃(Noyes et al.,2009)。与此同时,气候变暖对环境中污染物的迁移转化和归宿的影响受到科学家和政府的广泛关注(Marques et al.,2016)。有研究表明气候变暖会影响水体和土壤中有机污染物的分配、光解和生物降解作用(Komprda et al.,2013;Marques et al.,2016;Chen et al.,2019)。然而,目前有关气候变暖对农药在植物叶片表面转化作用的研究基本为空白。

拟除虫菊酯类农药(Ⅰ类,如联苯菊酯;Ⅱ类,如氯氰菊酯、氰戊菊酯和溴氰菊酯)作为世界上第三大杀虫剂,以提高蔬菜产量,广泛应用于农业生产中(Li et al.,2018;Yu et al.,2018)。拟除虫菊酯类农药可在蔬菜叶片表面积累,对食品安全和人类健康有害(Kalloo et al.,2018;Yu et al.,2018)。植物叶片表面的拟除虫菊酯类农药分子可以吸收太阳光的部分辐射能量,导致拟除虫菊酯中的酯键或醚键断裂(Takahashi et al.,1985)。另外,研究发现光解作用是农药在环境中消散的主要途径之一(Ter Halle et al.,2006;Monadjemi et al.,2011)。因此,气候变暖对拟除虫菊酯类农药在蔬菜叶片表面光解的影响非常重要,这可能会影响拟除虫菊酯类农药的转化及其对人类的健康风险。

利用光敏剂在水中产生·OH,可以促进水中拟除虫菊酯类农药的光解(Liu et al.,2010)。研究表明,植物叶片蜡质中的酮类和黄酮类化合物具有光敏性,可能影响农药在叶片表面的光解作用(Ter Halle et al.,2006;Monadjemi et al.,2011)。在太阳光照射下,Sleiman 等(2017)观察到苯并噻二唑农药在苹果树叶片表面发生光解,并推测苯并噻二唑农药在苹果树叶片表面的光解可能是由于苹果树叶片蜡质产生的·OH。研究提出异丙隆农药在小拟南芥蜡质表面由甲基自由基介导的光解路径(Choudhury,2017)。另外,在氙灯照射下,添加植物抗毒素后,叶片蜡质模型中检测到 $^1O_2$(Trivella et al.,2014)。尽管许多研究提出植物叶片蜡质可以产生活性物质,但很少有研究检测和证实叶片表面活性氧自由基(ROS)的产生,如·OH、$^1O_2$、·O_2^- 和以碳或者碳氧为中心的自由基。此外,决定蜡质中产生 ROS 的官能团及生成途径还未被阐明。

气候变暖影响农药在植物叶片表面的光解作用。已有研究表明农药的光解速率和温度成正比(Koch and Kerns,2015;Zhang et al.,2019)。气候变化(如 1.5 ~ 4.8℃的微小温度增量)是否影响以及如何影响拟除虫菊酯类农药的光解,目前仍不清楚。培养温度升高可能会改变叶片蜡质的成分,包括异黄酮和黄酮的含量(Anderson et al.,2016)。例如,在夜间，叶片蜡质中正构烷烃、1-烷烃和正构烷酸的含量随培养温度的升高而增加（Riederer and Schneider，1990）。除这些官能团之外，n-烷基酯的含量随着白天培养温度的升高而降低（Riederer and Schneider，1990）。叶片蜡质中存在的官能团可能具有不同的光敏性（Ter Halle et al.，2006；Eyheraguibel et al.，2010；Fu et al.，2016）。因此，本研究推测培养温度升高可能会改变叶片蜡质的成分，进而影响其光敏性和 ROS 的产生能力。已有研究表明，·OH 和 $^1O_2$ 对水中拟除虫菊酯类农药光解起着主导作用（Bi et al.，1996；Liu et al.，2010）。因此，本研究推测培养温度升高可能会影响植物叶片表面 ROS 的生成和拟除虫菊酯类农药的光解。

为了验证该科学假设，本研究在模拟太阳光照射下，考察升温对拟除虫菊酯类农药在菠菜叶片表面光解的影响。选择叶菜类蔬菜用量较多的四种拟除虫菊酯类农药，即联苯菊酯、氯氰菊酯、氰戊菊酯和溴氰菊酯作为目标污染物（Yu et al.，2018）。对以下假设进行检验：①菠菜培养温度或者光解温度的升高可能影响拟除虫菊酯类农药的光解速率；②菠菜培养温度可能会改变叶片蜡质的化学成分，从而影响 ROS 的生成和拟除虫菊酯类农药的光解；③通过对拟除虫菊酯类农药中间体的分析和密度泛函计算，提出农药的光解路径。综上所述，在模拟太阳光照射下，本研究为升温下拟除虫菊酯类农药在植物叶片表面的转化提供了新的认识。

3.2　材料与方法

3.2.1　试剂

拟除虫菊酯类农药 I 型（联苯菊酯）和 II 型（氯氰菊酯、氰戊菊酯和溴氰菊酯）以及用作内标的 ^{13}C 标记的氯氰菊酯均为标准品（中国 J&K 百灵威科技有限公司）。间甲酚（m-cresol）、对氯苯甲醛（p-Chl）、1-（4-氯苯基）乙醇（1-4C-1E）、间苯氧基苯甲醛（3-PB）、4-氯苯甲酸乙酯（4-Chl）、菊酸（cis-DCCA）、3-苯氧基甲苯（1-M-3PB）、3-苯氧基苄醇［（3-苯氧基苯基）甲醇］（MPBA）和苯氧基苯甲酸（3-PBA）均为标准品（中国 J&K 百灵威科技有限公司）。实验过程所用乙腈、乙酸乙酯、二氯甲烷、正己烷和甲醇均为色谱纯（美国 J. T. Baker 公司）。无水硫酸镁（$MgSO_4$）和氯化钠（NaCl）均为分析纯（99.5%，美国 Alfa 公司），使用之前在马弗炉 450℃ 条件下烧 4h 后放在干燥器中备用。用作萃取净化农药的石墨化碳（3mL，250mg）和 C_{18} 固相萃取柱（3mL，500mg）购自美国 Supelco 公司。超氧化物歧化酶（SOD）和水杨酸（SA）购自中国 J&K 百灵威科技有限公司。实验过程用水均为超纯水（美国 Millipore 公司）。

3.2.2　土壤样品的采集与菠菜的培养

用于培养菠菜的土壤为 2018 年 3 月采自河北省保定市［39°25′54″N、115°41′56″E，黄淮海流域（黄河流域、淮河流域和海河流域）］的表层土壤样品（0～20cm）。作者团队之前的工作报道了土壤的理化性质（Chen et al.，2019）。在盆栽实验之前，土壤在阴凉通风处风干后过 20 目筛。菠菜（*Spinacia oleracea* L.）因其种植面积广、消费量大且叶片平整被选为受试植物。菠菜种子首先在 10%（*v/v*）H_2O_2 中灭菌 20min 后用水冲洗，然后放在有潮湿滤纸的玻璃培养皿中，置于 20℃ 培养箱（Sdfu，RXZ-450C，中国）中发芽。2天后，挑出均匀发芽的种子，移入装有 2kg 土壤的花盆中［280mm×110mm×130mm（长×宽×高）］，其中每千克土壤添加了 0.263g KH_2PO_4、0.429g $CO(NH_2)_2$ 和 0.42g KCl 作为肥料，并喷洒了 150mL 水。

为了模拟升温对植物生长和农药光解作用的影响，将菠菜置于不同温度条件下（15℃/10℃、18℃/13℃ 和 21℃/16℃）的气候培养箱中，使用适合植物生长的 LED 灯（380~800nm）培养。气候培养箱的条件设置为：光照/黑暗时间为 16h/8h，相对湿度为 75%，光照强度为 24000lx。同时模拟三种升温情景：昼/夜温度分别为 15℃/10℃、18℃/13℃ 和 21℃/16℃。初始温度为 15℃/10℃，以模拟菠菜成熟时黄淮海流域的平均气温（Sun et al.，2015；Chen et al.，2019）；升温梯度设置为 3℃，以模拟黄淮海流域的升温潜势（21 世纪末最大增温为 6℃）（Sun et al.，2015）。本研究在不考虑极端气候的情况下，研究气候因子长期平均变化对拟除虫菊酯类农药光解作用的影响。每个培养条件设置三个平行。每盆菠菜随机置于气候培养箱中，并定期定量浇水。当菠菜长到高 10~12cm、5~6 片叶子、每片叶子重 0.1~0.2g 时，对叶片进行表征，同时进行农药在叶片表面的光解实验。

3.2.3 光解实验

四种拟除虫菊酯类农药的理化性质见表 3-2-1。氙灯（500W，北京天脉恒辉光源电器有限公司）照射下，研究菠菜培养温度和光解温度对农药光解速率的影响。由于具有相似的发射光谱（Yager and Yue，1988；Gueymard，2013），采用氙灯（>290nm）模拟太阳光。氙灯的发射光谱由北京天脉恒辉光源电器有限公司提供［图 3-2-1（a）］。氙灯高度与辐照强度的校准曲线见图 3-2-1（b）。氙灯光强为太阳到达地球表面的平均强度（120W/m²）（CIMO Guide，2008）。

表 3-2-1　四种拟除虫菊酯类农药的理化性质

拟除虫菊酯	CAS	化学式	结构	分子量	辛醇/水分配系数	溶解度 (20℃) /(μg/L)	蒸气压 (25℃) /Pa
联苯菊酯	82657-04-3	$C_{23}H_{22}ClF_3O_2$		423	6.40	100	$1.80×10^{-7}$
氯氰菊酯	52315-07-8	$C_{22}H_{19}Cl_2NO_3$		416	6.54	4	$1.30×10^{-9}$

续表

拟除虫菊酯	CAS	化学式	结构	分子量	辛醇/水分配系数	溶解度 (20℃) /(μg/L)	蒸气压 (25℃) /Pa
氰戊菊酯	51630-58-1	$C_{25}H_{22}ClNO_3$		412	—	1	$2.00×10^{-7}$
溴氰菊酯	52918-63-5	$C_{22}H_{19}Br_2NO_3$		505	4.53	0.2	$1.50×10^{-8}$

资料来源：Laskowski, 2002；Adelsbach and Tjeerdema, 2003；Jorgenson and Young, 2010。

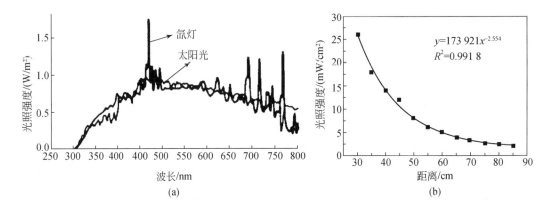

图 3-2-1　北京天脉恒辉光源电器有限公司提供氙灯发射光谱（a）和
氙灯高度与辐照强度的校准曲线（b）

　　对于培养温度对农药光解速率的影响，选择三种气温下（15℃/10℃、18℃/13℃或21℃/16℃）培养的菠菜。根据叶类蔬菜中拟除虫菊酯类农药的残留量和应用量，拟除虫菊酯类农药的喷洒浓度选取为 2.2μg/g 和 11μg/g。分别将浓度为 3μg/mL 和 15 μ/mL、体积均为 100 μL 的拟除虫菊酯类农药在避光下用微型注射器均匀滴到菠菜叶片表面（约 10 滴）。待叶片表面的溶剂在通风橱中挥发至干以后，拟除虫菊酯类农药在叶片表面的浓度分别为 2.2μg/g 和 11μg/g。将喷洒过农药的菠菜置于 15℃、湿度 75% 的气候培养箱中进行光解实验。对于光解温度本身对农药光解速率的影响，选择 15℃/10℃ 条件下培养的菠菜，在 75% 湿度的气候培养箱中进行光解，光解温度分别设置为 15℃、18℃ 和 21℃，拟除虫菊酯类农药初始浓度为 11μg/g。同时，为了区分渗透和其他降解过程导致的拟除虫菊酯类农药浓度下降，将喷有拟除虫菊酯类农药的菠菜用铝箔纸盖住后进行对照试验，实验条件除了避光，其他同上。分别在 0h、1h、3h、7h、12h、24h 和 36h 对叶片进行取样，对叶片表面拟除虫菊酯类农药及其产物进行分析。拟除虫菊酯类农药的光解率（R）由式

（3-2-1）求得：

$$R = \frac{C_t}{C_0} \times 100\% \tag{3-2-1}$$

式中，C_0 和 C_t 分别为每种拟除虫菊酯类农药在叶片表面暴露 t（h）时间前后的浓度，$\mu g/g$。

拟除虫菊酯类农药的光解半衰期（$t_{1/2}$，h）由下式求得：

$$-\ln \frac{C_t}{C_0} = k \times t \tag{3-2-2}$$

$$t_{1/2} = \frac{\ln 2}{k} \tag{3-2-3}$$

式中，k 为一级反应速率常数，h^{-1}。

3.2.4 电子自旋共振检测菠菜叶片蜡质产生的 ROS 及其在农药光解中的作用

为了分析 ROS 对拟除虫菊酯类农药在菠菜叶片表面光解的影响，在氙灯照射条件下，采用电子自旋共振（ESR，JES-FA200，JEOL，Japan）和普通的石英毛细管，对拟除虫菊酯类农药溶液（12.5~16.7μg/L）、菠菜蜡质悬浮液（15℃/10℃，0.40~0.53mg/mL）和二者混合物中产生的自由基进行检测。拟除虫菊酯类农药溶液：0.1g 的联苯菊酯、氯氰菊酯、氰戊菊酯和溴氰菊酯在 45℃ 下超声 48h 溶解在 2L 水中，配制成 50μg/L 的水溶液。蜡质悬浮液：将 20 片新鲜叶片用 50mL 二氯甲烷浸泡轻轻摇晃 2min 后，用 0.22μm 聚四氟乙烯膜（天津市津腾实验设备有限公司，天津，中国）将溶液过滤至离心管中。室温下氮吹至近干后，用超纯水定容至 1mL。5,5-二甲基-1-吡咯啉-N-氧化物（DMPO，50mmol/L）和四甲基哌啶酮（TEMP，5mmol/L）分别作为·OH 和 $^1O_2$ 的捕获剂。3,4-二氢-2-甲基-1,1-二甲基乙酯-2H-吡咯-2-羧酸-1-氧化物（BMPO，33.2mmol/L）可以作为·OH 和·O_2^- 捕获剂，加入 SOD（33.3U/mL）猝灭·O_2^- 后，其峰高的差异证实·O_2^- 的产生。具体的检测方法如下。

·OH 的检测：25.0μL 拟除虫菊酯类农药溶液（50.0μg/L）或者 25.0μL 蜡质悬浮液（1.60mg/mL）和 50.0μL DMPO（100mmol/L）混合后，检测拟除虫菊酯类农药溶液或者蜡质悬浮液中产生的·OH。25.0μL 拟除虫菊酯类农药溶液（50.0μg/L），25.0μL 蜡质悬浮液（1.60mg/mL）和 50.0μL DMPO（100mmol/L）混合后检测拟除虫菊酯类农药与蜡质混合溶液中产生的·OH。

·O_2^- 的检测：15.0μL BMPO（166mmol/L）、25.0μL 水、25.0μL 拟除虫菊酯类农药溶液（50.0μg/L）和 10.0μL 水或者 10.0μL SOD（250U/mL）混合后，检测拟除虫菊酯类农药溶液中产生的·O_2^-。15.0μL BMPO（166mmol/L）、25.0μL 水、25.0μL 蜡质悬浮液（1.60mg/mL）和 10.0μL 水或者 10.0μL SOD（250U/mL）混合后，检测蜡质悬浮液中产生的·O_2^-。15.0μL BMPO（166mmol/L）、25.0μL 拟除虫菊酯类农药溶液（50.0μg/L）、25.0μL 蜡质悬浮液（1.60mg/mL）和 10.0μL 水或者 10.0μL SOD（250U/mL）混合后，

检测两者混合溶液中产生的·O_2^-。

$^1O_2$的检测：TEMP 作为$^1O_2$的捕获剂。当生成$^1O_2$时，TEMP 被$^1O_2$氧化成 4-氧代-2,2,6,6-四甲基-1-哌啶基氧基（TEMPO），以此证明$^1O_2$的生成。50.0μL TEMP（10mmol/L）、25.0μL 拟除虫菊酯类农药溶液（50.0μg/L）或者 25.0μL 蜡质悬浮液（1.60mg/mL）和 25.0μL 水混合后，检测拟除虫菊酯类农药溶液或者蜡质悬浮液中产生的$^1O_2$。50.0μL TEMP（10mmol/L）、25.0μL 拟除虫菊酯类农药溶液（50.0μg/L）和 25.0μL 蜡质悬浮液（1.60mg/mL）混合后，检测两者混合物中产生的$^1O_2$。

通过 ROS 猝灭实验，进一步验证哪种自由基对农药在菠菜叶片表面的光解起着主导作用，用 SA 和 SOD 分别作为·OH 和·O_2^-的猝灭剂。将 100μL 拟除虫菊酯类农药（15μg/mL）和 36.0μmol/mL SA 或者 33.3U/mL SOD 在避光下用微型注射器均匀滴到菠菜叶片表面（15℃/10℃）。待溶剂挥发干以后置于 15℃、湿度为 75% 的气候培养箱中进行降解实验。分别在 0h、1h、3h、7h、12h、24h、36h 对叶片进行取样，分析叶片上拟除虫菊酯类农药的含量。

3.2.5　样品的提取与净化

拟除虫菊酯类农药及其产物的提取根据稍作修改后的 Li 等（2016）的方法进行。将叶片剪碎置于 50mL 离心管中，加入 6mL 乙腈、1.00g $MgSO_4$ 和 1.50g NaCl 涡旋 2min，并 4000r/min 离心 5min。将上清液氮吹至 4mL 后平均分成两份，分别用于净化分析农药母体及其中间产物。拟除虫菊酯类农药母体：将 2mL 上清液过已活化的石墨化碳固相萃取柱，采用 6mL 乙酸乙酯洗脱，收集于 10mL 离心管中，在室温下氮吹至近干，用 200μL 正己烷定容后过 0.2μm 滤膜，加 2μL ^{13}C 标记的氯氰菊酯（100μg/mL）作为内标待测。拟除虫菊酯类农药中间产物：将 2mL 上清液加载到已活化的 C_{18} 固相萃取柱，采用 5mL 甲醇/乙腈（1/5）洗脱，收集于 10mL 离心管中，在室温下氮吹至近干，用 200μL 甲醇定容后过 0.2μm 滤膜待测。

3.2.6　拟除虫菊酯类农药及其中间产物的测定

拟除虫菊酯类农药采用气相色谱–质谱联用仪（TQ8040，日本岛津公司；GC-MS）进行分析，色谱柱为 Rxi-5Sil MS 柱（30m×0.25mm×0.25μm），载气为高纯氦气，流量为 1mL/min，不分流进样，进样量为 1μL。采用程序升温，120℃保持 1min，25℃/min 升至 280℃保持 8min。离子源温度为 230℃，进样口温度为 260℃。质谱条件为 EI 离子源，采用 MRM 模式，质谱参数见表 3-2-2。

表 3-2-2　拟除虫菊酯类农药的质谱检测参数

拟除虫菊酯类农药	保留时间/min	m/z
联苯菊酯	8.58	181，165
氯氰菊酯	10.9	163，127

拟除虫菊酯类农药	保留时间/min	m/z
氰戊菊酯	12.2	167，125
溴氰菊酯	13.6	181，152

采用 GC-MS 分析拟除虫菊酯类农药的光解产物，色谱柱为 Rxi-5Sil MS 柱（30m×0.25mm×0.25μm），载气为高纯氦气，流速为 1mL/min，进样量为 1μL，不分流进样。采用程序升温，80℃保持 0.5min，3℃/min 升至 150℃保持 20min，10℃/min 升至 200℃保持 1min。进样口温度为 260℃，采用 EI 离子源，电离电压为 70eV，离子源温度为 230℃。质谱条件采用全扫（50～650m/z）。采用 NIST MS 谱库对光解产物进行鉴定，并与标准样品的保留时间和质谱参数进行比较。

另外，产物还用了超高效液相色谱联合高分辨质谱（UPLC-TOF-MS/MS，5600，AB Sciex，Canada）分析，采用 C_{18} 色谱柱（75mm×2.0mm×2.2μm）。5mmol/L 的乙酸铵水溶液（A）和 0.1%甲酸的甲醇溶液（B）作为流动相，流速为 0.3mL/min。采用梯度洗脱：0.1～2min，5%B；2～16min，5%～95%B；16～20min，95%B；20～25min，95%～100%B；25～25.5min，100%～5%B；25.5～30min，5%B；30～35min，5%B。进样量为 10μL。柱温为 35℃，采用负离子模式（ESI）。质谱数据采集范围为 50～1000m/z，采集条件如下：离子喷雾电压，-4500V；温度，550℃；离子源气体 1，55psi[①]；离子源气体 2，50psi；幕气，30psi；分散电位，-50V；碰撞电压，-10V。用 PeakView（version 2.0）和 MasterView（version 1.0）软件对数据进行分析。

3.2.7　菠菜叶片蜡质的测定和表征

将一定量新鲜叶片用 50mL 二氯甲烷浸泡轻轻摇晃 2min 后，用 0.22μm 聚四氟乙烯膜将溶液过滤到预先称重的玻璃管中。室温下氮吹至干，再次称量玻璃管，由此得到蜡质含量。用元素分析仪（CE-440，美国 PerkinElmer 公司）分析不同温度培养下的菠菜叶片蜡质中 C、H 和 N 的含量，并计算 H/C、C/N、O/C 和（O+N）/C 的比值。采用傅里叶红外光谱（Nexus 670，Nicolet，Waltham，USA）获得蜡质在 400～4000cm^{-1} 范围内的红外光谱图。以氘代氯仿为溶剂，采用核磁共振仪（JNM-ECS400，JEOL，Tokyo，Japan）分析蜡质的 ^1H 和 ^{13}C 谱。

3.2.8　密度泛函计算

为了计算拟除虫菊酯类农药的反应位点，阐明其主要的反应路径，并预测其主要的光解产物，采用 Materials Studio 2017 软件对四种拟除虫菊酯类农药的密度泛函（DFT）进行

---

① 1psi=6.894 76×10³Pa。

计算（Wang et al., 2020）。DMol³模块用于 Fukui 指数的计算，GGA-PBE 函数计算交换关联（Perdew et al., 1996），交换关联函数不涉及自旋极化过程，基组函数为 DND。采用 COSMO 和介电常数为 78.54 的水作为溶剂，研究溶剂化效应的影响，其他参数选择设置为系统默认。根据有限差分近似计算方法，Fukui 函数分为亲电（f^-）攻击、亲核（f^+）攻击和亲自由基（f^0）攻击函数。Fukui 函数（f_k）具体计算过程如下（Liu et al., 2010）：

$$f_k = \left[\frac{\partial \rho(r)}{\partial N} \right]_{v(r)} \tag{3-2-4}$$

式中，$\rho(r)$ 为电子密度的一阶导数；N 为电子个数；$v(r)$ 为恒定的外电位。这些参数通过 Mulliken 种群分析计算得出，原子种群数表示原子或分子周围的电子密度。

采用有限差分近似法，Fukui 函数采用式（3-2-5）~式（3-2-7）计算得出（Benali et al., 2006）。

亲核攻击：

$$f_k^+ = q_k(N+1) - q_k(N) \tag{3-2-5}$$

亲电攻击：

$$f_k^- = q_k(N) - q_k(N-1) \tag{3-2-6}$$

亲自由基攻击：

$$f_k^0 = \left[q_k(N+1) - q_k(N-1) \right]/2 \tag{3-2-7}$$

式中，$q_k(N-1)$、$q_k(N)$ 和 $q_k(N+1)$ 分别为 k 原子在阳离子、中性离子和阴离子体系中的原子电荷集居数。本研究中，·OH 为主要的自由基攻击物种，采用 Fukui 函数分析拟除虫菊酯类农药光解过程中自由基攻击的区域选择性。

3.2.9 质量保证与质量控制

四种拟除虫菊酯类农药标准曲线（5~800μg/L）的相关系数均大于 0.99，内标法定量（¹³C 氯氰菊酯）。采用信噪比的 3 倍和 10 倍分别作为方法检测限（0.029~0.468μg/kg）和定量限（0.098~1.570μg/kg）（表 3-2-3）。联苯菊酯、氯氰菊酯、氰戊菊酯和溴氰菊酯的回收率分别为 85.5%±6.77%、90.2%±5.36%、93.6%±4.5% 和 87.6%±5.27%。每 20 个样品设置一个程序空白，空白样中拟除虫菊酯类农药的浓度均低于仪器检测限。

表 3-2-3   拟除虫菊酯类农药的方法检测限和定量限　　　　（单位：μg/kg）

拟除虫菊酯类农药	方法检测限	方法定量限
联苯菊酯	0.029	0.098
氯氰菊酯	0.232	0.774
氰戊菊酯	0.171	0.573
溴氰菊酯	0.468	1.570

菠菜培养过程中，三个气候培养箱中的温度分别控制在（14.8±0.5）℃/（9.9±

0.4）℃、（18.2±0.4）℃／（13.1±0.4）℃和（21.0±0.3）℃／（15.8±0.3）℃。拟除虫菊酯类农药光解过程中，氙灯照射下，与黑暗对照相比，温度可能会升高。为保证光解和对照实验中温度一致，将气候培养箱放置在靠近窗户的位置以促进通风，并定期向盆栽植物中加入定量的水以降低温度。有/无氙灯光照条件下，气候培养箱中降解温度分别为（16.0±0.9）℃／（15.0±0.9）℃、（19.0±1.0）℃／（18.0±0.8）℃和（22.0±1.0）℃／（21.0±0.9）℃。具体的温度数据见表3-2-4。配对样本 t 检验结果表明有/无氙灯光照时，降解温度无显著差异（$p>0.05$），说明氙灯照射引起的降解温度变化可忽略不计。

表3-2-4　有/无氙灯光照条件下，拟除虫菊酯类农药在菠菜叶片表面降解过程中的温度变化

时间/h	15℃处理组		18℃处理组		21℃处理组	
	有光/℃	无光/℃	有光/℃	无光/℃	有光/℃	无光/℃
0	15.0	15.0	18.0	18.0	21.0	21.0
1	15.1	14.5	18.4	17.9	21.2	20.6
2	15.4	14.6	18.6	17.6	21.6	20.5
3	15.7	14.8	18.9	17.5	21.4	20.0
4	15.3	14.4	18.6	17.4	21.7	20.4
5	15.2	14.0	18.5	17.0	21.9	20.7
6	15.8	14.7	18.9	17.6	22.4	20.6
7	16.2	14.5	19.3	17.5	22.9	20.8
8	15.9	14.3	19.9	17.7	23.1	21.0
9	16.4	15.1	20.3	18.1	23.5	21.4
10	16.3	15.5	19.7	17.6	22.7	20.6
11	16.7	15.8	19.9	17.8	22.4	20.0
12	16.5	15.4	19.5	18.2	21.7	20.3
13	16.4	15.6	19.2	17.5	21.9	20.5
14	16.0	15.4	19.3	17.6	21.8	20.4
15	15.8	14.6	18.9	17.9	22.2	21.2
16	15.3	14.4	18.7	17.4	22.4	20.6
23	17.5	15.2	18.9	17.6	22.0	20.1
24	16.2	15.7	18.5	17.3	21.9	20.4
25	16.4	15.5	19.1	17.8	21.7	20.5
26	16.9	15.9	19.6	17.4	21.9	20.3
27	17.3	15.7	19.4	17.6	22.4	21.2
28	17.8	15.4	20.5	18.6	22.8	20.3
29	17.7	15.7	20.3	18.1	23.2	21.8
30	17.5	15.5	20.7	18.0	23.5	21.5
31	17.1	15.4	21.0	18.5	24.4	21.9
32	17.9	15.9	20.8	18.2	24.2	21.7

时间/h	15℃处理组		18℃处理组		21℃处理组	
	有光/℃	无光/℃	有光/℃	无光/℃	有光/℃	无光/℃
33	17.5	15.7	20.6	18.6	23.3	21.6
34	17.6	15.6	20.5	18.3	22.9	20.5
35	16.3	15.5	19.6	17.7	22.0	20.6
36	16.7	15.7	19.3	17.6	22.5	20.7

3.2.10 数据分析

采用 SPSS 18.0 对所测样品中农药含量数据进行单因素方差分析或配对样本 t 检验（显著性水平为 $p<0.05$），分析不同实验处理间的统计学差异；并通过线性回归模型确定各光解速率常数及其 95% 置信区间（95% CI）。

3.3 培养温度对拟除虫菊酯类农药在菠菜叶片表面光解的影响

在黑暗条件下，四种拟除虫菊酯类农药（11μg/g）在菠菜叶片表面的降解均遵循拟一级动力学（图3-3-1），速率常数为 4.7（±0.05，95% CI，如果没其他说明）×10⁻³ ~ 1.76（±0.22）×10⁻²h⁻¹。如图3-3-1所示，在氙灯光照条件下，四种拟除虫菊酯类农药的光解速率显著增加。以下四种拟除虫菊酯类农药的光解速率、半衰期和光解效率均为光照条件下与相应黑暗对照下的降解速率、半衰期和降解效率之差。在光照条件下，当培养温度为15℃/10℃时，联苯菊酯、氯氰菊酯、氰戊菊酯和溴氰菊酯的光解效率分别为56.1%、74.5%、79.3%和78.6%（表3-3-1）。研究表明，这四种拟除虫菊酯类农药在水中可以发生直接光解（Takahashi et al., 1985；Laskowski, 2002；Liu et al., 2010）。因此，这四种拟除虫菊酯类农药通过激发分子从基态到单线态，系统间交叉到三线态，以及通过键（如醚键和酯键）的裂解（Takahashi et al., 1985；Kelly and Arnold, 2012），可能也可以在菠菜叶片表面发生直接光解。氙灯光照条件下，联苯菊酯、氯氰菊酯、氰戊菊酯和溴氰菊酯在菠菜叶片表面的半衰期为（5.72±0.59）~（35.4±3.30）h，远低于水中的半衰期 26.7 ~ 161h（Takahashi et al., 1985；Xia, 1990；Hua et al., 1997；Laskowski, 2002；Zhu et al., 2020）。这可能是激发分子与菠菜叶片蜡质的碰撞比与水的碰撞少，导致农药在菠菜叶片表面的光解半衰期远低于水中的半衰期。

如图3-3-1所示，四种拟除虫菊酯类农药（11μg/g）的光解速率均随菠菜培养温度的升高而降低 [$p<0.05$，图3-3-2（a）]。例如，当培养温度为15℃/10℃时，联苯菊酯的光解速率常数为21℃/16℃时的1.9倍（表3-3-1）。相应地，拟除虫菊酯类农药的半衰期随着培养温度的升高而升高。例如，当培养温度为21℃/16℃时，氯氰菊酯的半衰期为15℃/10℃时的1.8倍（表3-3-1）。同样地，当拟除虫菊酯类农药浓度为2.2μg/g时（图3-3-3），农药的光解速率也与菠菜的培养温度成反比 [$p<0.05$，图3-3-2（b）]。已有

表3-3-1 四种拟除虫菊酯类农药在菠菜叶片表面的平均降解效率（36 h）、半衰期（$t_{1/2}$）、一级速率常数（k）、相关系数（R^2）和95%置信区间（95% CI）（$n=3$）

拟除虫菊酯类农药	培养温度/℃	光解温度/℃	农药浓度/(μg/g)	光照条件/(W/m²)	降解效率/%	k/10^{-2} h^{-1}	R^2	$t_{1/2}$/h	k的95% CI/10^{-2} h^{-1} 低	k的95% CI/10^{-2} h^{-1} 高	$t_{1/2}$的95% CI/h 低	$t_{1/2}$的95% CI/h 高
联苯菊酯	15/10	15	11	120	56.1	3.73	0.991	18.6	3.14	4.32	16.0	21.2
	18/13	15	11	120	51.3	3.06	0.998	22.7	2.89	3.23	21.1	24.3
	21/16	15	11	120	43.3	1.96	0.993	35.4	1.79	2.13	32.1	38.7
	15/10	15	11	0	12.6	0.51	0.997	136	0.44	0.58	120	157
	18/13	15	11	0	11.3	0.47	0.992	147	0.42	0.52	133	165
	21/16	15	11	0	13.9	0.53	0.996	131	0.45	0.61	114	154
	15/10	18	11	120	60.1	3.97	0.991	17.5	3.73	4.21	16.1	18.9
	15/10	21	11	120	60.6	3.91	0.989	17.7	3.53	4.29	15.3	20.1
	15/10	15	2.2	120	54.1	2.46	0.994	28.1	2.31	2.61	30.0	26.6
	18/13	15	2.2	120	48.9	1.96	0.998	35.4	1.75	2.17	39.6	31.9
	21/16	15	2.2	120	40.4	1.47	0.997	47.2	1.31	1.63	52.9	42.5
联苯菊酯+SA	15/10	15	11	120	17.0	1.79	0.992	38.7	1.65	1.93	35.0	42.4
联苯菊酯+SOD	15/10	15	11	120	49.7	2.96	0.998	23.4	2.82	3.10	22.1	24.7
氯氰菊酯	15/10	15	11	120	74.5	8.39	0.989	8.26	7.67	9.11	7.10	9.42
	18/13	15	11	120	71.4	6.40	0.994	10.8	5.89	6.91	9.50	12.1
	21/16	15	11	120	66.2	4.76	0.998	14.6	4.40	5.12	13.1	16.1
	15/10	15	11	0	16.7	1.63	0.998	42.5	1.46	1.80	47.5	38.5
	18/13	15	11	0	16.1	1.48	0.997	46.8	1.28	1.68	54.2	41.3
	21/16	15	11	0	17.2	1.76	0.998	39.4	1.54	1.98	45.0	35.0
	15/10	18	11	120	74.7	8.65	0.980	8.01	7.92	9.38	6.99	9.03
	15/10	21	11	120	75.4	8.82	0.987	7.86	8.03	9.61	7.16	8.56
	15/10	15	2.2	120	73.4	8.02	0.995	8.64	7.59	8.45	9.13	8.20
	18/13	15	2.2	120	69.5	5.80	0.998	11.9	5.55	6.05	12.5	11.5
	21/16	15	2.2	120	61.8	4.10	0.993	16.9	3.93	4.27	17.6	16.2
氯氰菊酯+SA	15/10	15	11	120	20.8	2.31	0.969	30.0	1.75	2.87	22.9	37.1
氯氰菊酯+SOD	15/10	15	11	120	67.4	6.96	0.997	9.96	6.39	7.53	8.82	11.1

续表

拟除虫菊酯类农药	培养温度/℃	光解温度/℃	拟除虫菊酯类农药浓度/(μg/g)	光照条件/(W/m²)	降解效率/%	$k/10^{-2}\ h^{-1}$	R^2	$t_{1/2}/h$	k 的 95% CI/$10^{-2}\ h^{-1}$ 低	高	$t_{1/2}$ 的 95% CI/h 低	高
氰戊菊酯	15/10	15	11	120	79.3	12.1	0.990	5.72	11.5	12.8	5.13	6.31
	18/13	15	11	120	70.5	10.8	0.998	6.43	10.5	11.1	5.99	6.87
	21/16	15	11	120	68.3	9.33	0.999	7.43	8.86	9.80	6.87	7.99
	15/10	15	11	0	17.6	1.12	0.997	61.9	0.90	1.34	77.0	51.7
	18/13	15	11	0	17.9	1.18	0.993	58.7	1.00	1.36	69.3	50.9
	21/16	15	11	0	18.7	1.24	0.994	55.8	1.01	1.47	68.6	47.2
	15/10	18	11	120	77.4	12.5	0.989	5.56	11.6	13.3	5.09	6.03
	15/10	21	11	120	79.5	12.6	0.988	5.50	11.6	13.6	4.99	6.01
	15/10	15	2.2	120	76.2	14.0	0.996	4.95	13.6	14.4	5.10	4.81
	18/13	15	2.2	120	71.4	11.5	0.998	6.03	11.2	11.8	6.19	5.87
	21/16	15	2.2	120	63.9	9.51	0.994	7.29	9.28	9.74	7.47	7.12
氰戊菊酯 +SA	15/10	15	11	120	28.1	4.56	0.985	15.2	4.22	4.90	13.8	16.6
氰戊菊酯 +SOD	15/10	15	11	120	69.9	10.0	0.996	6.90	9.70	10.4	6.52	7.28
溴氰菊酯	15/10	15	11	120	78.6	8.03	0.992	8.63	7.53	8.53	7.66	9.60
	18/13	15	11	120	72.4	6.54	0.993	10.6	6.10	6.98	9.20	12.0
	21/16	15	11	120	68.2	5.32	0.994	13.0	4.76	5.88	11.0	15.0
	15/10	15	11	0	15.3	1.05	0.996	66.0	0.85	1.25	81.5	55.5
	18/13	15	11	0	15.9	1.17	0.994	59.2	0.97	1.37	71.5	50.6
	21/16	15	11	0	16.2	1.29	0.997	53.7	1.02	1.51	68.0	45.9
	15/10	18	11	120	78.7	8.49	0.991	8.16	8.08	8.90	7.57	8.75
	15/10	21	11	120	79.9	8.61	0.988	8.05	7.46	9.76	6.90	9.20
	15/10	15	2.2	120	78.3	9.08	0.996	7.63	8.77	9.39	7.90	7.38
	18/13	15	2.2	120	70.6	7.43	0.998	9.33	7.19	7.67	9.64	9.04
	21/16	15	2.2	120	65.9	6.43	0.992	10.8	6.17	6.69	11.2	10.4
溴氰菊酯 +SA	15/10	15	11	120	20.5	1.78	0.943	38.9	1.63	1.93	36.1	41.7
溴氰菊酯 +SOD	15/10	15	11	120	71.8	7.36	0.996	9.42	7.05	7.67	8.88	9.96

注：四种拟除虫菊酯类农药的光解速率、半衰期和降解效率均为光照条件下与相应黑暗对照下的降解速率、半衰期和降解效率之差。

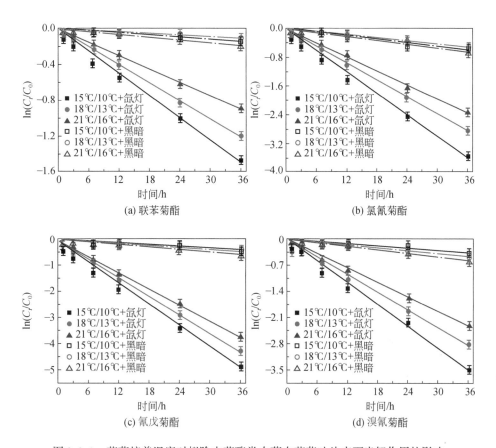

图 3-3-1　菠菜培养温度对拟除虫菊酯类农药在菠菜叶片表面光解作用的影响

光照条件为 120W/m²，光解温度为 15℃，农药浓度为 11μg/g（$n=3$）

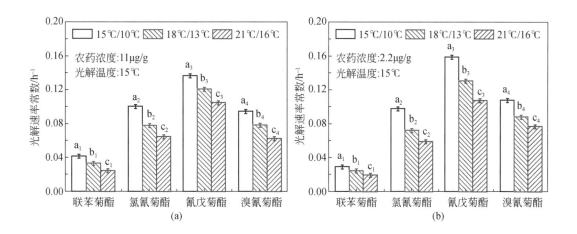

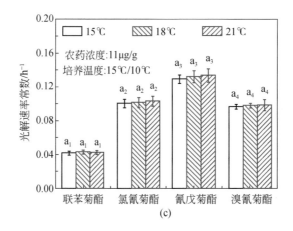

图 3-3-2　在不同培养温度 [(a)~(b)] 和光解温度 (c) 下，四种拟除虫菊酯类农药在 120W/m² 氙灯照射下在菠菜叶片表面的光解速率常数

对于每种农药，不同字母表示使用 Tukey's 检验时，温度处理组之间存在显著差异（$p<0.05$）（$n=3$）

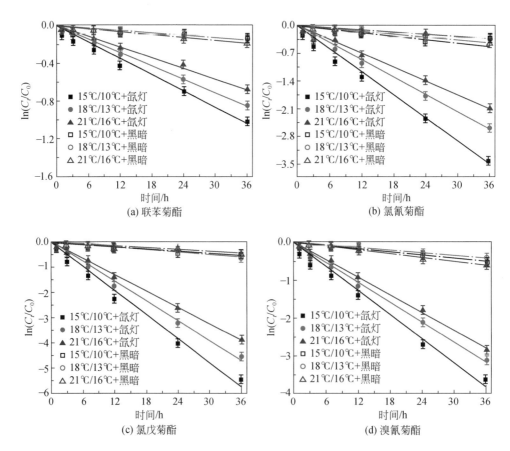

图 3-3-3　菠菜培养温度对拟除虫菊酯类农药在菠菜叶片表面光解作用的影响

光照条件为 120W/m²，光解温度为 15℃，农药浓度为 2.2μg/g（$n=3$）

研究发现，咪唑乙腈在玉米叶片蜡质表面的光解也有类似的趋势，主要原因是玉米的培养温度影响了玉米叶片蜡质的成分（Anderson et al.，2016）。因此，本研究认为在不同培养温度下，拟除虫菊酯类农药在菠菜叶片表面光解存在差异的根本原因可能是菠菜叶片蜡质的组成不同。

在相同培养温度下，四种拟除虫菊酯类农药在菠菜叶片表面的光解速率依次为联苯菊酯<溴氰菊酯≈氯氰菊酯<氰戊菊酯（图 3-3-1 和图 3-3-3，$p<0.05$）。当培养温度为 15℃/10℃，光解温度为 15℃ 时，联苯菊酯的半衰期分别为氰戊菊酯和氯氰菊酯/溴氰菊酯的 3.3 倍和 2.2 倍（表 3-3-1）。Ⅰ类拟除虫菊酯类农药的光解速率小于Ⅱ类，这可能是由于 3-苯氧基苯甲醇基团中亚甲基碳上氰基取代氢原子促进Ⅱ型拟除虫菊酯类农药的光解（Takahashi et al.，1985；Laskowski，2002）。另外，Ⅱ类拟除虫菊酯类农药的极性氰基与蜡质的极性官能团具有相互作用的趋势，这可能会提高Ⅱ类拟除虫菊酯类农药与蜡质的接触概率，并促进氯氰菊酯、氰戊菊酯和溴氰菊酯的光解（Laskowski，2002；Katagi，2004）。氯氰菊酯和溴氰菊酯的光解速率相近，主要原因是它们除了取代的卤素原子不同外其他结构一样（Laskowski，2002；Katagi，2012）。

3.4　光解温度对拟除虫菊酯类农药在菠菜叶片表面光解的影响

不同光解温度下，四种拟除虫菊酯类农药在菠菜叶片表面的光解均遵循拟一级动力学（图 3-4-1）。光解温度对四种拟除虫菊酯类农药的光解速率无显著影响 [$p>0.05$，图 3-3-2（c）]。例如，联苯菊酯在 15℃、18℃ 和 21℃ 光解温度下，光解速率分别为（3.73±0.59）×10^{-2}h^{-1}、（3.97±0.24）×10^{-2}h^{-1} 和（3.91±0.38）×10^{-2}h^{-1}。相比之下，许多研究发现，在模拟太阳光照射下，植物叶片或水中农药的光解速率常数与光解温度（较高梯度差，≥10℃）呈正相关（Koch and Kerns，2015；Zhang et al.，2019）。农药的光解速率相对较高可能是植物防御反应（如 P450 单加氧酶）的高活性，以及在较高光解温度下农药分子的随机布朗运动增加所致（Hohreiter et al.，2002；Koch and Kerns，2015）。本研究中使用的较小温度梯度对拟除虫菊酯类农药光解作用的影响不明显，可能是由于 3℃ 的温度梯度太小，无法对植物防御反应和拟除虫菊酯类农药分子的碰撞频率产生明显影响。

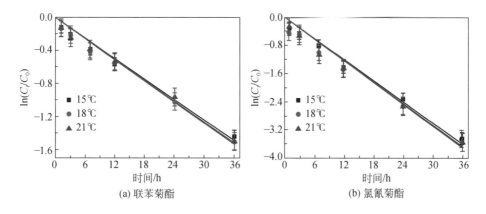

(a) 联苯菊酯　　　　　　　　　　(b) 氯氰菊酯

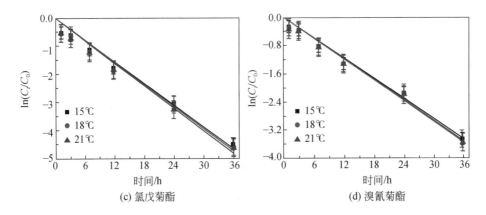

图 3-4-1　光解温度对拟除虫菊酯类农药在菠菜叶片表面降解作用的影响

光照条件为 120W/m², 培养温度为 15℃/10℃, 农药浓度为 11μg/g（$n=3$）

3.5　菠菜蜡质中自由基对拟除虫菊酯类农药在菠菜叶片表面光解的影响

3.5.1　菠菜蜡质中自由基的检测

采用 ESR 检测拟除虫菊酯类农药溶液、蜡质悬浮液和两者混合溶液中产生的自由基。氙灯照射下，拟除虫菊酯类农药溶液或者菠菜蜡质悬浮液中观察到相对强度为 1∶2∶2∶1 的四谱线 DMPO-·OH 加合物的生成 [图 3-5-1（a）、（b）]。许多研究证明，在光照条件下，水溶液中的拟除虫菊酯类农药通过 CO—CH（i-Pr）键断裂生成 2，3-二芳基异己腈，发生伯羰基氧基的快速脱羧反应，然后，通过相同的键断裂产生苄基自由基（$PhCH_2$·）（Mikami et al., 1985；Turro, 1991；Sanjuán et al., 2002；Suzuki et al., 2012）。在本研究中，$PhCH_2$· 与 O_2 反应生成 $PhCH_2OO$·，后者从水分子或者拟除虫菊酯类农药分子中提取 H 生成 $PhCH_2OOH$，$PhCH_2OOH$ 光化学分解生成 $PhCH_2O$· 和 ·OH。有机硅化合物的大气化学过程、聚合物的光老化过程、植物细胞或者叶绿体中的脂质过氧化过程，已经提出过类似的自由基生成机制（Gugumus, 1989；Sommerlade et al., 1993；Bhattacharjee, 2005；Gill and Tuteja, 2010；Xiao et al., 2015；Tian et al., 2019）。使用苯二甲酸作为分子探针，Sleiman 等（2017）间接检测到苹果叶片表面产生的 ·OH。在蜡质悬浮液或者蜡质与拟除虫菊酯类农药的混合液中，除 ·OH 外，还观察到六个特征峰 [图 3-5-1（b）、（c）]。根据它们各自的超精细分裂常数，这些特征峰可能是以碳为中心或以碳氧为中心的自由基，如烷基过氧自由基（ROO·）、烷氧基自由基（RO·）和烷基自由基（R·）（Yang et al., 2018）。研究表明，农药在小拟南芥（$P.$ $minor$）中提取的蜡质表面发生光解可能是在光照条件下产生甲基自由基所致（Choudhury, 2017）。

在氙灯照射下，拟除虫菊酯类农药溶液、蜡质悬浮液和两者混合溶液中，检测到六个特征峰的 BMPO–·OH/·O$_2^-$加合物的生成 ［图 3-5-1（d）~（f）］，添加 SOD 清除·O$_2^-$后（Yang et al.，2018），BMPO–·OH/·O$_2^-$的信号峰明显下降，表明三种溶液中均产生·O$_2^-$。TEMPO 自旋加合物在黑暗中的强度类似于氙灯照射下的强度 ［图 3-5-1（g）~（i）］，表明在拟除虫菊酯类农药溶液、蜡质悬浮液和两者混合溶液中均未检测到^{1}O$_2$。这可能是由于^{1}O$_2$被蜡质中的某些成分猝灭，包括但不局限于酮、酯、多酚和醇（Eyheraguibel et al.，2010）。在黑暗条件下，拟除虫菊酯类农药溶液、蜡质悬浮液和两者混合溶液中均没有观察到·OH、·O$_2^-$和^{1}O$_2$的生成。

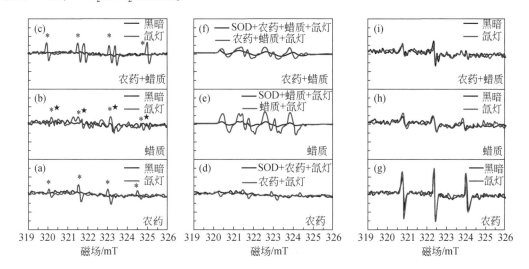

图 3-5-1　拟除虫菊酯类农药溶液，蜡质悬浮液和两者混合溶液中，DMPO 捕获·OH，ROO·/RO·/R·［(a)~(c)］；BMPO 捕获·OH/·O$_2^-$［(d)~(f)］；TEMP 捕获^{1}O$_2$［(g)~(i)］的 ESR 谱图
农药浓度 12.5~16.7μg/L，蜡质浓度 0.40~0.53mg/mL。＊代表 DMPO 捕获·OH，
★代表 DMPO 捕获·OH/ROO·/RO·/R·

光照条件下的溶解性有机质（DOM）和植物细胞或者叶绿体中的脂质过氧化过程均会产生·OH 或以碳为中心的自由基（Hideg and Vass，1996；Bhattacharjee，2005；Richard and Schneider，2005；Gill and Tuteja，2010；Zhang and Blough，2016）。结合本研究实验中检测到的·OH 和以碳为中心的自由基，本研究推测蜡质可能经历类似的自由基生成过程。在氙灯光照下，蜡质（RH）中的 C—H 键断裂生成 R·，R·与氧反应生成 ROO·，RH 作为氢供体（Trivella et al.，2014），ROO·从 RH 中提取 H 生成氢过氧化物（ROOH）。然后，ROOH 光化学分解生成 RO·和·OH。另外，蜡质中的酚醛类物质可以作为电子供体（Fu et al.，2016），将电子转移给氧气，并促进·O$_2^-$的生成。·O$_2^-$的歧化反应生成 H$_2$O$_2$，在氙灯照射下，H$_2$O$_2$分解生成·OH（McKay and Rosario-Ortiz，2015）。

式（3-5-1）~式（3-5-8）提供了蜡质中·OH 的生成路径。另外，蜡质本质上也是 DOM，类似于 DOM 中·OH 的生成路径（McKay and Rosario-Ortiz，2015；Dong and Rosario-Ortiz，2012），蜡质中的特定发色团可能吸收光子，形成激发态，并从水分子中提取 H 生成·OH。

$$RH \xrightarrow{h\nu} R·+H· \tag{3-5-1}$$

$$R·+O_2 \longrightarrow ROO· \tag{3-5-2}$$

$$ROO·+RH \longrightarrow ROOH+R· \tag{3-5-3}$$

$$ROOH \xrightarrow{h\nu} ·OH+RO· \tag{3-5-4}$$

$$RH+·OH \longrightarrow R·+H_2O \tag{3-5-5}$$

$$O_2+e^- \longrightarrow ·O_2^- \tag{3-5-6}$$

$$·O_2^-+e^-+H^+ \longrightarrow H_2O_2 \tag{3-5-7}$$

$$H_2O_2 \longrightarrow 2·OH \tag{3-5-8}$$

$$·OH+拟除虫菊酯类农药 \longrightarrow 光解产物 \tag{3-5-9}$$

3.5.2 自由基在拟除虫菊酯类农药光解中的作用

为研究·OH 和·O_2^-在拟除虫菊酯类农药光解中的作用，用 SA 和 SOD 分别作为·OH 和·O_2^-的猝灭剂。SA 与·OH 具有很高的反应活性（$k = 5.0 \times 10^9 L/(mol·s)$），因此，SA 是检测·OH 最常用的探针化合物，同时，·O_2^-/ROO·/RO·/R·对 SA 的降解可忽略不计（Kalyanaraman et al.，1993；Salmon et al.，2004；Quan et al.，2007；Yuan et al.，2017）。如图 3-5-2 所示，加入 SA 后，拟除虫菊酯类农药在菠菜叶片表面的光解速率显著下降至 1.79（±0.14）×10^{-2} ~ 4.56（±0.34）×$10^{-2}h^{-1}$，而添加 SOD 后，拟除虫菊酯类农药的光解速率下降小得多 [2.96（±0.14）×10^{-2} ~ 0.1（±0.30）h^{-1}]（$p < 0.05$，图 3-5-3）。不添加 SA 时，拟除虫菊酯类农药在菠菜叶片表面的光解速率为添加 SA 后的 2.08 ~ 4.51 倍，说明·OH 在拟除虫菊酯类农药光解过程中起主要作用 [式（3-5-9）]。

然而，加入足够的 SA 后（17.0% ~ 28.1%），拟除虫菊酯类农药在菠菜叶片表面的光解效率仍高于黑暗条件下的降解效率，可能是由于在氙灯照射下，农药分子吸收光子后发生直接光解或其他自由基（ROO·/RO·/R·）引起的间接光解（Dureja et al.，1982；Liu et al.，2010）。因此，直接光解效率（≤28.1%）远低于·OH 引起的光解效率（39.1% ~ 58.1%）。总之，蜡质是产生活性物种的良好光敏剂，与直接光解相比，拟除虫

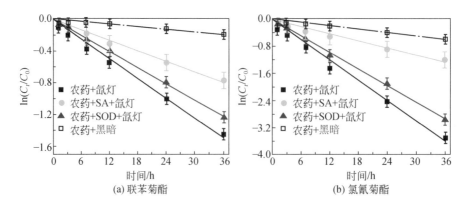

(a) 联苯菊酯　　　　(b) 氯氰菊酯

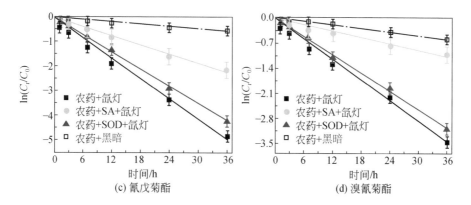

图 3-5-2　·OH 猝灭剂对拟除虫菊酯类农药在菠菜叶片表面光解的影响

光照条件为 120W/m², 光解温度为 15℃, 菠菜培养温度为 15℃/10℃,

农药浓度为 11μg/g, SA 为 3.60μmol, SOD 为 3.33U

菊酯类农药在菠菜叶片表面的光解过程中, ·OH 起主要作用。在植物叶片表面或者含有 DOM 的水溶液中也观察到拟除虫菊酯类农药的直接光解或者 ROS 引起的间接光解反应 (Takahashi et al., 1985; Bi et al., 1996; Laskowski, 2002; Katagi, 2004; Liu et al., 2010)。

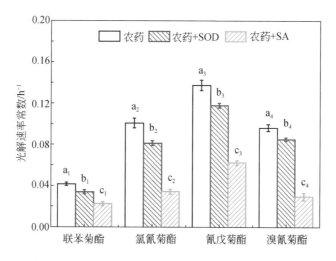

图 3-5-3　添加·OH 和·O₂⁻猝灭剂后, 四种拟除虫菊酯类农药在菠菜叶片表面的光解速率常数

培养温度为 15℃/10℃; 光解温度为 15℃; 光照条件为 120W/m²; 农药浓度为 11μg/g; SA 为 3.60μmol; SOD 为 3.33U。对于每种农药, 不同字母表示使用 Tukey's 检验时, 有无猝灭剂处理组之间存在显著差异 ($p<0.05$)

3.6 培养温度对拟除虫菊酯类农药在菠菜叶片
表面光解的影响机制

3.6.1 蜡质元素组成对拟除虫菊酯类农药光解的影响

为解释拟除虫菊酯类农药的光解速率与菠菜培养温度的关系，测定了不同培养温度下（15℃/10℃、18℃/13℃和21℃/16℃）菠菜叶片蜡质的化学成分（表3-6-1）。蜡质中C和H含量随培养温度的升高而升高，O和N含量随培养温度的升高而降低。在所有培养温度下，蜡质H/C比值为1.83～2.06，表现出脂肪性（Chen et al.，2008）。在15℃/10℃条件下，蜡质的O/C比值较高，表明碳水化合物含量较高（Lu et al.，2000）。极性指数[(N+O)/C]代表蜡质的亲疏水性（Chen et al.，2005），15℃/10℃（0.53）>18/13℃（0.32）>21/16℃（0.23），表明蜡质的亲水性随培养温度的升高而降低。研究发现，·OH容易进入极性较高的物质表面（Mattei et al.，2019）。因此，本研究推测较低培养温度下蜡质表面·OH和拟除虫菊酯类农药的接触概率最高，进而导致15℃/10℃条件下的菠菜表面拟除虫菊酯类农药的光解速率最高。与此相似，以往研究报道了农药在较亲水表面上具有相对较大的光解速率（Mattei et al.，2019）。

表 3-6-1 不同培养温度下菠菜叶片蜡质的化学成分

培养温度	N/%	C/%	H/%	O/%	H/C	C/N	O/C	(N+O)/C	蜡质/(mg/g)
15℃/10℃	4.25	37.8	6.14	45.6	1.85	10.4	0.90	0.53	0.671±0.19
18℃/13℃	2.40	47.5	7.24	35.2	1.83	23.1	0.56	0.32	0.632±0.25
21℃/16℃	1.82	52.4	9.00	27.8	2.06	33.5	0.40	0.23	0.612±0.25

3.6.2 蜡质官能团对拟除虫菊酯类农药光解的影响

为进一步阐明决定菠菜叶片表面拟除虫菊酯类农药光解的蜡质官能团，表征了不同培养温度下菠菜叶片蜡质的红外光谱[图3-6-1（a）]。3387cm^{-1}拉伸振动峰认为是苯酚、醇或羧酸的羟基官能团（Chen and Xing，2005），2917cm^{-1}和2846cm^{-1}伸缩振动峰表示脂肪性的CH$_2$（Chen et al.，2005），1658cm^{-1}处的伸缩振动为芳香性的C═C（Chen and Xing，2005），在1380cm^{-1}处的峰值为酚羟基的C—O伸缩或O—H变形（Ramirez et al.，1992；Li and Chen，2014），1047cm^{-1}的峰值为脂肪性的C—O—C振动，代表多糖的氧化官能团（Li and Chen，2014）。825cm^{-1}的峰值认为是芳香性的C—O—C振动（Ramirez et al.，1992；Li and Chen，2014）。羟基、脂肪族和芳香族类官能团很容易在光照下激发生成ROS（Zhao et al.，2020），如·OH和^{1}O$_2$，这可能会导致拟除虫菊酯类农药光解。在15℃/10℃条件下，菠菜叶片蜡质在825cm^{-1}的C—O—C振动峰值最高，这与元素分析结果一致，即在 15℃/10℃ 条件下，蜡质的 O/C 比值较高。C—O—C 为易感光的官能团，具有很高的光敏性（Senesi et al., 2003；Chambon et al., 2007），C—O—C 发色团可能有助于·OH 等活性物质的生成（3.6.3 节），进而导致拟除虫菊酯类农药在 15℃/10℃ 温度下培养的菠菜表面光解速率最高。

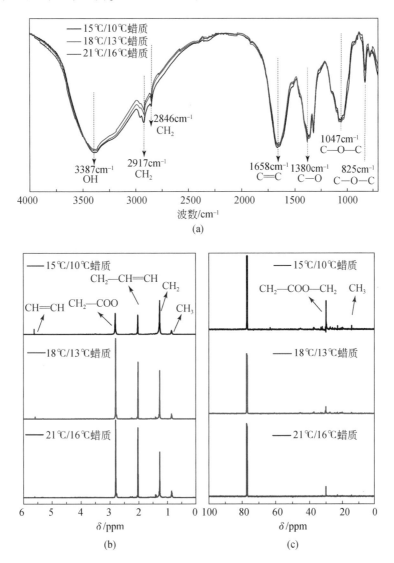

图 3-6-1　不同培养温度下菠菜蜡质的红外光谱（a）、^{1}H NMR（b）、^{13}C NMR（c）

3.6.3　蜡质成分对拟除虫菊酯类农药光解的影响

为进一步阐明决定拟除虫菊酯类农药光解的蜡质成分，测定了不同培养温度下菠菜叶片蜡质的液相 ^{1}H NMR 和 ^{13}C NMR 波谱［图 3-6-1（b）、(c)］。与傅里叶红外光谱结果相似, ^{1}H-NMR 谱图中, 0.85~2.3ppm 表示脂肪族碳上的质子 (Lu et al., 2004), 2.8~
2.9ppm 表示紧邻羧基和芳香基团碳上的质子 (Lu et al., 2004), 4.7~6ppm 表示 CH =
CH 区域中与酚有关的质子 (Lu et al., 2004)。羧基、芳香族和脂肪族基团可能与活性物
种的产生有关 (Zhao et al., 2020), 这可能有助于拟除虫菊酯类农药光解。在不同培养温
度下, CH =CH 官能团含量为15℃/10℃>18℃/13℃>21℃/16℃。研究发现, CH =CH 是
蜡质的组成部分, 15℃/10℃是其形成的最适宜温度 (Nordby and McDonald, 1990)。据报
道, DOM 中的烯烃官能团可以吸收光子并导致有机污染物降解 (Schynowski and Schwack,
1996; Wang et al., 2011; Fu et al., 2016; Zhao et al., 2020)。因此, 蜡质在较低的培养温
度下具有较高的 CH =CH 含量, 促进光吸收及拟除虫菊酯类农药的光解, 这与前人研究
结果一致, 即农药对烯烃具有很高的亲和力, 从而导致农药在分离的植物叶片表面发生光
解 (Schynowski and Schwack, 1996; Wang et al., 2011)。

菠菜叶片蜡质的^{13}C-NMR 谱图如图 3-6-1 (c) 所示, 76ppm 处的特征峰归因于氯仿的
残留溶剂峰, 23~30ppm (CH$_2$—COO—CH$_2$) 属于长链多亚甲基物质中的烷基碳 (Chen
and Xing, 2005), 14ppm 处的峰归因于脂肪族组分的 CH$_3$ 基团 (Chen and Xing, 2005)。
综上所述, 蜡质中的 CH$_3$、CH$_2$—COO—CH$_2$ 和 CH =CH 官能团在 15℃/10℃时的强度高
于高温培养的蜡质中的强度, 这可能有助于活性物种生成和拟除虫菊酯类农药光解。

根据本研究的实验结果 (如蜡质官能团的变化、·OH 和以碳为中心的自由基的生
成) 以及前人研究报道的植物细胞或者叶绿体中的脂质过氧化反应 (Bhattacharjee, 2005;
Chambon et al., 2007; Gill and Tuteja, 2010; Zhao et al., 2020), 本研究推测酚 CH =CH、
脂肪性 CH$_3$、芳香性 C—O—C 有助于活性物种生成 (图 3-6-2) 和拟除虫菊酯类农药光
解。醚官能团是可光氧化的基团 (Chambon et al., 2007; Zhao et al., 2020), 从醚中氧的

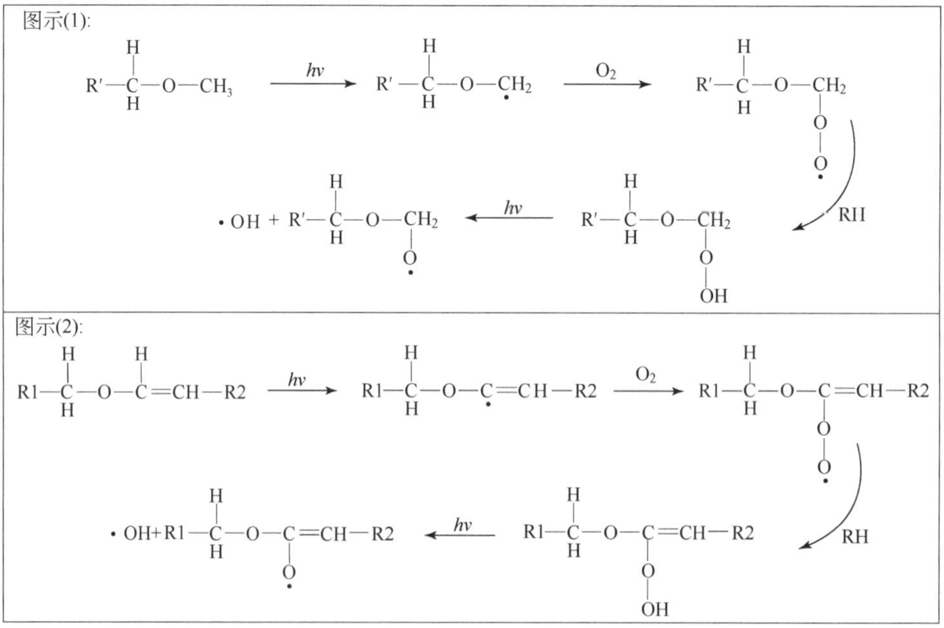

图 3-6-2 蜡质中 ROS 的可能生成途径

α 碳原子上夺取 H 生成 R·，R·转化为 ROO·和 ROOH，分解生成·OH。含量相对较高的醚、CH_3、$CH_2—COO—CH_2$ 和 CH＝CH，可能会增加·OH 的生成量，从而解释拟除虫菊酯类农药在15℃/10℃条件下的菠菜叶片表面光解速率最高。

3.7 拟除虫菊酯类农药在菠菜叶片表面的光解路径

结合光解中间产物分析和 DFT 计算，分析了联苯菊酯、氯氰菊酯、氰戊菊酯和溴氰菊酯在氙灯光照下的光解路径（图3-7-1）。光解产物的鉴定是通过①样品质谱与 NIST MS 谱库进行匹配（相似度88%~92%，表3-7-1）；②比对样品和标准品的保留时间［（标准偏差±0.05）min］和碎片离子（图3-7-2和图3-7-3）。GC-MS 分析鉴定了 m-cresol、p-Chl、1-4C-1E、3-PB、4-Chl、cis-DCCA、1-M-3PB、MPBA 和 3-PBA 光解产物（图3-7-3和表3-7-1）。另外，UPLC-TOF-MS/MS 分析鉴定了 3-PBA 和 2-甲基-3-联苯基甲醇（MPB）（图3-7-2）。MPB 的碎片离子 m/z 为197和153，分别对应于［M-1］$^-$和［M-1-C_2H_4O］$^-$

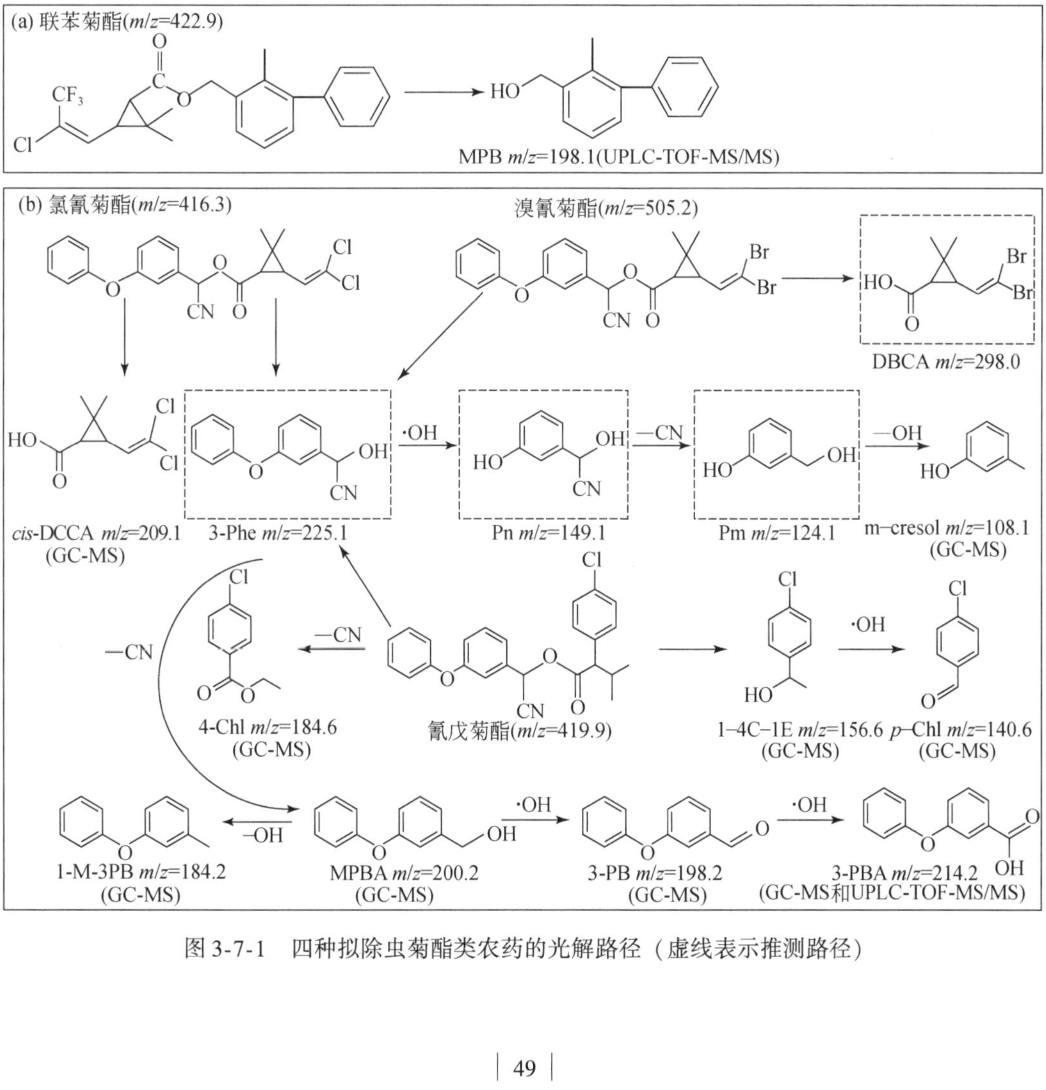

图 3-7-1　四种拟除虫菊酯类农药的光解路径（虚线表示推测路径）

（M 代表 MPB）。同样，Ⅱ类拟除虫菊酯类农药的光解产物（3-PBA）的碎片离子为 m/z 213 和 m/z 93，分别对应于［M-1］⁻ 和［M-1-$C_7H_4O_2$］⁻（M 代表 3-PBA）。

此外，对联苯菊酯、氯氰菊酯、氰戊菊酯和溴氰菊酯代表·OH 攻击的 Fukui 指数进行了计算，以确定拟除虫菊酯类农药的光解路径（图 3-7-4 和表 3-7-2～表 3-7-5）。f^0 值越高表示越容易受到·OH 的攻击（Wang et al., 2020）。联苯菊酯的 C16 原子上 f^0（0.07）较高，易受到·OH 的攻击，导致联苯菊酯的酯键断裂和 MPB 的生成。氯氰菊酯、氰戊菊酯和溴氰菊酯在结构上具有相似性，导致其具有很多相似的光解产物和光解路径（Xie et al., 2011）。首先，氯氰菊酯和氰戊菊酯的 C16 原子上 f^0（0.086, 0.097）和溴氰菊酯 C18 原子上 f^0（0.078）较高，易受·OH 的攻击（表 3-7-3～表 3-7-5），导致 MPBA 的生成（表 3-7-1）。有研究发现，Ⅱ类拟除虫菊酯类农药光解过程中酯键断裂生成 3-Phe（Liu et al., 2010；Xie et al., 2011）。MPBA 可能是由于 3-Phe 脱氰基（—CN）生成。·OH 攻击氧化 MPBA 生成 3-PB，随后被·OH 攻击生成 3-PBA。其次，GC-MS 检测到 m-cresol，可能由于·OH 攻击 3-Phe 的醚键，苯基去除并生成 Pn；Pn 的—CN 丢失生成 Pm。最后，Pm 丢失—OH 生成 m-cresol。

氯氰菊酯、氰戊菊酯和溴氰菊酯还有特定的光解路径及光解产物的生成。氯氰菊酯的酯键裂解生成 cis-DCCA。由于相似的分子结构，溴氰菊酯的酯键裂解生成 3-（2,2-二溴乙烯基）-2,2-二甲基-(1-环丙烷)羧酸（DBCA）。氰戊菊酯的酯键裂解生成 1-4C-1E，随后被·OH 氧化生成 p-Chl。另外，氰戊菊酯中的—CN 丢失生成 4-Chl（Liu et al., 2010）。

表 3-7-1 GC-MS 全扫模式中光解产物的保留时间和碎片离子

光解产物	保留时间/min[a]	碎片离子（m/z）[a]	与谱库的匹配度/%	保留时间/min[b]	碎片离子（m/z）[b]
m-cresol	5.70	108，79	91	5.73	108，79
p-Chl	7.22	139，111，73	92	7.26	139，111，73
1-4C-1E	11.1	158，141，113，77	92	11.3	158，141，113，77
4-Chl	13.9	184，139，111，75	89	14.0	184，139，111，75，
cis-DCCA	16.7	207，173，127，91，77	90	16.9	207，173，127，91，77
1M-3PB	20.2	184，141，91	92	20.4	184，141，91
MPBA	34.0	200，141，94，77	91	34.4	200，141，94，77
3-PB	38.0	198，169，141，115，77	88	38.3	198，169，141，115，77
3-PBA	44.1	214，169，141，115，77	90	44.5	214，169，141，115，77

a 表示样品。

b 表示标准样品。

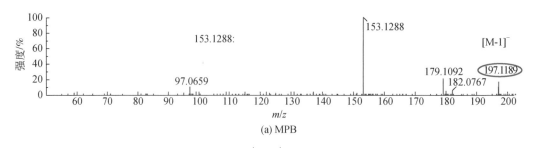

(a) MPB

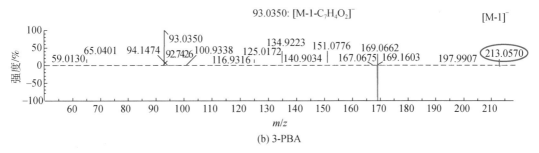

(b) 3-PBA

图 3-7-2　拟除虫菊酯类农药光解产物的 MS^{2}光谱图

［（a）MPB，ESI（−）MS^2（母离子 $m/z=197$；（b）3-PBA（ESI（−）MS^2（母离子 $m/z=213$）］

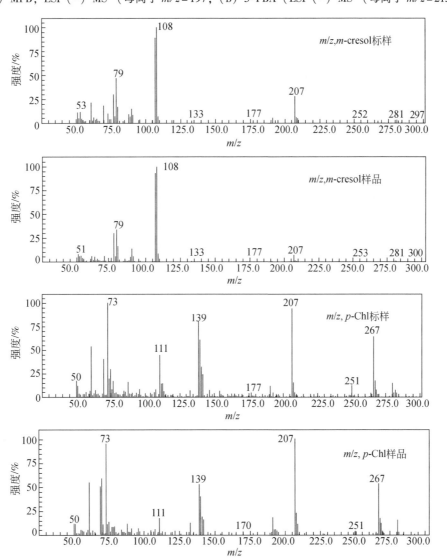

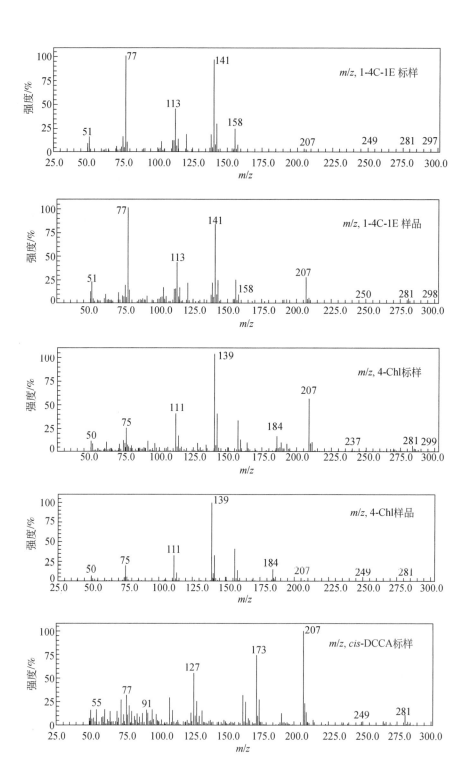

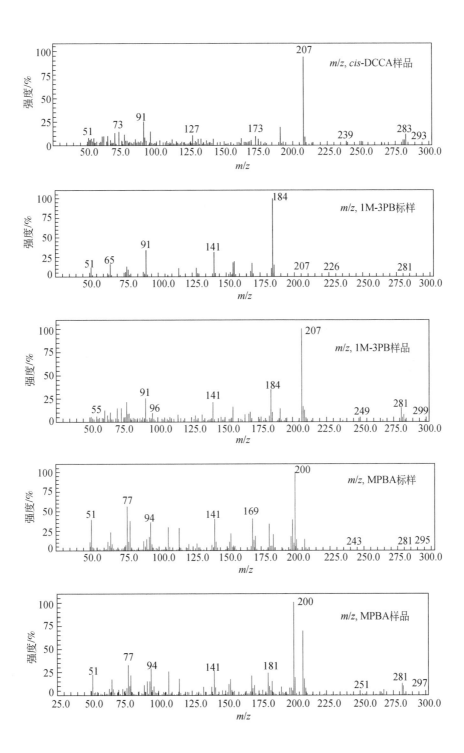

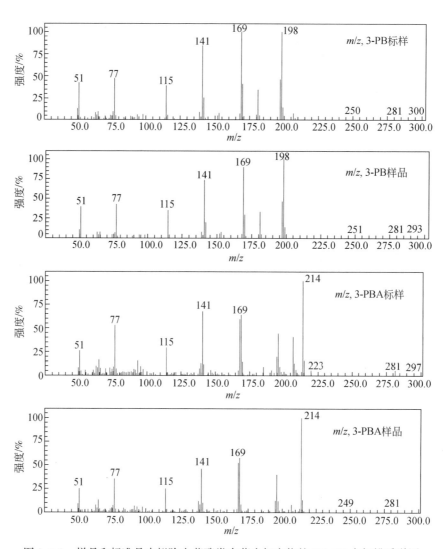

图 3-7-3 样品和标准品中拟除虫菊酯类农药光解产物的 GC-MS 全扫描质谱图

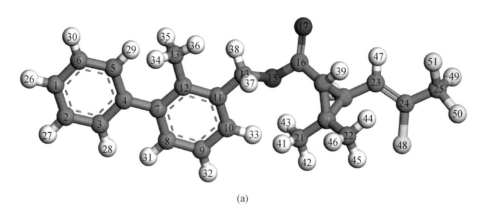

(a)

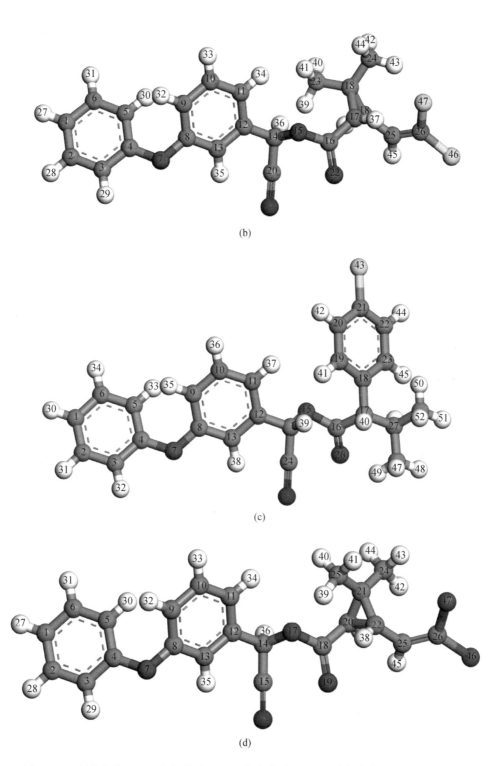

(b)

(c)

(d)

图 3-7-4　联苯菊酯（a）、氯氰菊酯（b）、氰戊菊酯（c）和溴氰菊酯（d）的分子结构

表 3-7-2 联苯菊酯的集居数分析、电荷分布和 **Fukui** 指数

原子	位置	电荷（-1）/(e/Å)	电荷（0）/(e/Å)	电荷（+1）/(e/Å)	f^-	f^+	f^0
C	1	-0.075	-0.0543	0.0306	0.087	0.003	0.045
C	2	-0.0639	-0.0523	-0.0088	0.045	0.002	0.023
C	3	-0.0718	-0.0554	0.0037	0.062	0.002	0.032
C	4	-0.0356	-0.0223	0.035	0.059	0.001	0.03
C	5	-0.0721	-0.0594	-0.0098	0.052	0.002	0.027
C	6	-0.0679	-0.0543	-0.0044	0.052	0.002	0.027
C	7	-0.0428	-0.0249	0.0351	0.062	0.005	0.033
C	8	-0.0792	-0.0552	0.0019	0.059	0.007	0.033
C	9	-0.0701	-0.0542	-0.0083	0.047	0.006	0.027
C	10	-0.081	-0.0569	0.0238	0.082	0.003	0.043
C	11	-0.0268	-0.0144	0.0206	0.036	0.001	0.019
C	12	-0.0115	0.0005	0.044	0.047	0.005	0.026
C	13	-0.0752	-0.071	-0.0591	0.012	0.002	0.007
C	14	0.0198	0.0349	0.0433	0.008	0.018	0.013
O	15	-0.1619	-0.138	-0.1315	0.003	0.04	0.022
C	16	0.1225	0.1986	0.2042	0.002	0.138	0.07
O	17	-0.49	-0.3939	-0.3707	0.009	0.163	0.086
C	18	-0.0434	-0.0228	-0.0208	0.001	0.031	0.016
C	19	0.0343	0.0454	0.0469	0.001	0.016	0.008
C	20	-0.0383	-0.0135	-0.0112	0.001	0.04	0.021
C	21	-0.0901	-0.0843	-0.0825	0.001	0.007	0.004
C	22	-0.0906	-0.083	-0.0817	0.001	0.011	0.006
C	23	-0.0584	0.0127	0.0132	0	0.062	0.031
C	24	-0.0568	0.0003	0.0023	0.001	0.058	0.03
C	25	0.2595	0.2832	0.2838	0	0.022	0.011
H	26	0.0493	0.0579	0.0886	0.032	0.001	0.017
H	27	0.0538	0.0599	0.0826	0.024	0.001	0.012
H	28	0.0485	0.0556	0.0787	0.024	0.001	0.013
H	29	0.041	0.0454	0.0624	0.018	0.001	0.009
H	30	0.0522	0.0588	0.0828	0.025	0.001	0.013
H	31	0.0462	0.056	0.079	0.024	0.003	0.014
H	32	0.0518	0.0603	0.0837	0.024	0.004	0.014
H	33	0.0356	0.0438	0.0658	0.023	0.002	0.013
H	34	0.0465	0.0506	0.0633	0.013	0.002	0.008
H	35	0.0509	0.0555	0.0698	0.015	0.002	0.009

续表

原子	位置	电荷（-1）/(e/Å)	电荷（0）/(e/Å)	电荷（+1）/(e/Å)	f^-	f^+	f^0
H	36	0.0423	0.0466	0.0582	0.012	0.002	0.007
H	37	0.0412	0.0528	0.0641	0.011	0.013	0.012
H	38	0.0376	0.0485	0.0586	0.009	0.013	0.011
H	39	0.0459	0.0679	0.0705	0.002	0.031	0.016
H	40	0.0382	0.064	0.0655	0.001	0.031	0.016
H	41	0.0328	0.0418	0.0441	0.002	0.012	0.007
H	42	0.0309	0.0421	0.0452	0.003	0.015	0.009
H	43	0.0223	0.0251	0.0253	0	0.003	0.002
H	44	0.021	0.0275	0.0287	0.001	0.009	0.005
H	45	0.0202	0.0314	0.0327	0.001	0.015	0.008
H	46	0.0325	0.0443	0.0457	0.001	0.016	0.008
H	47	0.0423	0.073	0.0741	0.001	0.031	0.016
Cl	48	-0.0354	0.0324	0.0354	0.001	0.072	0.037
F	49	-0.1712	-0.1402	-0.1394	0	0.03	0.015
F	50	-0.1601	-0.1377	-0.1369	0	0.022	0.011
F	51	-0.1422	-0.1205	-0.1199	0	0.021	0.011

表 3-7-3 氯氰菊酯的居群分析、电荷分布和 Fukui 指数

原子	位置	电荷（-1）/(e/Å)	电荷（0）/(e/Å)	电荷（+1）/(e/Å)	f^-	f^+	f^0
C	1	-0.0612	-0.0575	-0.0069	0.006	0.002	0.004
C	2	-0.0481	-0.0449	-0.0174	0.004	0.002	0.003
C	3	-0.0619	-0.0585	-0.0239	0.004	0.002	0.003
C	4	0.0465	0.0483	0.0844	0.004	0.001	0.002
C	5	-0.0678	-0.0654	-0.0355	0.004	0.001	0.002
C	6	-0.0494	-0.0462	-0.0173	0.004	0.002	0.003
O	7	-0.1693	-0.1616	-0.1114	0.007	0.004	0.006
C	8	0.0446	0.0627	0.081	0.004	0.009	0.006
C	9	-0.0553	-0.0294	-0.01	0.006	0.013	0.01
C	10	-0.046	-0.0277	-0.0104	0.005	0.011	0.008
C	11	-0.0628	-0.0384	-0.0107	0.006	0.011	0.009
C	12	-0.0193	-0.0075	0.0059	0.002	0.001	0.001
C	13	-0.0666	-0.0488	-0.0293	0.005	0.011	0.008
C	14	0.058	0.0885	0.0928	0.005	0.023	0.014
O	15	-0.1874	-0.1343	-0.1235	0.017	0.061	0.039
C	16	0.0905	0.1896	0.2044	0.03	0.142	0.086

原子	位置	电荷（-1）/（e/Å）	电荷（0）/（e/Å）	电荷（+1）/（e/Å）	f^-	f^+	f^0
C	17	-0.0465	-0.0314	-0.0107	0.036	0.02	0.028
C	18	0.037	0.0463	0.0568	0.018	0.013	0.015
C	19	-0.0447	-0.0198	-0.0013	0.03	0.036	0.033
C	20	-0.0086	0.0604	0.0636	0.005	0.045	0.025
N	21	-0.3693	-0.2412	-0.2226	0.022	0.099	0.061
O	22	-0.4509	-0.3449	-0.3133	0.055	0.142	0.099
C	23	-0.079	-0.0727	-0.0671	0.009	0.008	0.008
C	24	-0.0967	-0.0898	-0.0821	0.013	0.009	0.011
C	25	-0.048	-0.025	0.0378	0.123	0.02	0.071
C	26	-0.0278	0.0115	0.0701	0.111	0.045	0.078
H	27	0.0578	0.0597	0.0781	0.002	0.001	0.002
H	28	0.0646	0.0664	0.08	0.002	0.001	0.001
H	29	0.0599	0.0618	0.0773	0.002	0.001	0.002
H	30	0.0367	0.0394	0.051	0.002	0.001	0.001
H	31	0.0629	0.0647	0.0789	0.002	0.001	0.001
H	32	0.0526	0.0627	0.0721	0.003	0.005	0.004
H	33	0.0654	0.0753	0.0846	0.003	0.006	0.004
H	34	0.0496	0.06	0.0699	0.003	0.005	0.004
H	35	0.0331	0.0442	0.0532	0.003	0.007	0.005
H	36	0.0575	0.076	0.0801	0.004	0.015	0.01
H	37	0.0219	0.0397	0.0498	0.018	0.025	0.022
H	38	0.0325	0.0456	0.0586	0.023	0.018	0.02
H	39	0.0249	0.0256	0.0275	0.003	0.001	0.002
H	40	0.0366	0.0481	0.0554	0.012	0.014	0.013
H	41	0.0406	0.0489	0.0554	0.011	0.011	0.011
H	42	0.0355	0.0438	0.0515	0.013	0.011	0.012
H	43	0.0073	0.0116	0.016	0.007	0.006	0.006
H	44	0.0323	0.0404	0.0496	0.015	0.011	0.013
H	45	0.0601	0.0747	0.099	0.047	0.015	0.031
Cl	46	-0.0693	-0.0228	0.0688	0.167	0.057	0.112
Cl	47	0.035	0.0796	0.1478	0.123	0.055	0.089

表 3-7-4 氰戊菊酯的居群分析、电荷分布和 Fukui 指数

原子	位置	电荷（-1）/（e/Å）	电荷（0）/（e/Å）	电荷（+1）/（e/Å）	f^-	f^+	f^0
C	1	-0.0587	-0.0541	0.0051	0.097	0.002	0.05

原子	位置	电荷 (−1)/(e/Å)	电荷 (0)/(e/Å)	电荷 (+1)/(e/Å)	f^-	f^+	f^0
C	2	−0.0459	−0.0423	−0.0105	0.052	0.002	0.027
C	3	−0.0593	−0.0554	−0.0136	0.069	0.002	0.035
C	4	0.0492	0.0514	0.0934	0.069	0.001	0.035
C	5	−0.0624	−0.0597	−0.0255	0.058	0.001	0.03
C	6	−0.0472	−0.0436	−0.0091	0.056	0.002	0.029
O	7	−0.1676	−0.1588	−0.097	0.101	0.005	0.053
C	8	0.0452	0.0643	0.0921	0.035	0.009	0.022
C	9	−0.0649	−0.0391	−0.0122	0.038	0.013	0.025
C	10	−0.0455	−0.0269	−0.0014	0.034	0.011	0.023
C	11	−0.0645	−0.0395	0.0005	0.055	0.011	0.033
C	12	−0.0188	−0.0067	0.0103	0.025	0.003	0.014
C	13	−0.0664	−0.048	−0.0172	0.043	0.013	0.028
C	14	0.0567	0.0883	0.0924	0.005	0.021	0.013
O	15	−0.1929	−0.1484	−0.1391	0.004	0.056	0.03
C	16	0.0956	0.214	0.2244	0.002	0.192	0.097
C	17	−0.0099	0.0046	0.0093	0	0.021	0.011
C	18	−0.0044	−0.0018	0.0284	0	−0.002	−0.001
C	19	−0.0553	−0.0437	−0.026	0	0.013	0.006
C	20	−0.0661	−0.0517	−0.0254	0.001	0.017	0.009
C	21	−0.0112	0.0071	0.039	0.001	0.02	0.011
C	22	−0.0654	−0.0503	−0.0277	0.001	0.017	0.009
C	23	−0.039	−0.024	−0.003	0.001	0.018	0.009
C	24	−0.0066	0.0639	0.0659	0.002	0.028	0.015
N	25	−0.3506	−0.2162	−0.1977	0.017	0.089	0.053
O	26	−0.4028	−0.2722	−0.2385	0.006	0.194	0.1
C	27	−0.0033	−0.0015	−0.0007	0	0.003	0.002
C	28	−0.1069	−0.1019	−0.0969	0	0.006	0.003
C	29	−0.0958	−0.0901	−0.0847	0	0.008	0.004
H	30	0.0589	0.0611	0.0826	0.035	0.001	0.018
H	31	0.0658	0.0677	0.0837	0.026	0.001	0.014
H	32	0.0611	0.0632	0.0816	0.03	0.001	0.016
H	33	0.0449	0.0477	0.0614	0.023	0.001	0.012
H	34	0.064	0.0659	0.0828	0.027	0.001	0.014
H	35	0.0464	0.0555	0.0672	0.017	0.005	0.011
H	36	0.0657	0.0759	0.0887	0.018	0.006	0.012

原子	位置	电荷 (−1)/(e/Å)	电荷 (0)/(e/Å)	电荷 (+1)/(e/Å)	f^-	f^+	f^0
H	37	0.0471	0.0579	0.0716	0.019	0.005	0.012
H	38	0.0327	0.0437	0.056	0.017	0.007	0.012
H	39	0.0541	0.0827	0.0883	0.006	0.019	0.012
H	40	0.0415	0.0754	0.0848	0.001	0.046	0.023
H	41	0.0453	0.0525	0.0604	0	0.007	0.003
H	42	0.0548	0.0628	0.0748	0.001	0.01	0.005
Cl	43	−0.062	−0.039	0.0214	0.002	0.027	0.015
H	44	0.0554	0.0638	0.0752	0.001	0.01	0.005
H	45	0.0589	0.0661	0.0751	0.001	0.009	0.005
H	46	0.0267	0.0352	0.0389	0.001	0.012	0.006
H	47	0.0204	0.0273	0.031	0	0.009	0.005
H	48	0.0208	0.0302	0.0355	0.001	0.013	0.007
H	49	0.0002	0.0067	0.011	0	0.008	0.004
H	50	0.0114	0.0158	0.0204	0	0.006	0.003
H	51	0.0307	0.0385	0.0438	0.001	0.011	0.006
H	52	0.0282	0.0343	0.0385	0	0.008	0.004

表 3-7-5 溴氰菊酯的居群分析、电荷分布和 Fukui 指数

原子	位置	电荷 (−1) / (e/Å)	电荷 (0) / (e/Å)	电荷 (+1) / (e/Å)	f^-	f^+	f^0
C	1	−0.0636	−0.0603	−0.0034	0.049	0.002	0.026
C	2	−0.0506	−0.0478	−0.0178	0.026	0.002	0.014
C	3	−0.0648	−0.0618	−0.0222	0.034	0.002	0.018
C	4	0.044	0.0454	0.0862	0.036	0.001	0.018
C	5	−0.0738	−0.0717	−0.0394	0.029	0.001	0.015
C	6	−0.0519	−0.049	−0.0155	0.028	0.002	0.015
O	7	−0.1638	−0.1565	−0.1032	0.044	0.004	0.024
C	8	0.0414	0.0597	0.077	0.009	0.01	0.01
C	9	−0.0576	−0.0329	−0.0171	0.011	0.014	0.012
C	10	−0.0481	−0.03	−0.0129	0.011	0.012	0.011
C	11	−0.064	−0.0395	−0.0138	0.016	0.012	0.014
C	12	−0.019	−0.0065	0.0059	0.008	0.002	0.005
C	13	−0.069	−0.052	−0.0318	0.013	0.012	0.012
C	14	0.0477	0.0854	0.0895	0.003	0.034	0.019
C	15	−0.0119	0.0608	0.0647	0.002	0.055	0.028
N	16	−0.3707	−0.237	−0.2202	0.012	0.115	0.063

原子	位置	电荷（-1）/（e/Å）	电荷（0）/（e/Å）	电荷（+1）/（e/Å）	f^-	f^+	f^0
O	17	-0.1664	-0.1223	-0.1156	0.006	0.052	0.029
C	18	0.105	0.204	0.2131	0.008	0.148	0.078
O	19	-0.4397	-0.3285	-0.3009	0.023	0.152	0.087
C	20	-0.0565	-0.0368	-0.0234	0.014	0.027	0.02
C	21	0.0288	0.0371	0.0459	0.009	0.012	0.011
C	22	-0.0497	-0.0301	-0.0241	0.006	0.03	0.018
C	23	-0.0936	-0.0869	-0.0822	0.005	0.008	0.006
C	24	-0.0955	-0.089	-0.083	0.007	0.009	0.008
C	25	-0.0574	-0.0436	0.018	0.086	0.004	0.045
C	26	-0.0443	-0.0179	0.0252	0.06	0.022	0.041
H	27	0.0594	0.0611	0.0816	0.018	0.001	0.009
H	28	0.066	0.0676	0.0825	0.013	0.001	0.007
H	29	0.061	0.0627	0.0799	0.015	0.001	0.008
H	30	0.0375	0.0399	0.0518	0.01	0.001	0.006
H	31	0.0644	0.066	0.0818	0.013	0.001	0.007
H	32	0.0583	0.068	0.0763	0.006	0.006	0.006
H	33	0.067	0.0767	0.0855	0.006	0.006	0.006
H	34	0.0534	0.0649	0.0745	0.006	0.007	0.006
H	35	0.0355	0.0468	0.0557	0.006	0.008	0.007
H	36	0.0621	0.0902	0.0953	0.004	0.025	0.014
H	37	0.0449	0.0733	0.0815	0.009	0.038	0.023
H	38	0.0363	0.0506	0.0657	0.018	0.017	0.018
H	39	0.0257	0.0309	0.034	0.004	0.006	0.005
H	40	0.0385	0.0469	0.0525	0.006	0.011	0.009
H	41	0.0336	0.0435	0.05	0.007	0.012	0.009
H	42	0.0257	0.0311	0.0365	0.006	0.007	0.006
H	43	0.0269	0.0346	0.0419	0.008	0.01	0.009
H	44	0.036	0.0445	0.052	0.009	0.011	0.01
H	45	0.0477	0.0602	0.0811	0.028	0.011	0.02
Br	46	-0.0339	0.0108	0.1117	0.132	0.043	0.087
Br	47	0.004	0.0425	0.1343	0.12	0.036	0.078

3.8 小 结

光解温度本身对拟除虫菊酯类农药的光解速率无影响，但随着菠菜培养温度的升高，拟除虫菊酯类农药在菠菜叶片表面的光解速率逐渐降低。当培养温度为 $15℃/10℃$ 时，联苯菊酯的光解速率为 3.73（±0.59，95% CI）$\times10^{-2}h^{-1}$，是培养温度为 $21℃/16℃$ [1.96（±0.17）$\times10^{-2}h^{-1}$] 时的 1.9 倍，主要原因是升温影响菠菜的生长、叶片的理化性质以及自由基的生成。通过电子自旋共振检测，发现菠菜叶片蜡质在光照下能够产生羟基自由基（·OH）和超氧自由基（·O_2^-）。添加 ·OH 和 ·O_2^- 猝灭剂后，拟除虫菊酯类农药在菠菜叶片表面的光解速率分别下降了 52.0%~77.8% 和 8.34%~20.6%，说明 ·OH 在拟除虫菊酯类农药光解过程中起主要作用。本研究推测 ·OH 是由菠菜叶片蜡质中的酚类 CH═CH、脂肪族 CH_3 和芳香性 C—O—C 官能团通过氧化与夺氢生成氢过氧化物而后分解生成的。分析发现，菠菜叶片蜡质中 CH═CH、CH_3 和 C—O—C 官能团含量及叶片蜡质的极性指数均随菠菜培养温度升高而降低，这可能进一步降低光照条件下 ·OH 等活性物质的生成及其与拟除虫菊酯类农药的接触，导致在较高培养温度下拟除虫菊酯类农药的光解速率较低。结合光解中间产物分析和密度泛函计算，提出了拟除虫菊酯类农药在菠菜叶片表面的光解路径主要包括酯键裂解、脱氰基和苯基去除等反应。

本研究发现，在菠菜叶片表面拟除虫菊酯类农药的光解速率随着菠菜培养温度的升高而降低。由此说明，升温会提高农药的半衰期，进而可能提高作物生长期拟除虫菊酯类农药的处理效率。此外，拟除虫菊酯类农药的浓度对其光解速率基本没有影响。因此，有必要控制喷雾量，减少拟除虫菊酯类农药的残留，以节约成本，并降低其可能产生的健康风险。室内模拟实验表明，叶片蜡质的组成随着培养温度的升高而变化，导致在叶片表面拟除虫菊酯类农药的光解速率与温度有关。另外，其他气象因子（如光源、湿度和气压）也可能影响菠菜蜡质的理化性质，未来可综合考虑多种气象因子的变化，研究农药在蔬菜叶片表面的残留，为气候变化背景下农药的高效安全使用提供科学依据。本研究使用氙灯模拟太阳光无法反映真实的环境条件（如实际环境中的温度、光照强度和湿度变化），应在野外进行植物叶片表面拟除虫菊酯类农药光解的长期研究，以获得其环境归宿和除虫效率更现实的数据。

参 考 文 献

Adelsbach T L, Tjeerdema R S. 2003. Chemistry and fate of fenvalerate and esfenvalerate. Reviews of Environmental Contamination and Toxicology, 176: 137-154.

Anderson S C, Christiansen A, Peterson A, et al. 2016. Statistical analysis of the photodegradation of imazethapyr on the surface of extracted soybean（*Glycine max*）and corn（*Zea mays*）epicuticular waxes. Environmental Science: Processes & Impacts, 18（10）: 1305-1315.

Benali O, Larabi L, Mekelleche S M, et al. 2006. Influence of substitution of phenyl group by naphthyl in a diphenylthiourea molecule on corrosion inhibition of cold-rolled steel in 0.5 M H_2SO_4. Journal of Materials Science, 41（21）: 7064-7073.

Bhattacharjee S. 2005. Reactive oxygen species and oxidative burst: roles in stress, senescence and signal transduction in plants. Current Science, 89 (7): 1113-1121.

Bi G, Tian S, Feng Z, Cheng J. 1996. Study on the sensitized photolysis of pyrethroids: 1. Kinetic characteristic of photooxidation by singlet oxygen. Chemosphere, 32 (7): 1237-1243.

Chambon S, Rivaton A, Gardette J L, et al. 2007. Aging of a donor conjugated polymer: photochemical studies of the degradation of poly [2-methoxy-5-(3′,7′-dimethyloctyloxy)-1,4-phenylenevinylene]. Journal of Polymer Science Part A: Polymer Chemistry, 45 (2): 317-331.

Chen B, Li Y, Guo Y, et al. 2008. Role of the extractable lipids and polymeric lipids in sorption of organic contaminants onto plant cuticles. Environmental Science & Technology, 42: 1517-1523.

Chen B, Johnson E J, Chefetz B, et al. 2005. Sorption of polar and nonpolar aromatic organic contaminants by plant cuticular materials: role of polarity and accessibility. Environmental Science & Technology, 39: 6138-6146.

Chen B, Xing B. 2005. Sorption and conformational characteristics of reconstituted plant cuticular waxes on montmorillonite. Environmental Science & Technology, 39: 8315-8323.

Chen, J, Xia, X, Wang, H, et al. 2019. Uptake pathway and accumulation of polycyclic aromatic hydrocarbons in spinach affected by warming in enclosed soil/water-air-plant microcosms. Journal of Hazardous Materials, 379: 120831.

Choudhury P P. 2017. Leaf cuticle-assisted phototransformation of isoproturon. Acta Physiologiae Plantarum, 39 (188): 1-7.

CIMO Guide. 2008. Chapter 8-Measurement of sunshine duration. World Meteorological Organization, 274-288.

Dong M M, Rosario-Ortiz F L. 2012. Photochemical formation of hydroxyl radical from effluent organic matter. Environmental Science & Technology, 46 (7): 3788-3794.

Dureja P, Casida J E, Ruzo L O. 1982. Superoxide-mediated dehydrohalogenation reactions of the pyrethroid permethrin and other chlorinated pesticides. Tetrahedron Letters, 23 (48): 5003-5004.

Eyheraguibel B, Richard C, Ledoigt G, et al. 2010. Photoprotection by plant extracts: a new ecological means to reduce pesticide photodegradation. Journal of Agricultural and Food Chemistry, 58 (17): 9692-9696.

Fu H, Liu H, Mao J, et al. 2016. Photochemistry of dissolved black carbon released from biochar: reactive oxygen species generation and phototransformation. Environmental Science & Technology, 50 (3): 1218-1226.

Gill S S, Tuteja N. 2010. Reactive oxygen species and antioxidant machinery in abiotic stress tolerance in crop plants. Plant Physiology and Biochemistry, 48 (12): 909-930.

Gueymard C A. 2013. Solar radiation spectrum//Meyers R A. Encyclopedia of Sustainability Science and Technology. New York: Springer.

Gugumus F. 1989. Some aspects of polyethylene photooxidation. Makromolekulare Chemie Macromolecular Symposia, 27: 25-84.

Hideg É, Vass I. 1996. UV-B induced free radical production in plant leaves and isolated thylakoid membranes. Plant Science, 115: 251-260.

Hohreiter V, Wereley S T, Olsen M G, et al. 2002. Cross-correlation analysis for temperature measurement. Measurement Science and Technology, 13: 1072-1078.

Hua R, Yue Y, Tang F, et al. 1997. Effect of four kinds of pesticides on the photolysis of three pyrethroid insecticides under three illuminating lights. China Environmental Science, 17 (1): 72-75.

Jorgenson B C, Young T M. 2010. Formulation effects and the off-target transport of pyrethroid insecticides from urban hard surfaces. Environmental Science & Technology, 44 (13): 4951-4957.

Kalloo G, Wellenius G A, McCandless L, et al. 2018. Profiles and predictors of environmental chemical mixture exposure among pregnant women: the health outcomes and measures of the environment study. Environmental Science & Technology, 52 (17): 10104-10113.

Kalyanaraman B, Ramanujam S, Singh R J, et al. 1993. Formation of 2,5-dihydroxybenzoic acid during the reaction between $^1O_2$ and salicylic acid: analysis by ESR oximetry and HPLC with electrochemical detection. Journal of the American Chemical Society, 115: 4007-4012.

Katagi T. 2004. Photodegradation of pesticides on plant and soil surfaces. Reviews of Environmental Contamination and Toxicology: Continuation of Residue Reviews, 182: 1-78.

Katagi T. 2012. Environmental behavior of synthetic pyrethroids. Topics in Current Chemistry, 314: 167-202.

Kelly M M, Arnold W A. 2012. Direct and indirect photolysis of the phytoestrogens genistein and daidzein. Environmental Science & Technology, 46 (10): 5396-5403.

Koch P L, Kerns J P. 2015. Temperature influences persistence of chlorothalonil and iprodione on creeping bentgrass foliage. Plant Health Progress, 16 (3): 107-112.

Komprda J, Komprdova K, Sanka M, et al. 2013. Influence of climate and land use change on spatially resolved volatilization of persistent organic pollutants (POPs) from background soils. Environmental Science & Technology, 47 (13): 7052-7059.

Laskowski D A. 2002. Physical and chemical properties of pyrethroids. Reviews of Environmental Contamination and Toxicology: Continuation of Residue Reviews, 174: 49-170.

Li C, Cao M, Ma L, et al. 2018. Pyrethroid pesticide exposure and risk of primary ovarian insufficiency in Chinese women. Environmental Science & Technology, 52 (5): 3240-3248.

Li Q, Chen B. 2014. Organic pollutant clustered in the plant cuticular membranes: visualizing the distribution of phenanthrene in leaf cuticle using two-photon confocal scanning laser microscopy. Environmental Science & Technology, 48 (9): 4774-4781.

Li W, Morgan M K, Graham S E, et al. 2016. Measurement of pyrethroids and their environmental degradation products in fresh fruits and vegetables using a modification of the quick easy cheap effective rugged safe (QuEChERS) method. Talanta, 151: 42-50.

Liu P, Liu Y, Liu Q, et al. 2010. Photodegradation mechanism of deltamethrin and fenvalerate. Journal of Environmental Sciences, 22 (7): 1123-1128.

Lu J, Chang A C, Wu L. 2004. Distinguishing sources of groundwater nitrate by ^{1}H NMR of dissolved organic matter. Environmental Pollution, 132 (2): 365-374.

Lu X, Hanna J V, Johnson W D. 2000. Source indicators of humic substances: an elemental composition, solid state ^{13}C CP/MAS NMR and Py-GC/MS study. Applied Geochemistry, 15: 1019-1033.

Marquès M, Mari M, Audi-Miro C, et al. 2016. Climate change impact on the PAH photodegradation in soils: characterization and metabolites identification. Environment International, 89-90: 155-165.

Mattei C, Wortham H, Quivet E. 2019. Heterogeneous degradation of pesticides by OH radicals in the atmosphere: influence of humidity and particle type on the kinetics. Science of the Total Environment, 664: 1084-1094.

McKay G, Rosario-Ortiz F L. 2015. Temperature dependence of the photochemical formation of hydroxyl radical from dissolved organic matter. Environmental Science & Technology, 49 (7): 4147-4154.

Mikami N, Takahashi N, Yamada H, et al. 1985. Separation and identification of short-lived free radicals formed by photolysis of the pyrethroid insecticide fenvalerate. Pesticide Science, 16: 101-112.

Monadjemi S, El Roz M, Richard C, et al. 2011. Photoreduction of chlorothalonil fungicide on plant leaf models.

Environmental Science & Technology, 45 (22): 9582-9589.

Nordby H E, McDonald R E. 1990. Squalene in grapefruit wax as a possible natural protectant against chilling injury. Lipids, 25 (12): 807-810.

Noyes P D, McElwee M K, Miller H D, et al. 2009. The toxicology of climate change: environmental contaminants in a warming world. Environment International, 35 (6): 971-986.

Perdew J, Burke K, Ernzerhof M. 1996. Generalized gradient approximation made simple. Physical Review Letters, 77 (18): 3865-3868.

Quan X, Zhang Y, Chen S, et al. 2007. Generation of hydroxyl radical in aqueous solution by microwave energy using activated carbon as catalyst and its potential in removal of persistent organic substances. Journal of Molecular Catalysis A: Chemical, 263 (1-2): 216-222.

Ramirez F J, Luque P, Heredia A, et al. 1992. Fourier transform IR study of enzymatically isolated tomato fruit cuticular membrane. Biopolymers: Original Research on Biomolecules, 32 (11): 1425-1429.

Richard C, Canonica S. 2005. Aquatic phototransformation of organic contaminants induced by coloured dissolved natural organic matter. Environmental Photochemistry Part II, 2: 299-323.

Riederer M, Schneider G. 1990. The effect of the environment on the permeability and composition of *Citrus* leaf cuticles. Planta, 180: 154-165.

Salmon R A, Schiller C L, Harris G W. 2004. Evaluation of the salicylic acid－liquid phase scrubbing technique to monitor atmospheric hydroxyl radicals. Journal of Atmospheric Chemistry, 48: 81-104.

Sanjuán A, Aguirre G, Alvaro M, et al. 2002. Product studies and laser flash photolysis of direct and 2,4,6-triphenylpyrylium-zeolite Y photocatalyzed degradation of fenvalerate. Photochemical & Photobiological Sciences, 1 (12): 955-959.

Schynowski F, Schwack W. 1996. Photochemistry of parathion on plant surfaces: relationship between photodecomposition and iodine number of the plant cuticle. Chemosphere, 33 (11): 2255-2262.

Senesi N, D'Orazio V, Ricca G. Humic acids in the first generation of EUROSOILS. Geoderma, 116 (3-4): 325-344.

Sleiman M, de Sainte Claire P, Richard C. 2017. Heterogeneous photochemistry of agrochemicals at the leaf surface: a case study of plant activator acibenzolar-S-methyl. Journal of Agricultural and Food Chemistry, 65 (35): 7653-7660.

Sommerlade R, Parlar H, Wrobel D, et al. 1993. Product analysis and kinetics of the gas-phase reactions of selected organosilicon compounds with OH radicals using a smog chamber-mass spectrometer system. Environmental Science & Technology, 27 (12): 2435-2440.

Sun Q, Miao C, Duan Q. 2015. Projected changes in temperature and precipitation in ten river basins over China in 21st century. International Journal of Climatology, 35 (6): 1125-1141.

Suzuki Y, Ishizaka S, Kitamura N. 2012. Spectroscopic studies on the photochemical decarboxylation mechanisms of synthetic pyrethroids. Photochemical & Photobiological Sciences, 11 (12): 1897-1904.

Takahashi N, Mikami N, Yamada H, et al. 1985. Photodegradation of the pyrethroid insecticide fenpropathrin in water, on soil and on plant foliage. Pesticide Science, 16 (2): 119-131.

Ter Halle A, Drncova D, Richard C. 2006. Phototransformation of the herbicide sulcotrione on maize cuticular wax. Environmental Science & Technology, 40 (9): 2989-2995.

Tian L, Chen Q, Jiang W, et al. 2019. A carbon-14 radiotracer-based study on the photo-transformation of polystyrene nanoplastics in water versus in air. Environmental Science: Nano, 6: 2907-2917.

Trivella A S, Monadjemi S, Worrall D R, et al. 2014. Perinaphthenone phototransformation in a model of leaf epicuticular waxes. Journal of Photochemistry and Photobiology B：Biology，130：93-101.

Turro N. 1991. Modern Molecular Photochemistry. Sausalito：University Science Books.

Wang B，Liu H，Zheng J，et al. 2011. Distribution of phenolic acids in different tissues of jujube and their antioxidant activity. Journal of Agricultural and Food Chemistry，59（4）：1288-1292.

Wang Q，Wang P，Xu P，et al. 2020. Visible-light-driven photo-Fenton reactions using $Zn_{1-1.5}xFexS/g$-C_3N_4 photocatalyst：degradation kinetics and mechanisms analysis. Applied Catalysis B：Environmental，266：118653.

Xia H. 1990. Study on the photolysis of cypermethrin on PMMA membrane and tea surface. Agro-environmental Protection，9（5）：27-29.

Xiao R，Zammit I，Wei Z，et al. 2015. Kinetics and mechanism of the oxidation of cyclicmethylsiloxanes by hydroxyl radical in the gas phase：an experimental and theoretical study. Environmental Science & Technology，49（22）：13322-13330.

Xie J，Wang P，Liu J，et al. 2011. Photodegradation of lambda-cyhalothrin and cypermethrin in aqueous solution as affected by humic acid and/or copper：intermediates and degradation pathways. Environmental Toxicology and Chemistry，30（11）：2440-2448.

Yager J E，Yue C D. 1988. Evaluation of the xenon arc lamp as a light source for aquatic photodegradation studies：comparison with natural sunlight. Environmental Toxicology and Chemistry：An International Journal，7（12）：1003-1011.

Yang Y，Deng Q，Yan W，et al. 2018. Comparative study of glyphosate removal on goethite and magnetite：adsorption and photo-degradation. Chemical Engineering Journal，352：581-589.

Yu Y，Hu S，Yang Y，et al. 2018. Successive monitoring surveys of selected banned and restricted pesticide residues in vegetables from the northwest region of China from 2011 to 2013. BMC Public Health，18（91）：1-9.

Yuan D，Tang S，Qi J，et al. 2017. Comparison of hydroxyl radicals generation during granular activated carbon regeneration in DBD reactor driven by bipolar pulse power and alternating current power. Vacuum，143：87-94.

Zhang J，Song C，Zhang C，et al. 2019. Effects of multiple environmental factors on elimination of fenvalerate and its cis-trans isomers in aquaculture water. Environmental Science and Pollution Research，26（4）：3795-3802.

Zhang Y，Blough N V. 2016. Photoproduction of one-electron reducing intermediates by chromophoric dissolved organic matter（CDOM）：relation to O_2^- and H_2O_2 photoproduction and CDOM photooxidation. Environmental Science & Technology，50（20）：11008-11015.

Zhao S，Xue S，Zhang J，et al. 2020. Dissolved organic matter-mediated photodegradation of anthracene and pyrene in water. Scientific reports，10（1）：1-9.

Zhu Q，Yang Y，Zhong Y，et al. 2020. Synthesis，insecticidal activity，resistance，photodegradation and toxicity of pyrethroids（a review）. Chemosphere，254：126779.

第4章 升温对新烟碱类农药在不同蔬菜叶面光解的影响

4.1 引　言

新烟碱类农药自20世纪90年代问世以来，成为世界上使用最广泛的杀虫剂（Yamamuro et al.，2019）。叶菜类蔬菜中新烟碱类农药的含量远高于其他作物（Chen et al.，2020）。长期接触新烟碱类农药会对人类的发育和生殖产生严重的负面影响，包括精子功能降低和产量减少、妊娠率降低、胎儿死亡率增加、哺乳动物的肝毒性、神经毒性和遗传毒性等（Tsvetkov et al.，2017；Rundlöf et al.，2015；Sun et al.，2021）。植物叶片蜡质中具有不同光敏性的官能团，可导致农药在叶片表面发生光解（Ter Halle et al.，2006）。升温能够显著影响农药在植物叶片表面的光解速率（Koch and Kerns，2015；Anderson et al.，2016）。然而，气候变暖对不同蔬菜叶片表面新烟碱类农药光解的影响却鲜有研究。

植物叶片蜡质吸收光，能够产生·OH、碳中心或碳氧中心自由基，影响农药在植物叶片表面的光解速率（Ter Halle et al.，2006；Trivella et al.，2014；Choudhury，2017；Sleiman et al.，2017；Xi et al.，2021）。植物种类也能够影响农药在叶片表面的光解速率，主要原因是不同植物之间叶片的吸光能力和叶片蜡质的组成不同（Cabras et al.，1997）。例如，与在玻璃表面相比，抗蚜威在柑橘蜡质上的光解速率增加，而在橘子和油桃蜡质上的光解速率下降（Pirisi et al.，1998），潜在原因为橘子和油桃蜡质不仅导致抗蚜威的吸光强度降低，而且还起到了猝灭·OH的作用，而柑橘蜡质中存在的光敏剂促进了抗蚜威光解（Pirisi et al.，1998）。不同叶菜类蔬菜叶片蜡质的成分不同，可能会影响光吸收能力和叶片蜡质中ROS的生成，进而影响新烟碱类农药的光解速率。此外，温度与正构烷烃含量成正比，并且在较高温度条件下，植物蜡质可以合成链更长、更疏水和更稳定的正构烷烃（Bush and McInerney，2015；Eley and Hren，2018），低温下叶菜类蔬菜蜡质中酚的含量更高（Kim et al.，2020）。因此，本研究推测升温对不同植物叶片蜡质组成的影响不同，进而对不同植物叶片表面ROS的生成量和新烟碱类农药光解速率的影响不同。

叶片蜡质中存在的酮、醇、醛、酯、酸等衍生物可作为光敏剂，加速农药的光解（Ter Halle et al.，2006；Sleiman et al.，2017）。例如，蜡质在光照条件下可能产生·OH、$^1O_2$、·O_2^-、·CH_3、碳中心自由基和碳–氧中心自由基，导致苯并噻二唑、拟除虫菊酯类农药和异丙隆光解（Trivella et al.，2014；Choudhury，2017；Sleiman et al.，2017；Xi et al.，2021）。前人研究发现，农药在植物表面的光解速率随培养温度的升高而降低（Anderson et al.，2016）。例如，联苯菊酯、氯氰菊酯、氰戊菊酯和溴氰菊酯在15℃/10℃

条件下的光解速率为21℃/16℃的1.5~1.9倍，这可能是因为升温降低蜡质中酚类 CH ═ CH、脂肪族 CH_3 和芳香族 C—O—C 官能团含量。然而，究竟哪个官能团在叶菜类蔬菜表面新烟碱类农药光解中起决定作用尚未完全阐明。

为验证上述假设，本研究在模拟阳光照射下，考察升温对不同蔬菜叶片表面新烟碱类农药光解作用的影响。以分布广泛、消费量大、具有不同叶片形态特征的菠菜（*Spinacia oleracea* L.）、青菜（*Brassica chinensis* L.）、白菜（*Brassica rapa* L.）和萝卜（*Raphanus sativus* L.）为模式植物。研究升温对目前世界上用量最广、具有亲水性质（log K_{ow} 为 −0.64~1.26）的氰基（啶虫脒和噻虫啉）和硝基（噻虫嗪和呋虫胺）新烟碱类农药光解作用的影响。分析不同培养温度下四种蔬菜叶片蜡质产生的 ROS，阐明它们对新烟碱类农药光解作用的影响机制。解析不同培养温度下四种蔬菜叶片蜡质的理化性质，明确哪种官能团在 ROS 生成和新烟碱类农药光解过程中起主导作用。了解食用叶菜类蔬菜中新烟碱类农药的环境归趋对评估气候变暖下人类通过膳食途径接触新烟碱类农药具有重要意义。

4.2　材料与方法

4.2.1　试剂

新烟碱类农药（噻虫嗪、噻虫啉、啶虫脒和呋虫胺）以及用作内标的 ^{13}C 标记的噻虫嗪均为标准品（中国 J&K 百灵威科技有限公司）。其余实验试剂见3.2.1节。

4.2.2　光解实验

用于培养蔬菜的土壤及相关理化性质在作者团队之前的工作中已报道（Chen et al., 2019）。青菜、白菜和萝卜的培养方法同菠菜，见3.2.2节。简言之，为了研究培养温度对新烟碱类农药在蔬菜叶片表面光解的影响，四种蔬菜均在 15℃/10℃、18℃/13℃ 和 21℃/16℃ 气候培养箱中进行培养。光解实验过程同菠菜叶片表面农药光解，详见3.2.3节。简言之，将100μL农药在避光下均匀滴到叶片表面（约 10 滴）。待溶剂挥发干后（10μg/g）置于（15±0.5）℃、湿度为75%的气候培养箱中进行光解实验。对照实验，实验条件除了避光其他同上。每个实验都重复三次。暴露一定时间后对叶片进行取样，分析叶片表面新烟碱类农药残留。

4.2.3　ESR 检测不同蔬菜叶片蜡质产生的 ROS 及其在农药光解中的作用

菠菜叶片蜡质悬浮液中的 ROS 在作者团队之前的工作中已经报道过，见3.2.4节。为了分析 ROS 对不同蔬菜叶片表面农药光解的影响，在氙灯照射下，采用 ESR 对 15℃/10℃

和 21℃/16℃ 培养温度下蔬菜蜡质悬浮液（0.40 ~ 0.53mg/mL）产生的自由基进行检测。自由基捕获剂及具体的检测方法见 3.2.4 节。

通过 ROS 猝灭实验，进一步验证哪种自由基对新烟碱类农药在菠菜叶片表面光解起主导作用，将 SA 和 SOD 分别作为 · OH 和 · O_2^- 的猝灭剂。将 100μL 新烟碱类农药（15μg/mL）和 36.0μmol/mL SA 或者 33.3U/mL SOD 或者（36.0μmol/mL SA）+（33.3U/mL SOD）在避光下用微型注射器均匀滴到 15℃/10℃ 培养的菠菜叶片表面。待溶剂挥发干后置于 15℃、湿度为 75% 的气候培养箱中进行降解实验。分别在 0h、1h、3h、7h、12h、36h 和 48h 对叶片进行取样，分析叶片表面新烟碱类农药含量。

4.2.4　蔬菜叶片蜡质的测定和表征

将一定量新鲜蔬菜叶片用 50mL 二氯甲烷浸泡轻轻摇晃 2min 后，用 0.22μm 聚四氟乙烯膜过滤后，采用 DU7700 分光光度计（Beckman，USA）分析蔬菜叶片蜡质在 200 ~ 800nm 范围内的紫外–可见吸收光谱（UV-Vis）。元素分析、傅里叶红外光谱、^{1}H 和 ^{13}C 核磁共振分析方法同 3.2.7 节。

4.2.5　新烟碱类农药的分析

将叶片剪碎置于 50mL 离心管中，加入 5mL 乙腈涡旋 6min，超声提取 15min。然后加入 1g $MgSO_4$ 和 0.5g NaCl 涡旋 5min。4000r/min 离心 5min 后，收集上清液并在室温下氮吹至近干，用 1mL 乙腈定容后过 0.2μm 滤膜，加 2μL ^{13}C 标记的噻虫嗪（100μg/mL）作为内标待测。

采用超高效液相色谱［LC-20AD UPLC（日本岛津）和 Q Trap triple 4500（AB Sciex，加拿大多伦多）］分析新烟碱类农药残留，色谱柱为 ACQUITY UPLC ® BEH C_{18} 柱（2.1mm×100mm×1.7μm），柱温为 35℃，进样量为 10μL。5mmol/L 的乙酸铵水溶液（A）和 0.1% 甲酸的甲醇（B）为流动相，流速为 0.2mL/min。采用梯度洗脱：0.1 ~ 5min，20% ~ 80%B；5 ~ 8min，80%B；8 ~ 8.5min，80% ~ 20%B；8.5 ~ 12min，20%B。采用正离子模式（ESI）。采用 MRM 模式对新烟碱类农药含量进行测定，质谱参数见表 4-2-1。

表 4-2-1　新烟碱类农药的质谱检测参数

新烟碱类农药	保留时间/min	m/z	碰撞电压/V	碰撞能量/eV
噻虫嗪	4.58	291.7/132，291.7/181	45，55	22，30
噻虫啉	7.3	253.1/126.1，253.1/186.1	70，86	26，18
啶虫脒	9.5	223/126，223/56	62，58	25，39
呋虫胺	10.6	203.1/129.2，203.1/157.1	40，53	16，10

4.2.6　质量保证与质量控制

四种新烟碱类农药的标准曲线（5～2000μg/L）相关系数均大于0.99，内标法定量（^{13}C噻虫嗪）。采用信噪比的3倍和10倍分别作为方法检测限（0.085～0.586μg/kg）和定量限（0.28～1.95μg/kg）。四种新烟碱类农药在蔬菜叶片表面的回收率>80.1%±6.41%。在蔬菜培养期间，气候箱的白天/晚上温度保持稳定状态，变化幅度小于5%。

4.2.7　数据分析

采用SPSS 18.0对所测样品中新烟碱类农药含量进行单因素方差分析或配对样本 t 检验（显著性水平为 $p<0.05$），分析不同实验处理间的统计学差异；并通过线性回归模型确定各光解速率常数及其95%置信区间（95% CI）。

4.3　培养温度对新烟碱类农药在不同蔬菜叶片表面光解的影响

4.3.1　培养温度对农药光解速率的影响

在光照和黑暗条件下，蔬菜叶片表面四种新烟碱类农药浓度降低均符合拟一级动力学，相关系数均大于0.97（图4-3-1和表4-3-1）。在黑暗条件下，四种新烟碱类农药的浓度在整个实验期间变化相对较小，表明这些化合物在黑暗条件下基本不发生降解。在光照条件下，呋虫胺、噻虫嗪、啶虫脒和噻虫啉的光解速率分别为黑暗条件下的18.4～20.2倍、10.3～17.1倍、3.5～6.1倍和2.8～5.3倍（$p<0.05$）。光致新烟碱类农药光解主要是因为农药在叶片表面的直接光解和蜡质光敏作用导致的间接光解作用（Ter Halle et al.,2006；Lu et al.,2015；Thompson et al.,2020）。

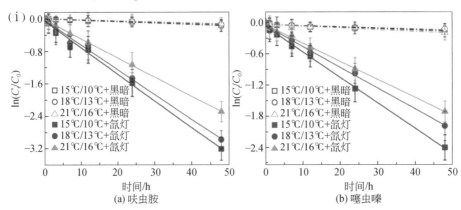

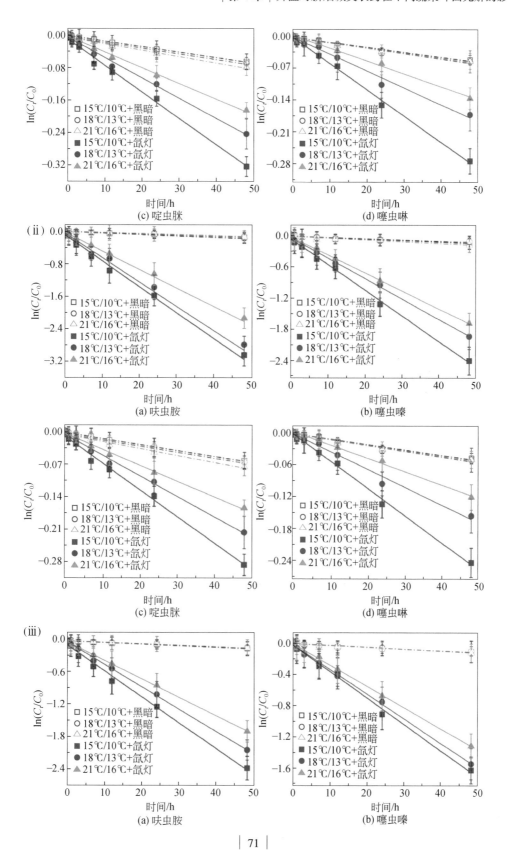

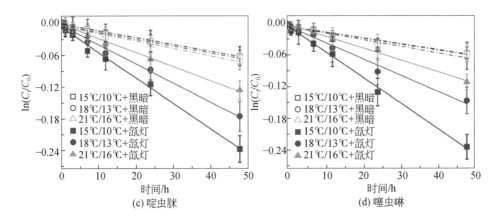

图 4-3-1　蔬菜培养温度对新烟碱类农药在青菜（ⅰ）、白菜（ⅱ）和萝卜（ⅲ）

叶片表面光解作用的影响

光照条件为 120W/m², 光解温度为 15℃, 农药浓度为 10μg/g（n=3）

表 4-3-1　四种新烟碱类农药在蔬菜叶片表面的一级速率常数（k）、相关系数（R^2）、

半衰期（$t_{1/2}$）和 95% 置信区间（95% CI）（$n=3$）

蔬菜	新烟碱类农药	培养温度/℃	光照条件/(W/m²)	$k/10^{-2}h^{-1}$	R^2	$t_{1/2}$/h	k 的 95% 置信区间/$10^{-2}h^{-1}$		$t_{1/2}$ 的 95% 置信区间/h	
							下限	上限	下限	上限
青菜	呋虫胺	15/10	120	6.53	0.986	10.6	6.01	7.04	9.8	11.5
		18/13	120	6.09	0.987	11.4	5.45	6.72	10.3	12.7
		21/16	120	4.69	0.984	14.8	4.12	5.27	13.2	16.8
		15/10	0	0.36	0.982	195	0.21	0.50	139	330
		18/13	0	0.31	0.993	224	0.18	0.44	158	385
		21/16	0	0.26	0.993	267	0.15	0.37	187	462
	噻虫嗪	15/10	120	4.92	0.984	14.1	4.56	5.27	13.2	15.2
		18/13	120	4.02	0.986	17.3	3.58	4.45	15.6	19.4
		21/16	120	3.50	0.991	19.8	2.99	4.02	17.2	23.2
		15/10	0	0.28	0.984	247	0.20	0.36	193	347
		18/13	0	0.23	0.980	301	0.19	0.27	257	365
		21/16	0	0.33	0.983	208	0.28	0.39	178	248
	啶虫脒	15/10	120	0.65	0.981	107	0.54	0.75	92.4	128
		18/13	120	0.50	0.989	139	0.41	0.59	118	169
		21/16	120	0.39	0.983	180	0.28	0.49	142	248
		15/10	0	0.14	0.997	510	0.11	0.16	433	630
		18/13	0	0.14	0.988	492	0.12	0.16	433	578
		21/16	0	0.16	0.989	436	0.13	0.19	365	533

续表

蔬菜	新烟碱类农药	培养温度/℃	光照条件/（W/m²）	$k/10^{-2}h^{-1}$	R^2	$t_{1/2}/h$	k 的 95% 置信区间 $/10^{-2}h^{-1}$		$t_{1/2}$ 的 95% 置信区间/h	
							下限	上限	下限	上限
青菜	噻虫啉	15/10	120	0.58	0.987	121	0.47	0.68	102	148
		18/13	120	0.37	0.982	187	0.27	0.47	148	257
		21/16	120	0.28	0.987	246	0.2	0.37	187	347
		15/10	0	0.11	0.989	635	0.09	0.13	533	770
		18/13	0	0.12	0.993	587	0.09	0.14	495	770
		21/16	0	0.11	0.993	608	0.1	0.13	533	693
白菜	呋虫胺	15/10	120	6.16	0.984	113	6.00	6.32	11.0	11.6
		18/13	120	5.80	0.992	12	5.61	5.99	11.6	12.4
		21/16	120	4.41	0.993	15.7	4.28	4.53	15.3	16.2
		15/10	0	0.34	0.995	204	0.28	0.4	173	248
		18/13	0	0.29	0.989	241	0.24	0.34	204	289
		21/16	0	0.25	0.997	275	0.21	0.29	239	330
	噻虫嗪	15/10	120	4.82	0.984	14.4	4.63	5.01	13.8	15.0
		18/13	120	3.83	0.990	18.1	3.66	4.01	17.3	18.9
		21/16	120	3.38	0.983	20.5	3.21	3.54	19.6	21.6
		15/10	0	0.26	0.984	263	0.22	0.31	224	315
		18/13	0	0.22	0.988	311	0.19	0.26	267	365
		21/16	0	0.33	0.993	213	0.27	0.38	182	257
	啶虫脒	15/10	120	0.59	0.987	118	0.52	0.66	105	133
		18/13	120	0.45	0.988	153	0.39	0.52	133	178
		21/16	120	0.35	0.989	199	0.27	0.43	161	257
		15/10	0	0.13	0.996	529	0.11	0.15	462	630
		18/13	0	0.13	0.991	517	1.11	1.56	44.4	62.4
		21/16	0	0.15	0.986	450	0.13	0.18	385	533
	噻虫啉	15/10	120	0.51	0.984	135	0.43	0.59	118	161
		18/13	120	0.34	0.994	206	0.28	0.39	178	248
		21/16	120	0.25	0.993	275	0.2	0.31	224	347
		15/10	0	0.10	0.995	680	0.09	0.12	578	770
		18/13	0	0.11	0.992	630	0.09	0.13	533	770
		21/16	0	0.11	0.994	653	0.09	0.12	578	770

蔬菜	新烟碱类农药	培养温度/℃	光照条件/(W/m²)	k/10^{-2}h⁻¹	R^2	$t_{1/2}$/h	k 的95%置信区间/10^{-2}h⁻¹		$t_{1/2}$ 的95%置信区间/h	
							下限	上限	下限	上限
萝卜	呋虫胺	15/10	120	4.94	0.984	14	4.76	5.13	13.5	14.6
		18/13	120	4.27	0.992	16.2	4.13	4.41	15.7	16.8
		21/16	120	3.52	0.993	19.7	3.24	3.8	18.2	21.4
		15/10	0	0.30	0.995	234	0.25	0.35	198	277
		18/13	0	0.28	0.993	248	0.23	0.33	210	301
		21/16	0	0.28	0.990	248	0.23	0.33	210	301
	噻虫嗪	15/10	120	3.37	0.983	20.6	3.23	3.52	19.7	21.5
		18/13	120	3.15	0.985	22	3.00	3.30	21.0	23.1
		21/16	120	2.71	0.991	25.6	2.47	2.96	23.4	28.1
		15/10	0	0.24	0.987	289	0.2	0.28	248	347
		18/13	0	0.22	0.987	309	0.19	0.26	267	365
		21/16	0	0.25	0.992	281	0.21	0.29	239	330
	啶虫脒	15/10	120	0.47	0.987	146	0.38	0.57	122	182
		18/13	120	0.36	0.988	194	0.29	0.42	165	239
		21/16	120	0.26	0.989	265	0.16	0.36	193	433
		15/10	0	0.13	0.992	546	0.11	0.15	462	630
		18/13	0	0.13	0.994	542	0.11	0.15	462	630
		21/16	0	0.14	0.997	495	0.12	0.16	433	578
	噻虫啉	15/10	120	0.49	0.987	142	0.39	0.59	118	178
		18/13	120	0.31	0.982	224	0.25	0.37	187	277
		21/16	120	0.23	0.987	308	0.12	0.33	210	578
		15/10	0	0.11	0.991	608	0.10	0.13	533	693
		18/13	0	0.13	0.994	546	0.11	0.15	462	630
		21/16	0	0.11	0.992	624	0.09	0.13	533	770

四种新烟碱类农药在蔬菜叶片表面的光解速率均随着蔬菜培养温度的升高而降低（$p<0.05$，图4-3-2）。例如，在15℃/10℃条件下，萝卜叶片表面呋虫胺、噻虫嗪、啶虫脒和噻虫啉的光解速率分别为21℃/16℃条件下的1.4倍、1.2倍、1.8倍和2.1倍（表4-3-1）。原因可能是在较高的培养温度下，蜡质中酚类 CH＝CH、脂肪族 CH_3 和芳香族 C—O—C 官能团含量较低，产生的·OH 含量较低，进而导致在较高培养温度下农药光解速率较低。另外，培养温度升高对蔬菜叶片表面呋虫胺和噻虫嗪的抑制影响低于啶虫脒与噻虫啉。其原因可能是培养温度影响蔬菜叶片蜡质的组成和 ROS 的生成，而 ROS 对不同化学结构的新烟碱类农药光解作用不同。噻虫啉的阴性区域位于氰基亚胺组的 N 端，为噻虫啉

最活跃的部位，易受亲电攻击或亲核攻击，导致噻虫啉易受·OH 攻击发生转化（de Urzedo et al., 2007；Zhong et al., 2020）。另外，氰基是吸电子基团（Matsushima et al., 2021），蜡质作为电子供体（Fu et al., 2016），可能与氰基反应，加快啶虫脒和噻虫啉的间接光解。

4.3.2 农药结构对光解速率常数的影响

呋虫胺在蔬菜叶片表面的光解速率常数最大（$5.56 \times 10^{-2} \sim 7.75 \times 10^{-2} h^{-1}$），分别为噻虫嗪（$3.91 \times 10^{-2} \sim 5.36 \times 10^{-2} h^{-1}$）、啶虫脒（$0.59 \times 10^{-2} \sim 0.92 \times 10^{-2} h^{-1}$）和噻虫啉（$0.36 \times 10^{-2} \sim 0.93 \times 10^{-2} h^{-1}$）的 $1.3 \sim 1.5$ 倍、$10 \sim 13$ 倍和 $11 \sim 17$ 倍（表 4-3-1，$p < 0.05$，图 4-3-2），化学结构不同是其光解速率常数不同的主要原因。呋虫胺和噻虫嗪含有吸光基团硝基胍取代基，能够吸收 290nm 以上的光，在叶片表面能够发生直接光解，而啶虫脒和噻虫啉含有氰基，长时间光照条件下（>290nm）基本不发生直接光解。

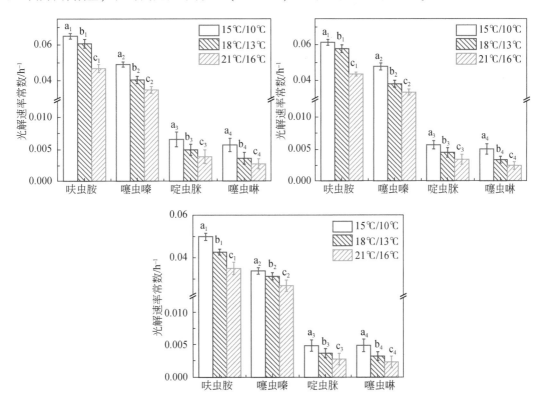

图 4-3-2 在不同培养温度下，四种新烟碱类农药在 120W/m² 氙灯照射下在青菜（a）、白菜（b）和萝卜（c）叶片表面的光解速率常数

对于每种农药，不同字母表示使用 Tukey's 检验时，温度处理组之间存在显著差异（$p < 0.05$）（$n = 3$）

4.3.3　蔬菜种类对农药光解速率常数的影响

　　新烟碱类农药在不同蔬菜叶片表面光解速率常数不同，依次为菠菜>青菜>白菜>萝卜（图4-3-3，$p<0.05$，图4-3-2）。四种新烟碱类农药在菠菜叶片表面的光解速率常数分别为青菜、白菜和萝卜的1.1~1.4倍、1.1~1.6倍和1.3~1.9倍，蔬菜种类对啶虫脒和噻虫啉光解速率常数的影响大于对呋虫胺与噻虫嗪光解速率常数的影响。本研究发现在相同升温幅度下新烟碱类农药在菠菜、青菜、白菜和萝卜叶片表面的光解速率常数均降低。原因可能是含有不同蜡质成分的植物能够不同程度地与新烟碱类农药争夺光子，并产生不同浓度的 ROS（Cabras et al., 1997），这导致叶片表面新烟碱类农药的光解速率常数随植物种类的不同而变化。以往的研究发现由于蜡质组成不同，玉米叶片蜡质表面（主要由长链醇组成）硝磺草酮的光解速率常数（$0.11h^{-1}$）高于石蜡（主要由烷烃组成）（$0.09h^{-1}$）（Lavieille et al., 2008）。此外，不同蔬菜的叶片形态和叶片蜡质厚度差异较大，可能也影响新烟碱类农药的光解。

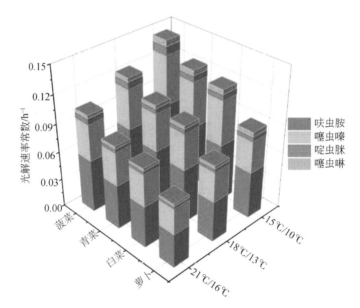

图 4-3-3　不同蔬菜叶片表面新烟碱类农药的光解速率常数

对于每种农药，不同字母表示使用 Tukey's 检验时，植物种类处理组之间存在显著差异（$p<0.05$，光照条件为 $120W/m^2$，培养温度为 15℃/10℃，光解温度为 15℃，农药浓度为 $10\mu g/g$）（$n=3$）

　　此外，随着培养温度的升高，蔬菜种类引起的新烟碱类农药光解速率常数的差异逐渐增大。例如，在15℃/10℃和21℃/16℃条件下，菠菜叶片表面啶虫脒的光解速率常数分别为萝卜叶片表面的1.29倍和1.57倍，潜在原因见4.5节。同样，培养温度对玉米叶片蜡质表面咪唑乙烟酸光解速率常数的影响大于大豆叶片蜡质表面，根本原因是玉米叶片蜡质中含有酯而大豆叶片蜡质中含有醛和酮，它们可能导致农药光吸收能力和光敏化能力不同，进而导致农药的光解速率常数不同（Anderson et al., 2016）。

4.4 蔬菜蜡质中 ROS 的检测及其在新烟碱类农药光解中的作用

4.4.1 蔬菜蜡质中自由基的检测

在氙灯照射下，采用 ESR 检测不同培养温度下蔬菜叶片蜡质悬浮液中产生的自由基。在 15℃/10℃ 条件下，菠菜、青菜、白菜和萝卜叶片蜡质悬浮液中观察到相对强度为 1：2：2：1 的四谱线 DMPO-·OH 加合物的生成［图 4-4-1（a）］。除了菠菜，在青菜、白菜和萝卜叶片蜡质悬浮液中均未检测到碳中心自由基或碳氧中心自由基。·OH 的生成源于 ROOH 的分解，ROOH 是由蜡质中的酚 CH＝CH、脂肪族 CH_3 和芳香族 C—O—C 氧化，随后提取蜡质中的氢形成。青菜、白菜和萝卜叶片蜡质溶液中未检测到碳氧中心自由基和碳中心自由基，表明它们有独立于碳中心自由基的其他·OH 生成途径，如蜡质中的特定发色团吸收光子、形成激发态、从水中提取氢原子并生成·OH。四种蔬菜叶片蜡质中·OH 的相对强度依次为青菜≈白菜>菠菜>萝卜［图 4-4-1（a）］。另外，15℃/10℃ 条件下的青菜、白菜和萝卜叶片蜡质悬浮溶液中·OH 相对强度高于 21℃/16℃［图 4-4-1（b）］，其原因可能是培养温度影响蔬菜叶片蜡质的组成，导致·OH 产量存在差异。

添加 SOD 前后，青菜、白菜和萝卜叶片蜡质悬浮液中 BMPO-·OH/·O_2^- 强度均无明显变化，说明三种蔬菜蜡质溶液中均不产生·O_2^-［图 4-4-1（c）］。TEMPO 自旋加合物在黑暗与氙灯照射下的强度类似［图 4-4-1（d）］，表明在三种蜡质悬浮液中均未检测到 $^1O_2$。这可能是由于蜡质中的某些成分猝灭 $^1O_2$，包括但不局限于酮、酯、多酚和醇

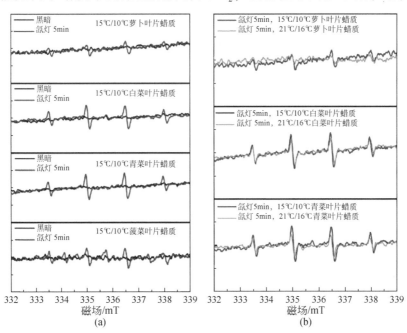

332 333 334 335 336 337 338 339
磁场/mT
(a)

332 333 334 335 336 337 338 339
磁场/mT
(b)

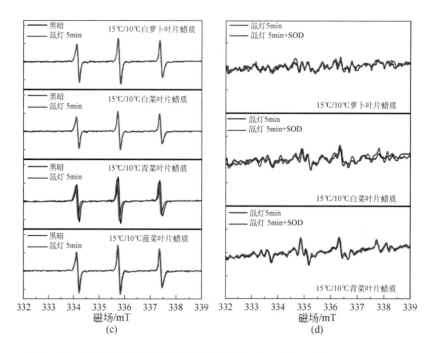

图 4-4-1　ESR 捕获不同蔬菜蜡质溶液中的 ROS：（a）~（b）DMPO-·OH；

（c）BMPO-·O_2^-；（d）TEMP-$^1O_2$

蜡质浓度为 0.40~0.53mg/mL

（Eyheraguibel et al.，2010）。在黑暗条件下，三种蜡质悬浮液中均没有观察到·OH、·O_2^- 和 $^1O_2$ 的生成。

4.4.2　自由基在新烟碱类农药光解中的作用

为研究·OH 和·O_2^- 在新烟碱类农药光解中的作用，将 SA 和 SOD 分别作为·OH 和·O_2^- 的猝灭剂。如图 4-4-2 所示，加入 SA 后，新烟碱类农药在菠菜叶片表面的光解速率显著下降至 $1.90(\pm0.07)\times10^{-3}$~$5.70(\pm0.21)\times10^{-2}h^{-1}$，而添加 SOD 后，农药的光解速率下降小得多 $[2.40(\pm0.06)\times10^{-3}$~$6.87(\pm0.20)\times10^{-2}h^{-1}]$（$p<0.05$，图 4-4-3）。不添加 SA 时，呋虫胺、噻虫嗪、啶虫脒和噻虫啉农药在菠菜叶片表面的光解速率分别为添加 SA 后的 1.32 倍、1.38 倍、3.29 倍和 3.32 倍，说明·OH 在啶虫脒和噻虫啉农药光解过程中起主要作用。不添加 SOD 时，四种农药在菠菜叶片表面的光解速率分别为添加 SOD 后的 1.10 倍、1.13 倍、2.14 倍和 2.63 倍，说明·O_2^- 在四种新烟碱类农药光解过程中的作用小于·OH。当同时加入足够多的 SA 和 SOD 后，四种农药在菠菜叶片表面的光解速率分别为添加 SOD 后的 1.50 倍、1.54 倍、4.18 倍和 3.94 倍。但其降解速率仍高于黑暗下的降解速率，原因可能是在氙灯照射下，农药分子吸收光子后发生直接光解或其他自由基（ROO·/RO·/R·）引起的间接光解（Dureja et al.，1982；Liu et al.，2010a）。

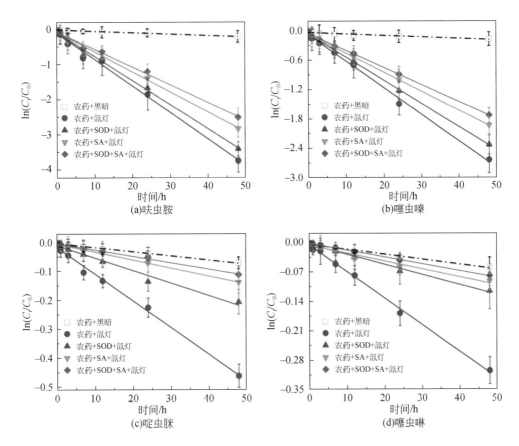

图 4-4-2　·OH 和 ·O$_2^-$ 猝灭剂对新烟碱类农药在菠菜叶片表面光解的影响

光照条件为 120W/m^2，降解温度为 15℃，菠菜培养温度为 15℃/10℃，农药浓度为 10μg/g，
SA 为 3.60μmol，SOD 为 3.33U（$n=3$）

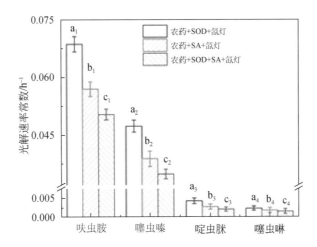

图 4-4-3　添加 ·OH 和 ·O$_2^-$ 猝灭剂后，四种新烟碱类农药在菠菜叶片表面的光解速率常数

培养温度为 15℃/10℃；光解温度为 15℃；光照条件为 120W/m^2；农药浓度为 10μg/g；SA 为 3.60μmol；SOD 为
3.33U。对于每种农药，不同字母表示使用 Tukey's 检验时，有无猝灭剂处理组之间存在显著差异（$p<0.05$）（$n=3$）

本研究中，除菠菜叶片蜡质外，其他蔬菜都不产生·O_2^-，这可能是菠菜叶片上新烟碱类农药光解最快的原因之一。萝卜叶片蜡质中·OH 的产量最低，与萝卜叶片表面新烟碱类农药的光解速率常数最低一致。此外，在 15℃/10℃ 条件下，三种蔬菜叶片蜡质溶液中·OH 的产量较高，可能导致 15℃/10℃ 条件下蔬菜叶片表面新烟碱类农药的光解速率常数高于 21℃/16℃。植物种类和培养温度通过影响蜡质表面自由基的生成量，进而对新烟碱类农药的光解速率常数有重要影响。以往的研究表明呋虫胺和噻虫嗪在阳光下易光解，且以直接光解作用为主，·OH 诱导的间接光解作用较小（Fan et al., 2022）。而噻虫啉和啶虫脒富含电子基团，如胼氮和硫醚硫，在模拟太阳光下难以直接光解（Todey et al., 2018；Thompson et al., 2020），但很容易被 ROS 分解（Wang et al., 2021）。因此，植物种类和培养温度对啶虫脒和噻虫啉光解作用的影响大于呋虫胺和噻虫嗪。

4.5 培养温度对新烟碱类农药在不同蔬菜叶片表面光解的影响机制

4.5.1 培养温度对蔬菜叶片蜡质 UV-Vis 及其新烟碱类农药光解的影响

不同结构的叶片蜡质对光的散射和吸收能力不同，这可能导致不同植物叶片表面有机污染物的光解速率不同（Ter Halle et al., 2006；Chen et al., 2011）。紫外-可见吸收光谱表明，菠菜、青菜和萝卜叶片蜡质在 240nm 和 280nm 处有两个特征吸收峰 [图 4-5-1(a)]，分别代表蜡质中的异黄酮和黄酮醇组分（Anderson et al., 2016）。在 15℃/10℃ 条件下，3 种蔬菜叶片蜡质在 290~420nm 范围内的光吸收强度依次为白菜<青菜<菠菜，与农药光解速率常数的顺序一致。表明蔬菜叶片蜡质中发色团可能有助于光吸收和 ROS 的生成，促进农药光解。值得注意的是，萝卜叶片蜡质的光吸收强度最高，但萝卜叶片表面新烟碱类农药的光解速率最低，这可能是萝卜叶片蜡质光吸收能力最大，导致与农药竞争光子的能力最大和新烟碱类农药光解速率最低。此外，如图 4-5-1(a) 所示，萝卜叶片蜡质中 ROS 生成浓度最低，也是其表面农药光解速率最慢的原因之一。

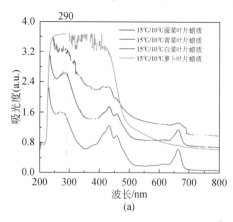
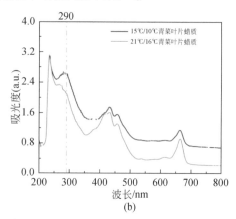

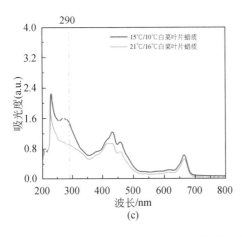
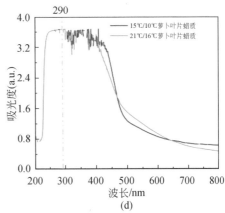

图 4-5-1　不同培养温度下蔬菜蜡质的 UV-Vis

在 15℃/10℃ 条件下，菠菜、青菜和白菜叶片蜡质在 240nm 和 280nm 处的吸光度高于 21℃/16℃ ［图 4-5-1（b）、(c)］。本研究推测较高含量的异黄酮和黄酮醇是 15℃/10℃ 条件下菠菜、青菜和白菜叶片表面新烟碱类农药光解速率较高的原因。相比之下，萝卜叶片蜡质在 240nm 和 280nm 处没有出现吸收峰，说明其蜡质成分不同，还需要进一步研究。在 15℃/10℃ 和 21℃/16℃ 条件下，萝卜叶片表面新烟碱类农药的光解速率不同，但其蜡质具有相似的光吸收强度 ［图 4-5-1（d）］，说明农药在萝卜叶片表面的光解速率不仅与蜡质成分有关，还与蜡质厚度、叶片形态等因素有关。

4.5.2　蔬菜叶片蜡质元素组成对新烟碱类农药光解的影响

不同培养温度下蔬菜叶片蜡质的元素分析见表 4-5-1。不同培养温度下蔬菜叶片蜡质的主要成分均是 C 和 O。随着培养温度的升高，菠菜和青菜叶片蜡质中 C 与 H 含量增加，O 和 N 含量降低。不同培养温度下蔬菜叶片蜡质的 H/C 值为 1.75 ~ 2.72，表明蔬菜叶片蜡质的脂肪含量较高（Chen et al.，2008）。在 15℃/10℃ 条件下，蔬菜叶片蜡质 O/C 较高，表明其碳水化合物含量较高（Lu et al.，2000）。极性指数 ［（N+O）/C］ 反映蔬菜叶片蜡质的亲疏水性（Chen et al.，2005）。四种蔬菜叶片蜡质的亲水性依次为 15℃/10℃（0.48 ~ 0.85）>18℃/13℃（0.28 ~ 0.53）>21℃/16℃（0.11 ~ 0.23），表明蔬菜叶片蜡质在较低的培养温度下具有更高的亲水性。以往的研究报道，·OH 更倾向于接近具有较高亲水性的表面（Mattei et al.，2019），这可能会增加新烟碱类农药与亲水性蔬菜叶片蜡质表面·OH 的接触概率，并促进新烟碱类农药光解。此外，有研究表明 $^1O_2$ 在极性溶剂中的寿命更长（Wasserman and Murray，1979）。研究发现，青椒极性区的存在也能促进联苯肼酯光解（Hamdache et al.，2018）。因此，在较低的培养温度下，高极性蔬菜叶片表面的活性物质与新烟碱类农药的接触概率较高，这导致较低培养温度条件下蔬菜叶片表面新烟碱类农药光解速率较快。

表 4-5-1　不同培养温度下蔬菜叶片蜡质的元素分析

样品	N/%	C/%	H/%	O/%	H/C	C/N	O/C	(N+O)/C	蜡质/ (mg/g)
15℃/10℃菠菜蜡质	4.25	37.8	6.14	45.6	1.85	10.4	0.90	0.53	0.671±0.19
18℃/13℃菠菜蜡质	2.40	47.5	7.24	35.2	1.83	23.1	0.56	0.32	0.632±0.25
21℃/16℃菠菜蜡质	1.82	52.4	9.0	27.8	2.06	33.5	0.40	0.23	0.612±0.25
15℃/10℃青菜蜡质	2.96	13.7	3.09	25.2	2.72	5.38	1.39	0.83	0.839±0.15
18℃/13℃青菜蜡质	1.88	18.5	3.17	22.7	2.06	11.5	0.92	0.53	0.915±0.17
21℃/16℃青菜蜡质	1.66	48.2	7.94	17.9	1.98	34.0	0.28	0.16	1.369±0.24
15℃/10℃白菜蜡质	5.90	19.9	4.03	36.6	2.43	3.94	1.38	0.85	1.404±0.21
18℃/13℃白菜蜡质	1.25	26.8	3.90	17.6	1.75	25.1	0.49	0.28	1.635±0.18
21℃/16℃白菜蜡质	2.15	42.4	7.07	19.6	1.99	23.1	0.35	0.21	1.749±0.27
15℃/10℃萝卜蜡质	3.48	25.0	4.23	26.4	2.03	8.38	0.80	0.48	2.101±0.14
18℃/13℃萝卜蜡质	7.30	16.0	3.45	9.39	2.58	2.56	0.44	0.42	2.684±0.23
21℃/16℃萝卜蜡质	1.55	45.4	7.50	10.3	1.99	34.2	0.17	0.11	1.407±0.32

4.5.3　蔬菜叶片蜡质官能团对新烟碱类农药光解的影响

　　傅里叶红外光谱表征不同培养温度下四种蔬菜叶片蜡质的结构性质和官能团变化 (图4-5-2)。如图4-5-2 (a) 所示，吸收带所对应的官能团分别为 (Jia et al., 2013; Li and Chen, 2013; He et al., 2016; Fu et al., 2018)：$3447 \sim 3397 cm^{-1}$处的谱带为苯酚、羧基或醇的 O—H 对称拉伸；$2940 \sim 2850 cm^{-1}$处的谱带为脂肪族碳氢化合物 C—H 的对称拉伸；$1650 \sim 1600 cm^{-1}$处的谱带为共轭羰基 C=O 和芳香羧基 C=O 的拉伸，属于酮类和醌类化合物；$1560 \sim 1400 cm^{-1}$处为羧基和酚基的 OH 变形和 C—O 拉伸；$1380 cm^{-1}$波段为羧基或酚基的 O—H 面内弯曲振动和 C—O 的拉伸；$1250 \sim 1260 cm^{-1}$处为羧基 C—C 和 C—O—C 的拉伸；$1200 cm^{-1}$处的波段为 COOH 基团的 O—H 变形和 C—O 拉伸；$1250 cm^{-1}$ 和 $1188 cm^{-1}$处的谱带为羧基和酚的 C—O 不对称拉伸和 OH 弯曲；$1150 cm^{-1}$处为羧基不对称拉伸；$1100 \sim 1050 cm^{-1}$ 的波段为醇类碳氧化合物或碳水化合物的拉伸；$1047 cm^{-1}$ 和 $1018 cm^{-1}$处的波带为多糖的脂肪醚（C—O—C）；$986 \sim 825 cm^{-1}$处为多糖 C—O 的拉伸、脂肪族 C—H 的变形拉伸或芳香族 C—O—C 的变形拉伸。

　　以上结果表明，蔬菜叶片蜡质中含有大量含氧官能团，包括羟基、醚基、羰基和羧基等官能团，在光照条件下易产生·OH、·O_2^- 和 $^1O_2$ 等活性物种 (Zhao et al., 2020)，引起新烟碱类农药光解。同时，酚类和芳香官能团的存在，导致蔬菜叶片蜡质在新烟碱类农药光解过程中既作为光敏剂促进光解又作为猝灭剂抑制光解。四种蔬菜叶片蜡质在三个培养温度下均有 $3378 cm^{-1}$、$1630 cm^{-1}$、$1060 cm^{-1}$ 和 $830 cm^{-1}$处的吸收波带，但吸收带的强度不同。除了 $2911 cm^{-1}$ 和 $2850 cm^{-1}$处脂肪族 C—H 的峰值萝卜叶片蜡质高于菠菜外，其他波段的官能团（如羰基、羧基、酚醛基、醇羟基和醚基等）含量均为菠菜叶片蜡质大于其他三种蔬菜，尤其大于萝卜叶片。这些官能团在菠菜叶片表面产生较多的·OH 和·O_2^-，导致菠菜叶片表面新烟碱类农药的光解速率较高。

如图 4-5-2（b）和表 4-5-2 所示，在 15℃/10℃ 条件下，青菜和萝卜叶片蜡质在 3378cm⁻¹ 处的酚、羧基或醇的 O—H 伸长峰高于 21℃/16℃。在 15℃/10℃ 条件下，青菜、白菜和萝卜叶片蜡质在 1630～1250cm⁻¹ 波段处，即酮类、醌类、羧基和酚类基团含量均高于 21℃/16℃。在 15℃/10℃ 条件下，白萝卜叶片蜡质在 1060cm⁻¹ 处的峰值（C—O—C）高于高温条件下。在 15/10℃ 条件下，青菜和白菜叶片蜡质在 830cm⁻¹ 处（C—O—C）的振动峰值高于 21℃/16℃。上述官能团（酚醛基、羧基、醇羟基、羰基和醚基）变化可能改变活性物种的生成，进而导致蔬菜叶片表面新烟碱类农药的光解速率随着蔬菜培养温度的升高而降低。

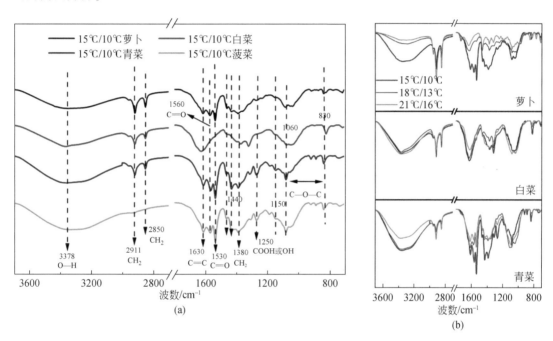

图 4-5-2　不同培养温度下蔬菜蜡质的傅里叶红外光谱

本研究通过分析不同培养温度条件下四种蔬菜叶片蜡质的液相 ^{13}C NMR 和 ^{1}H NMR 谱（图 4-5-3），解析了蜡质官能团变化与新烟碱类农药光解的关系。^{13}C NMR 分为两个区域：脂肪烃中的甲基（7～22ppm）和脂肪烃或聚亚甲基中的 C、CH、CH$_2$ 和 CH$_2$—COO—CH$_2$（23～50ppm）（Fu et al., 2016；Chen et al., 2005）。四种蔬菜叶片蜡质中，以上官能团含量依次为菠菜>青菜>白菜>萝卜，并随着培养温度的增加而降低，这与新烟碱类农药的光解速率一致。

在 ^{1}H NMR 谱中，化学位移>6.9ppm 对应的质子信号为双键或芳香基团，1～4.7ppm 对应的质子信号为脂肪基团和羧基（Lu et al., 2004；Zhao et al., 2019）。以往的研究表明，蜡质中的羟基化合物（如醇）、双键或长脂肪链，特别是烯烃化合物与一些农药具有很高的亲和力，进而增加农药的光解速率（Schynowski and Schwack, 1996；Breithaupt and Schwack, 2000；Eyheraguibel et al., 2010）。此外，双键、脂肪族、芳香族和羧基也可能

表 4-5-2　不同培养温度下菠菜叶片蜡质的 FTIR 峰强度和峰面积

样品	15℃/10℃ 菠菜	18℃/13℃ 菠菜	21℃/16℃ 菠菜	15℃/10℃ 青菜	18℃/13℃ 青菜	21℃/16℃ 青菜	15℃/10℃ 白菜	18℃/13℃ 白菜	21℃/16℃ 白菜	15℃/10℃ 萝卜	18℃/13℃ 萝卜	21℃/16℃ 萝卜
峰位置/cm^{-1}	3 378	3 375	3 369	3 375	3 369	3 381	3 369	3 371	3 371	3 371	3 371	3 369
透射比/%	32.1	31.3	27.4	31.4	30.2	23.7	23.9	23.4	24.2	20.8	7.41	4.75
峰面积	11 931	11 050	10 453	12 701	10 784	8 037	8 111	7 719	7 465	8 071	2 652	1 603
峰位置/cm^{-1}	2 920	2 920	2 920	2 911	2 917	2 917	2 911	2 913	2 917	2 917	2 920	2 917
透射比/%	2.11	1.55	1.24	1.08	8.51	13.9	12.3	17.9	13.9	19.7	25.8	26.5
峰面积	49.8	41.6	24.6	17.0	194	333	230	416	328	465	668	650
峰位置/cm^{-1}	2 850	2 853	2 857	2 850	2 847	2 850	2 849	2 847	2 850	2 868	2 850	2 848
透射比/%	0.93	0.47	0.09	0.82	5.22	8.34	7.28	13.3	9.45	13.3	21.0	18.8
峰面积	8.84	7.18	4.25	13.4	72.6	126	114	208	134	203	352	271
峰位置/cm^{-1}	1 614	1 614	1 590	1 614	1 617	1 617	1 526	1 629	1 629	1 620	1 629	1 630
透射比/%	11.6	11.3	10.7	13.7	11.1	10.2	32.6	32.4	15.8	8.85	7.06	5.76
峰面积	635	572	532	553	449	514	4133	3749	1260	194	114	94.6
峰位置/cm^{-1}	1 568	1 565	1 565	1 565	1 575	1 575	—	—	—	1 572	1 572	1 495
透射比/%	9.26	8.69	8.41	11.3	4.38	4.98	—	—	—	7.16	0.85	0.84
峰面积	170	142	135	213	94.6	104	—	—	—	157	25.4	24.9
峰位置/cm^{-1}	1 534	1 539	1 536	1 539	1 539	1 539	—	—	—	1 539	—	—
透射比/%	27.3	16.5	14.9	22.4	12.7	12.6	—	—	—	17.7	—	—
峰面积	490	353	318	367	245	207	—	—	—	304	—	—

续表

样品	15℃/10℃ 菠菜	18℃/13℃ 菠菜	21℃/16℃ 菠菜	15℃/10℃ 青菜	18℃/13℃ 青菜	21℃/16℃ 青菜	15℃/10℃ 白菜	18℃/13℃ 白菜	21℃/16℃ 白菜	15℃/10℃ 萝卜	18℃/13℃ 萝卜	21℃/16℃ 萝卜
峰位置/cm⁻¹	1 428	1 428	1 411	1 435	1 440	1 450	1 460	1 458	1 453	1 434	1 460	1 463
透射比/%	18.5	12.8	11.3	15.7	4.42	3.57	4.72	1.39	4.58	11.5	8.42	3.92
峰面积	457	226	155	333	183	89.1	82.6	32.1	83.5	239	52.2	48.8
峰位置/cm⁻¹	1 386	1 386	1 345	1 389	1 386	1 386	1 371	1 374	1 384	1 389	1 374	1 379
透射比/%	6.59	5.68	5.62	8.22	6.85	4.64	3.43	3.04	4.09	7.24	5.06	4.39
峰面积	611	526	441	186	155	115	64.3	57.4	81	557	170	80.6
峰位置/cm⁻¹	1 267	1 270	1 270	1 267	1 280	1 274	1 319	1 321	1 321	1 267	1 245	1 251
透射比/%	10.4	9.28	9.11	13.2	0.67	3.69	10.2	9.82	9.89	2.15	1.17	2.10
峰面积	299	284	260	380	29.1	74.7	188	171	180	50.7	14.8	44.2
峰位置/cm⁻¹	1 185	1 150	1 078	1 149	1 149	1 149	1 150	1 149	—	1 152	1 155	1 159
透射比/%	6.78	6.91	6.09	4.01	2.31	1.86	0.86	0.75	—	0.69	0.96	0.90
峰面积	244	250	218	84.1	52.3	31.7	2.30	1.64	—	15.1	16.8	15.6
峰位置/cm⁻¹	1 078	1 078	1 043	1 078	1 088	1 085	1 060	1 052	1 081	1 078	1 078	1 081
透射比/%	25.2	20.2	19.4	11.8	11.2	10.4	23.3	16.3	5.59	14.7	7.64	4.48
峰面积	2 215	1 817	1 792	264	258	242	3 327	1 812	217	2 501	689	109
峰位置/cm⁻¹	838	835	826	841	835	832	825	829	826	838	829	829
透射比/%	13.7	6.46	4.31	9.93	4.63	4.01	11.5	3.45	3.23	6.15	2.47	2.31
峰面积	493	214	152	531	145	229	573	172	79.2	139	83.7	281.4

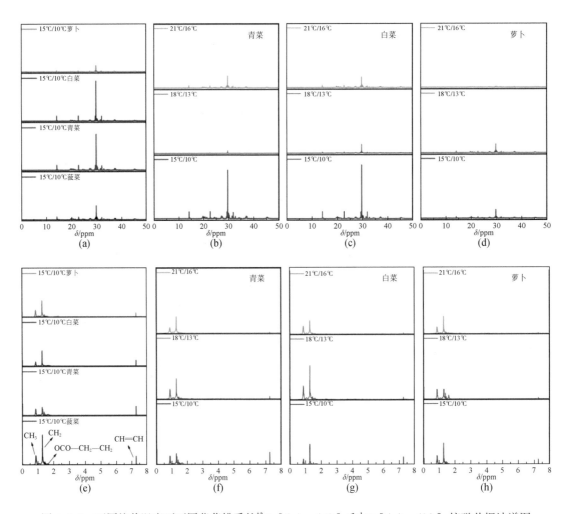

图4-5-3　不同培养温度下不同蔬菜蜡质的¹³C［（a）~（d）］和¹H［（e）~（h）］核磁共振波谱图

促进活性物种的生成（Zhao et al., 2020），进而促进新烟碱类农药光解。四种蔬菜叶片蜡质中的 CH=CH 官能团强度依次为菠菜>青菜>白菜>萝卜，并随着培养温度的升高而降低（表4-5-3），这与四种蔬菜叶片表面新烟碱类农药的光解速率一致。

如图4-5-4（a）所示，不同培养温度下四种蔬菜叶片蜡质中 CH=CH 官能团绝对面积与新烟碱类农药的光解速率常数呈显著正相关关系（$R^2 = 0.64 \sim 0.96$）。表明15℃/10℃条件下蔬菜叶片蜡质中 CH=CH 官能团含量越高，产生的反应物种越多，导致15℃/10℃条件下新烟碱类农药光解速率常数高于21℃/16℃。新烟碱类农药的光解速率常数与 CH$_3$ 官能团含量［$R^2 = 0.21 \sim 0.53$，图4-5-4（b）］和 C—O—C 官能团含量［$R^2 = 0.30 \sim 0.57$，图4-5-4（c）］相关性较弱，与脂肪族碳或羧基无相关性［图4-5-4（d）］。综上所述，蔬菜叶片蜡质中的 CH=CH 官能团可能是导致新烟碱类农药在蔬菜叶片表面光解的关键官能团。

表 4-5-3 不同培养温度下菠菜叶片蜡质的^{1}H NMR 和^{13}C NMR 定量分析

样品	^{1}H NMR 绝对面积		^{13}C NMR 绝对面积	
	>6.9ppm	1~4.7ppm	23~50ppm	7~22ppm
15℃/10℃菠菜	463 838	3 350 830	86 953	21 740
18℃/13℃菠菜	225 780	2 351 167	40 270	5 666
21℃/16℃菠菜	107 502	2 100 535	713	—
15℃/10℃青菜	381 012	2 135 908	117 203	43 068
18℃/13℃青菜	224 832	2 079 921	3 332	—
21℃/16℃青菜	89 444	3 358 277	43 282	6 773
15℃/10℃白菜	334 640	1 647 824	130 448	47 541
18℃/13℃白菜	166 526	1 663 647	19 095	474
21℃/16℃白菜	71 225	1 979 725	70 599	7 199
15℃/10℃萝卜	308 001	1 868 140	32 414	1 361
18℃/13℃萝卜	133 743	2 755 567	30 981	645
21℃/16℃萝卜	43 923	2 512 817	324	—

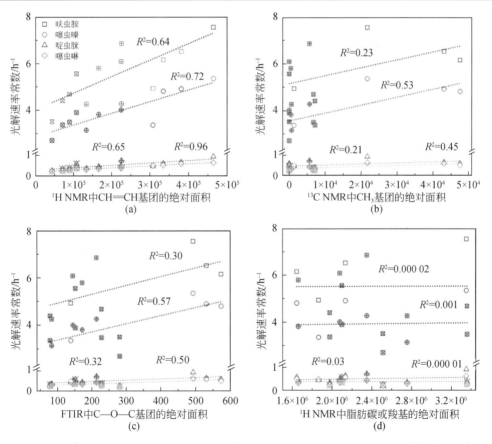

图 4-5-4 120W/m^{2}氙灯照射下三种温度下四种蔬菜叶片表面新烟碱类农药光解速率常数与（a）^{1}H NMR 中 CH＝CH 基团绝对面积、（b）^{13}C NMR 中 CH$_3$基团的绝对面积、（c）傅里叶红外光谱中 C—O—C 基团的峰面积和（d）^{1}H NMR 种脂肪族碳或羧基的绝对面积的关系（$n=12$）

4.6 小　结

在氙灯照射下，新烟碱类农药在菠菜、青菜、白菜和萝卜叶面的光解速率常数存在差异，但均随着蔬菜培养温度的升高而降低。在相同升温幅度下，新烟碱类农药在菠菜、白菜、青菜和萝卜四种蔬菜叶面的光解速率常数均降低，并在四种蔬菜叶片蜡质中均检出·OH。菠菜叶面产生的·O_2^-和较高的·OH 浓度是农药在菠菜叶面光解速率最快的主要原因；而萝卜叶片蜡质的光吸收能力（290~450nm）最大，与农药竞争吸收光，同时其·OH 的浓度最低，导致农药在萝卜叶面的光解速率最低。通过分析不同温度下四种蔬菜叶片蜡质中烯烃、甲基、醚和脂肪碳或者羧基官能团含量与农药光解速率常数的关系，发现烯烃官能团含量与农药光解速率常数呈显著正相关（$R^2 = 0.64 \sim 0.96$），表明叶片蜡质中的烯烃官能团可能在新烟碱类农药光解过程中起重要作用。

蔬菜叶片蜡质中 CH＝CH 官能团含量与蔬菜叶片表面新烟碱类农药的光解速率常数呈线性正相关（$R^2 = 0.64 \sim 0.96$），该模型定量地将蜡质组分与新烟碱类农药的光解速率常数联系起来，为预测其他植物叶片表面农药命运提供了一个有用的工具。此外，蜡质的官能团还可能受到其他气象因素（如湿度、光源和气压）、植物生长年龄和植物种类的影响。未来的工作将建立一个综合考虑上述因素的模型，该模型包含单因子和组合因子下不同植物类型的蜡质组分模块，用于预测实际环境中农药光解速率常数的变化。该模型在农药喷洒前可以兼顾药效和残留，既可以减少农药喷洒剂量，又可以提高经济效益。

参 考 文 献

Acero J L, Real F J, Benitez F J, et al. 2019. Degradation of neonicotinoids by UV irradiation: kinetics and effect of real water constituents. Separation and Purification Technology, 211: 218-226.

Anderson S C, Christiansen A, Peterson A, et al. 2016. Statistical analysis of the photodegradation of imazethapyr on the surface of extracted soybean (*glycine max*) and corn (*Zea mays*) epicuticular waxes. Environmental Science: Processes & Impacts, 18: 1305-1315.

Breithaupt D E, Schwack W. 2000. Photoinduced addition of the fungicide anilazine to cyclohexene and methyl oleate as model compounds of plant cuticle constituents. Chemosphere, 41 (9): 1401-1406.

Bush R T, McInerney F A. 2015. Influence of temperature and C4 abundance on nalkane chain length distributions across the central USA. Organic Geochemistry, 79: 65-73.

Cabras P, Angioni A, Garau V L, et al. 1997. Effect of epicuticular waxes of fruits on the photodegradation of fenthion. Journal of Agricultural and Food Chemistry, 45: 3681-3683.

Carvalho H D, Heilman J L, McInnes K J, et al. 2020. Epicuticular wax and its effect on canopy temperature and water use of Sorghum. Agricultural and Forest Meteorology, 284: 107893.

Chen B, Li Y, Guo Y, et al. 2008. Role of the extractable lipids and polymeric lipids in sorption of organic contaminants onto plant cuticles. Environmental Science & Technology, 42: 1517-1523.

Chen B, Johnson E J, Chefetz B, et al. 2005. Sorption of polar and nonpolar aromatic organic contaminants by plant cuticular materials: role of polarity and accessibility. Environmental Science & Technology, 39: 6138-6146.

Chen D, Zhang Y, Lv B, et al. 2020. Dietary exposure to neonicotinoid insecticides and health risks in the

Chinese general population through two consecutive total diet studies. Environment International, 135: 105399.

Chen J, Xia X, Wang H, et al. 2019. Uptake pathway and accumulation of polycyclic aromatic hydrocarbons in spinach affected by warming in enclosed soil/water- air- plant microcosms. Journal of Hazardous Materials, 379: 120831.

Chen L, Wang P, Liu J, et al. 2011. In situ monitoring the photolysis of fluoranthene adsorbed on mangrove leaves using fiber-optic fluorimetry. Journal of Fluorescence, 21 (2): 765-773.

Choudhury P P. 2017. Leaf cuticle- assisted phototransformation of isoproturon. Acta Physiologiae Plantarum, 39 (188): 1-7.

de Urzedo A P, Diniz M E R, Nascentes C C, et al. 2007. Photolytic degradation of the insecticide thiamethoxam in aqueous medium monitored by direct infusion electrospray ionization mass spectrometry. Journal of Mass Spectrometry, 42 (10): 1319-1325.

Eley Y L, Hren M T. 2018. Reconstructing vapor pressure deficit from leaf wax lipid molecular distributions. Scientific Reports, 8 (1): 1-8.

Eyheraguibel B, Richard C, Ledoigt G, et al. 2010. Photoprotection by plant extracts: a new ecological means to reduce pesticide photodegradation. Journal of Agricultural and Food Chemistry, 58 (17): 9692-9696.

Fan L, Wang J, Huang Y, et al. 2022. Comparative analysis on the photolysis kinetics of four neonicotinoid pesticides and their photo- induced toxicity to *Vibrio Fischeri*: pathway and toxic mechanism. Chemosphere, 287: 132303.

Fu H, Liu H, Mao J, et al. 2016. Photochemistry of dissolved black carbon released from biochar: reactive oxygen species generation and phototransformation. Environmental Science & Technology, 50 (3): 1218-1226.

Fu Q L, Blaney L, Zhou D M. 2018. Identifying plant stress responses toroxarsone in soybean root exudates: new insights from two-dimensional correlation spectroscopy. Journal of Agricultural and Food Chemistry, 66 (1): 53-62.

Gill S S, Tuteja N. 2010. Reactive oxygen species and antioxidant machinery in abiotic stress tolerance in crop plants. Plant Physiology and Biochemistry, 48 (12): 909-930.

Goulson D. 2013. An overview of the environmental risks posed by neonicotinoid insecticides. Journal of Applied Ecology, 50 (4): 977-987.

Hamdache S, Sleiman M, de Sainte-Claire P, et al. 2018. Unravelling the reactivity of bifenazate in water and on vegetables: kinetics and byproducts. Science of the Total Environment, 636: 107-114.

He Y, Sutton N B, Rijnaarts H H, et al. 2016. Degradation of pharmaceuticals in wastewater using immobilized TiO_2 photocatalysis under simulated solar irradiation. Applied Catalysis B: Environmental, 182: 132-141.

Jia H, Li L, Fan X, et al. 2013. Visible light photodegradation of phenanthrene catalyzed by Fe (III) - smectite: role of soil organic matter. Journal of Hazardous Materials, 256: 16-23.

Kim J K, Kang H, Jang D, et al. 2020. Effect of light intensity and temperature on the growth and functional compounds in the baby leaf vegetable plant *peucedanum japonicum* thumb. Horticultural Science and Technology, 822-829.

Koch P L, Kerns J P. 2015. Temperature influences persistence of chlorothalonil and iprodione on creeping bentgrass foliage. Plant Health Progress, 16 (3): 107-112.

Lavieille D, Ter Halle A, Richard C. 2008. Understanding mesotrione photochemistry when applied on leaves. Environmental Chemistry, 5 (6): 420-425.

Li Q, Chen B. 2014. Organic pollutant clustered in the plant cuticular membranes: visualizing the distribution of phenanthrene in leaf cuticle using two- photon confocal scanning laser microscopy. Environmental Science &

Technology, 48 (9): 4774-4781.

Lu J, Chang A C, Wu L. 2004. Distinguishing sources of groundwater nitrate by[1] H NMR of dissolved organic matter. Environmental Pollution, 132 (2): 365-374.

Lu X, Hanna J V, Johnson W D. 2000. Source indicators of humic substances: an elemental composition, solid state 13C CP/MAS NMR and Py-GC/MS study. Applied Geochemistry, 15: 1019-1033.

Lu Z, Challis J K, Wong C S. 2015. Quantum yields for direct photolysis of neonicotinoid insecticides in water: implications for exposure to nontarget aquatic organisms. Environmental Science & Technology Letters, 2 (7): 188-192.

Matsushima K, Ando D, Suzuki Y, et al. 2021. Metabolism of the pyrethroid insecticide momfluorothrin in lettuce (*Lactuca sativa* L.). Journal of Agricultural and Food Chemistry, 69 (22): 6156-6165.

Mattei C, Wortham H, Quivet E. 2019. Heterogeneous degradation of pesticides by OH radicals in the atmosphere: influence of humidity and particle type on the kinetics. Science of the Total Environment, 664: 1084-1094.

Monadjemi S, El Roz M, Richard, C, et al. 2011. Photoreduction of chlorothalonil fungicide on plant leaf models. Environmental Science & Technology, 45 (22): 9582-9589.

Pirisi F M, Angioni A, Cabizza M, et al. 1998. Influence of epicuticular waxes on the photolysis of pirimicarb in the solid phase. Journal of Agricultural and Food Chemistry, 46: 762-765.

Rundlöf M, Andersson G K, Bommarco R, et al. 2015. Seed coating with a neonicotinoid insecticide negatively affects wild bees. Nature, 521 (7550): 77-80.

Schynowski F, Schwack W. 1996. Photochemistry of parathion on plant surfaces: relationship between photodecomposition and iodine number of the plant cuticle. Chemosphere, 33 (11): 2255-2262.

Sleiman M, de Sainte Claire P, Richard C. 2017. Heterogeneous photochemistry of agrochemicals at the leaf surface: a case study of plant activator acibenzolar-*S*-methyl. Journal of Agricultural and Food Chemistry, 65 (35): 7653-7660.

Sun S, Zhou J, Jiang J, et al. 2021. Nitrile hydratases: from industrial application to acetamiprid and thiacloprid degradation. Journal of Agricultural and Food Chemistry, 69 (36): 10440-10449.

Ter Halle A, Drncova D, Richard C. 2006. Phototransformation of the herbicide sulcotrione on maize cuticular wax. Environmental Science & Technology, 40 (9): 2989-2995.

Thompson D A, Lehmler H J, Kolpin D W, et al. 2020. A critical review on the potential impacts of neonicotinoid insecticide use: current knowledge of environmental fate, toxicity, and implications for human health. Environmental Science: Processes & Impacts, 22 (6): 1315-1346.

Todey S A, Fallon A M, Arnold W A. 2018. Neonicotinoid insecticide hydrolysis and photolysis: rates and residual toxicity. Environmental Toxicology and Chemistry, 37 (11): 2797-2809.

Trivella A S, Monadjemi S, Worrall D R, et al. 2014. Perinaphthenone phototransformation in a model of leaf epicuticular waxes. Journal of Photochemistry and Photobiology B: Biology, 130: 93-101.

Tsvetkov N, Samson-Robert O, Sood K, et al. 2017. Chronic exposure to neonicotinoids reduces honey bee health near corn crops. Science, 356 (6345): 1395-1397.

Wang J, Axia E, Xu Y, et al. 2018. Temperature effect on abundance and distribution of leaf wax *n*-alkanes across a temperature gradient along the 400 mm isohyet in China. Organic Geochemistry, 120: 31-41.

Wang Y, Deng Y, Gong D, et al. 2021. Visible light excited graphitic carbon nitride for efficient degradation of thiamethoxam: Removal efficiency, factors effect and reaction mechanism study. Journal of Environmental Chemical Engineering, 9 (4): 105739.

Wasserman H H, Murray R W. 1979. Singlet Oxygen. New York: Academic Press.

Xi N, Li Y, Chen J, et al. 2021. Elevated temperatures decrease the photodegradation rate of pyrethroid insecticides on spinach leaves: implications for the effect of climate warming. Environmental Science & Technology, 55 (2): 1167-1177.

Yamamuro M, Komuro T, Kamiya H, et al. 2019. Neonicotinoids disrupt aquatic food webs and decrease fishery yields. Science, 366: 620-623.

Zhao S, Xue S, Zhang J, et al. 2020. Dissolved organic matter-mediated photodegradation of anthracene and pyrene in water. Scientific Reports, 10 (1): 1-9.

Zhao X, Hu Z, Yang X, et al. 2019. Noncovalent interactions between fluoroquinolone antibiotics with dissolved organic matter: a ^{1}H NMR binding site study and multi-spectroscopic methods. Environmental Pollution, 248: 815-822.

Zhong Z, Li M, Fu J, et al. 2020. Construction of Cu-bridged Cu_2O/MIL (Fe/Cu) catalyst with enhanced interfacial contact for the synergistic photo-Fenton degradation of thiacloprid. Chemical Engineering Journal, 395: 125184.

第5章 气候因子对农田流域非点源氮迁移转化和 N_2O 排放的影响

5.1 引　言

随着人口的增多及生产规模的扩大，越来越多的氮肥被施入农田中，从而产生了大量的非点源氮，造成了一定的非点源污染。非点源氮由于其具有排放时间不固定、排放量不固定以及排放场所不固定的特点，在农田中的迁移转化广受学者关注。除了造成环境污染，非点源氮还可以作为反应底物，在微生物的作用下产生氧化亚氮（N_2O），使农田成为 N_2O 重要的排放源。非点源氮的迁移转化过程与气候因子密切相关，作为反应底物，当气候发生变化时，非点源氮的迁移转化对 N_2O 排放也将产生影响。因此，本研究推测气候因子能通过影响非点源氮在农田土壤中的迁移转化，进而对农田 N_2O 的排放产生影响。

为了验证该科学假设，本章选取了典型农业区渭河上游流域作为研究区，在实地调研的基础上，在 SWAT（soil & water assessment tool）模型中分别于3月初、5月初和6月初设置了三次相同的施肥，利用 SWAT 模型和校正后的 SWAT–N_2O coupler 分别进行非点源氮的迁移转化以及 N_2O 排放的模拟，最后结合渭河上游流域未来的气候预测数据，预测了未来该地区 N_2O 排放的变化特征。

5.2 渭河上游流域 SWAT 模型的构建与运行

5.2.1 研究区概况

渭河是黄河最大的支流，位于中国的黄土高原（牛最荣等，2012）。渭河发源于甘肃省的鸟鼠山，河流自西向东，最终在潼关县境内与黄河汇合。为了消除渭河中下游工业污染源的影响，本研究以渭河干流咸阳站为界，选择了渭河上游流域作为研究区（图 5-2-1）。流域面积约 4.8 万 km^2，流经著名的关中平原，流域内以农业生产为主，人口密度大，耕地的化肥施用量不断增大，造成了严重的非点源污染问题。目前在人类活动和气候变化影响下，破坏了原有的水文循环过程，对非点源氮输出产生了较大的影响（刘蕊蕊，2019），进而对流域内农田土壤 N_2O 排放产生了影响。流域地势西高东低，地貌类型以丘陵和沟壑为主。渭河进入陕西省境内，海拔迅速降低，北部为著名的关中平原，地势平坦，海拔较低，南部为秦岭，多为山脉，海拔较高。整个研究区海拔跨度为 206～3923m（图 5-2-2），高差大，因此 SWAT 模型可以很好地模拟该地区的水文过程。流域在气候上属于温带季风气候区，雨热同期，气候因子在年内变化显著（Zhao et al.，2019）。降水主要集中在 7~10 月，这期间的降水占全年降水量的 60% 以上（Zhou et al.，2020）。此外，该地区位于干旱-湿润地区的交错地带，气候变化较为明显，对非点源氮的迁移转化影响较大，从而严重影响 N_2O 排放。

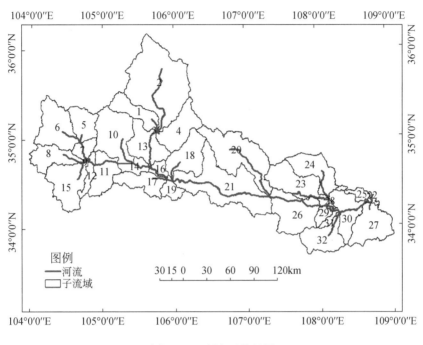

图 5-2-1 研究区位置图

5.2.2 SWAT 模型概述

SWAT 模型是一种基于物理过程的半分布式的水文模型，主要用于模拟流域尺度上的水文循环以及污染物的迁移转化等过程（Wang et al.，2019）。通常 SWAT 模型与 GIS 结合，首先根据研究区的数字高程图将研究区进行划分边界、确定流域出口位置、确定河流网络、计算研究区的坡度等过程，然后根据研究区内坡度分布、土壤分布和土地利用特征划分水文响应单元（hydrological response units，HRU）。HRU 是进行水文循环和污染物迁移转化的最小计算单元，是对研究区下垫面属性的一种概化。此外，SWAT 模型能很好地模拟研究区水文循环和污染物的迁移转化的时空分布。在模拟时间步长方面，SWAT 模型可以模拟小时、日、月、年尺度；在模拟的空间范围方面，包括从小流域到区域尺度的各种级别的流域。该模型在世界各地都有着良好的模拟效果，因而得到了广泛应用（Wang et al.，2016，2018a）。

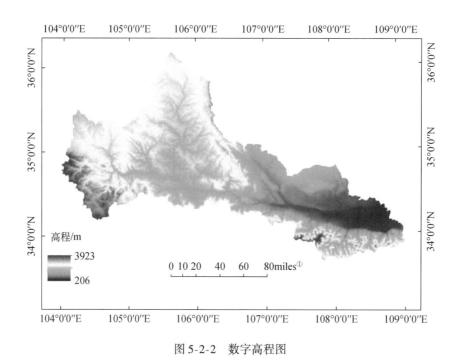

图 5-2-2　数字高程图

5.2.3　SWAT 模型数据库的构建

1）数字高程模型（DEM）与水系数据

研究所需的数字高程模型（digital elevation model，DEM）数据从地理空间数据云网站（http：//www.gscloud.cn）上下载，选用的是 30m 精度的数据（图 5-2-2）。数据下载完毕后，再利用 ArcGIS 软件的水文分析功能进行流域边界的划分以及河网提取。流域划分的前提就是汇水的计算，需要经过计算流向、提取洼地、填注、计算新生成的 DEM 流向、流域计算、集水计算等步骤。最终得到渭河上游流域数字高程图以及流域水系分布图。再根据不断调试河道面积阈值，划分出 32 个子流域（图 5-2-3），子流域相关属性见表 5-2-1。此外，HRU 即水文响应单元，是 SWAT 模型中进行计算的最小的单元，其内部将地物属性进行概化，从而有利于模型的模拟与运算（龚珺夫，2018）。根据此原则，设置合理的参数阈值，最终划分出 1824 个 HRU。

表 5-2-1　子流域属性表

子流域	面积/hm^2	坡度/(°)	纬度/(°N)	经度/(°E)	海拔/m
1	124 269. 67	24. 15	35. 32	105. 45	1 858. 31
2	586 625. 46	21. 20	35. 64	105. 78	1 939. 61

---

①　1mile＝1.609 344km。

子流域	面积/hm²	坡度/(°)	纬度/(°N)	经度/(°E)	海拔/m
3	657. 66	21. 26	35. 11	105. 73	1 462. 37
4	178 759. 37	23. 21	35. 13	106. 07	1 848. 58
5	116 223. 97	22. 39	35. 19	104. 73	2 028. 80
6	230 439. 90	22. 66	35. 15	104. 35	2 219. 21
7	52 975. 37	26. 79	34. 91	104. 75	1 939. 22
8	136 820. 19	34. 71	34. 81	104. 30	2 555. 45
9	5 791. 91	28. 08	34. 76	104. 76	1 842. 30
10	258 297. 99	22. 83	35. 07	105. 16	1 857. 59
11	138 434. 11	30. 83	34. 63	105. 01	1 991. 61
12	48 894. 20	35. 73	34. 61	104. 81	2 209. 73
13	174 872. 40	25. 30	34. 95	105. 60	1 630. 41
14	52 564. 69	26. 94	34. 71	105. 45	1 515. 20
15	217 761. 48	28. 97	34. 52	104. 51	2 533. 28
16	35 594. 75	21. 13	34. 68	105. 78	1 390. 04
17	127 587. 72	26. 80	34. 54	105. 54	1 671. 00
18	184 553. 40	24. 97	34. 82	106. 18	1 770. 00
19	50 985. 76	26. 64	34. 44	105. 95	1 459. 18
20	351 784. 74	25. 26	34. 82	106. 89	1 290. 25
21	467 902. 68	37. 07	34. 49	106. 69	1 410. 86
22	2 086. 59	5. 22	34. 32	108. 72	378. 20
23	202 751. 30	13. 95	34. 51	107. 65	889. 74
24	175 703. 06	20. 15	34. 62	107. 94	1 016. 56
25	44 157. 41	7. 98	34. 34	108. 54	460. 32
26	247 052. 10	30. 98	34. 17	107. 64	1 201. 21
27	198 897. 53	38. 29	33. 99	108. 70	1 110. 83
28	7 967. 40	7. 74	34. 24	108. 15	443. 01
29	44 233. 59	20. 63	34. 16	108. 04	738. 00
30	154 625. 85	24. 91	34. 16	108. 37	709. 53
31	21 571. 09	31. 79	34. 08	108. 13	906. 51
32	159 330. 99	56. 64	33. 88	108. 04	1 711. 51

2）土地利用数据与土壤类型数据

土地利用数据通过 LandSat TM8 遥感影像数据解译而来。先在网站上下载研究区附近的数据集，然后通过拼接再按照子流域边界图裁剪成研究区范围大小，最后通过遥感解译，得到研究区的土地利用类型分布图（图5-2-4），研究区各种土地利用类型面积统计见

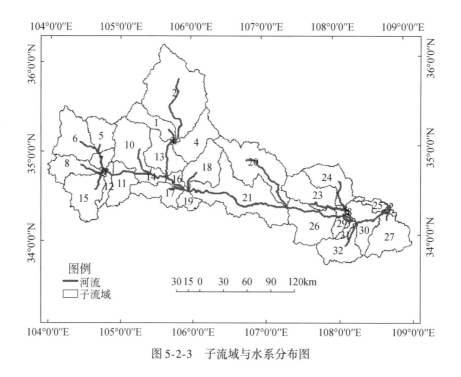

图 5-2-3　子流域与水系分布图

表 5-2-2。土壤类型数据来源于中国科学院南京土壤研究所，同样通过裁剪得到研究区的数据（图 5-2-5）。研究区土壤类型主要有棕黄砂土、黄僵土、红油土、麻灰黑土、山地麻土、坡绵土、淀淤黄土、紫石渣土等。土壤类型分布图和土壤类型属性表分别如图 5-2-5 和表 5-2-3 所示，其中 Z 表示某层土壤的厚度（mm），BD 表示某层土壤容重（g/cm^3）。

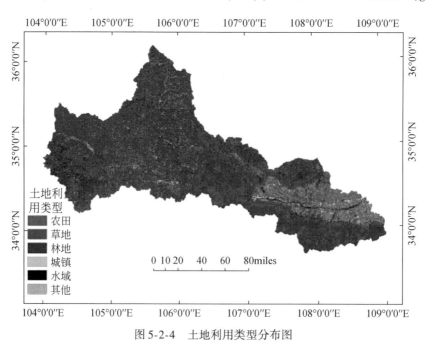

图 5-2-4　土地利用类型分布图

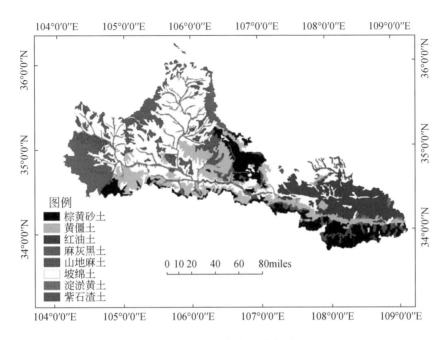

图 5-2-5　土壤类型分布图

表 5-2-2　渭河上游流域土地利用类型面积统计

土地利用类型	代码	面积/hm²	占总面积的百分比/%
农田	AGRL	2 138 446.66	44.55
草地	PAST	1 644 523.64	34.26
林地	FRST	832 539.46	17.34
城市用地	URLD	140 853.64	2.93
水域	WATR	35 156.01	0.73
其他土地	BARR	8 654.90	0.18
总计		4 800 174.31	100

表 5-2-3　土壤类型属性表

土壤	Z1	Z2	Z3	Z4	Z5	BD1	BD2	BD3	BD4	BD5
棕黄砂土	150	80	340	380	0	1.43	1.47	1.54	1.59	0
坡绵土	270	550	680	0	0	1.6	1.61	1.61	0	0
黄僵土	150	50	250	550	0	1.49	1.49	1.49	1.54	0
山地麻土	230	290	400	450	0	1.49	1.46	1.52	1.55	0
红油土	230	120	600	1010	540	1.49	1.53	1.54	1.47	1.55
淀淤黄土	200	200	500	300	0	1.52	1.52	1.52	1.59	0
麻灰黑土	100	630	670	300	0	1.37	1.38	1.51	1.59	0
紫石渣土	140	110	750	0	0	1.52	1.61	1.58	0	0

3）气象数据

气象因子会影响流域水文过程，从而作用于流域内水分的产生与能量的转换，同时也会直接或间接驱动污染物在流域内的迁移转化。因此，气象因子在本研究中起着非常重要的作用，被视为本研究中必不可少的要素。本章所采用的气象数据来源于中国气象局网站（http://www.cma.gov.cn），数据包括 2000～2018 年逐日的降雨、风速、太阳辐射、气温以及湿度等。以下是选用的 15 个气象站点的详细信息（表 5-2-4）。

表 5-2-4　气象站点信息表

序号	站点名	站点号	纬度/（°N）	经度/（°E）	海拔/m
1	临洮	52 986	35.22	103.52	1 893.80
2	华家岭	52 996	35.23	105.01	2 450.60
3	西吉	53 903	35.58	105.43	1 916.50
4	六盘山	53 910	35.40	106.12	2 841.20
5	崆峒	53 915	35.33	106.40	1 346.60
6	岷县	56 093	34.26	104.01	2 315.00
7	陇县	57 003	34.54	106.50	924.20
8	麦积	57 014	34.34	105.52	1 085.20
9	凤翔	57 025	34.31	107.23	781.10
10	太白	57 028	34.02	107.19	1 543.60
11	永寿	57 030	34.42	108.09	994.60
12	武功	57 034	34.15	108.13	447.80
13	秦都	57 048	34.24	108.43	472.80
14	留坝	57 124	33.38	106.56	1 032.10
15	佛坪	57 134	33.31	107.59	827.20

4）水文水质数据

研究所采用的水文水质数据来自监测站点的实测数据，因此数据精度有一定的保障。其中，水文数据来源于水利部黄河水利委员会网站（http://www.yrcc.gov.cn），水质数据来源于陕西省生态环境厅网站（http://sthjt.shaanxi.gov.cn）。水文数据为咸阳站 2002 年 1 月～2017 年 12 月逐月的径流（m³/s）和泥沙数据（kg/m³），水质数据为咸阳站 2012 年 1 月～2017 年 10 月逐月的氨氮（kg）数据。

5）施肥数据

为了获得施肥数据，进行了实地调研以及查阅文献（李亚奇等，2013），在此基础上得到了渭河上游流域的施肥情况，因此本研究在模型中于 3 月初、5 月初和 6 月初设置了三次相同的施肥，施肥量为 280kg N/hm²。施肥的对象是农田，其他土地利用如草地和林地则不考虑施肥。本研究中 3 月代表第一次施肥周期，5 月代表第二次施肥周期，6 月代表第三次施肥周期。

5.2.4　SWAT 模型的率定与验证

本研究采用 SWAT-CUP 程序中的 SUFI-2 算法对模型的参数进行率定和验证。经过模型敏感性和不确定性分析,本研究选择了径流流量、泥沙、氨氮含量对 SWAT 模型进行率定和验证。其中,径流流量和泥沙的率定期是 2002～2012 年,验证期是 2013～2017 年。氨氮率定期是 2012～2015 年,验证期是 2016～2017 年。采用 Nash-Sutcliffe 效率系数(NSE)和相关性系数 R^2 作为目标函数对模拟结果进行评判:

$$NSE = \frac{\sum\limits_{i=1}^{n}(O_i - \bar{O})^2 - \sum\limits_{i=1}^{n}(P_i - O_i)^2}{\sum\limits_{i=1}^{n}(O_i - \bar{O})^2} \tag{5-2-1}$$

$$R^2 = \frac{\left[\sum\limits_{i=1}^{n}(O_i - \bar{O})(P_i - \bar{P})\right]^2}{\sum\limits_{i=1}^{n}(O_i - \bar{O})^2 \sum\limits_{i=1}^{n}(P_i - \bar{P})^2} \tag{5-2-2}$$

式中,O_i 为观测值;$\bar{O}$ 为观测值的平均值;P_i 为模拟值;$\bar{P}$ 为模拟值的平均值。NSE 与 R^2 越接近 1 说明模拟的效果越好。

率定和验证期间,径流和泥沙的 NSE 和 R^2 的值均大于 0.65,这表明模拟效果较好。在率定期间,河水中氨氮含量的 NSE 和 R^2 的值分别为 0.56 和 0.6,在验证期间,分别为 0.63 和 0.85(图 5-2-6)。该率定和验证结果表明,该模型可用于渭河上游流域。

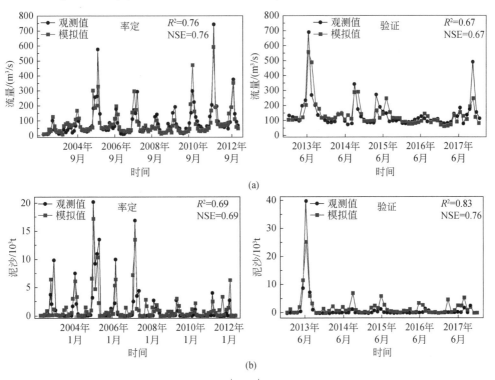

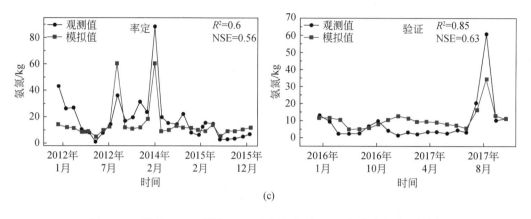

(c)

图 5-2-6　流量（a）、泥沙（b）和氨氮含量（c）的率定和验证结果

5.3　渭河上游流域非点源氮在土壤中的迁移特征

5.3.1　渭河上游流域非点源氮迁移及相关环境因子的时间分布特征

对于年际分布，将 2009 ~ 2018 年三种非点源氮（随地表径流流失的硝酸盐量，NTSR；流失的硝酸盐总量，TNL；流失的有机氮总量，TONL）、水文循环的三个参数（地表径流，SR；产水量，WY；产沙量，SY）以及气候因子（气温，TMP；降水，PRCP）利用 M-K 检验分别做了趋势分析，结果表明只有气温和降水表现为显著增加，其余参数的变化均表现为不显著（表 5-3-1），因此考虑分析该地区参数在年内的变化情况。

表 5-3-1　非点源氮迁移及相关环境因子年际趋势变化

变量	斜率	Z	显著性（90%）
NTSR	−0.037	0.179	否
TNL	−0.204	1.073	否
TONL	0.009	0	否
SR	0.139	0.894	否
WY	−0.013	0.537	否
SY	−0.004	0	否
TMP	0.065	1.610	是
PRCP	0.003	1.431	是

对于年内分布，对气候因子和水文循环参数，渭河上游流域夏季炎热多雨，冬季寒冷干燥，高温和充沛的降水主要集中在每年的 5 ~ 9 月［图 5-3-1（a）］（Zhao et al., 2019；Zhou et al., 2020），受此影响，非点源氮的流失也主要集中在这段时间内。7 月，在降水

量达到顶峰的影响下，地表径流、产水量和产沙量也都达到了最高值［图 5-3-1（b）、（c）和（d）］。在前期土壤水饱和的情况下，过多的降水会以地表径流的形式排出，因而地表径流在 7 月达到年内的最大值（$5.46 \times 10^8 m^3$）（表 5-3-2）。由于降水具有冲刷作用，因此过多的降水会造成土壤侵蚀，从而使产沙量增加（Zhang et al., 2020），在 7 月达到年内的最大值（$9.63 \times 10^6 t$）（表 5-3-2）。与地表径流和产沙量不同的是，产水量在年内会产生两个峰值，分别发生在 7 月（$5.05 \times 10^7 m^3$）和 9 月（$5.31 \times 10^7 m^3$）［图 5-3-1（c），表 5-3-2］。这可能是由于 9 月是降水的次高峰（90.90mm），在此情况下，前期过多的降水还未完全排入河道，新的降水使该地产水量增加，总产水量甚至超过 7 月（表 5-3-2）。通过对气候因子和水文因子在年内分布的分析可以得知，降水是水文因子在年内分布的重要驱动力（刘鸣彦等，2021）。

对于非点源氮的迁移，随地表径流流失的硝酸盐量（NTSR）在每次施肥后都会增加，但是每次施肥后当月流失总量都不一样，第一次最高，为 $1.89 \times 10^5 kg$，第三次最低，为 $6.31 \times 10^4 kg$［图 5-3-1（e），表 5-3-2］。但是到了 7 月，单日随地表径流流失的硝酸盐量又达到一个峰值，这是 7 月的强降水所导致的。到了 9 月，由于降水的又一次增强，随地表径流流失的硝酸盐量又一次升高。流失的硝酸盐总量（TNL）在第二次施肥后最高，为 $1.59 \times 10^6 kg$，在第一次施肥后最低，为 $2.89 \times 10^5 kg$［图 5-3-1（f）表 5-3-2］。这是因为相比于第一次施肥，第二次施肥后降水量更足，导致流失量也更大。此外，由于第一次施肥后土壤中氮的流失量较低（施肥开始与结束时土壤中硝酸盐浓度分别为 29.33mg/kg 和 20.56mg/kg），残留在土壤中的含氮化合物在第二次施肥后降水充足的情况下也一并流失，同样造成第二次施肥后土壤中流失的硝酸盐总量很大。相比于第二次施肥，第三次施肥后硝酸盐流失总量稍低。在第二次施肥前一天，土壤中硝酸盐的浓度为 23.72mg/kg，在施肥周期的最后一天，土壤中硝酸盐的浓度为 25.30mg/kg。这说明第二次施肥后并没有多余的硝酸盐进入第三次施肥周期，造成第三次施肥硝酸盐流失总量比第二次低。但是在 7 月和 9 月，流失的硝酸盐的总量的值又出现几次小高峰，这与这两个月降水的增多有关。流失的有机氮总量（TONL）受到施肥的影响不大，但是会受到产水量的影响，其峰值分别与产水量的峰值对应［图 5-3-1（g）］。流失的有机氮总量在年内于 7 月（$2.56 \times 10^6 kg$）和 9 月（$3.81 \times 10^6 kg$）分别达到峰值［图 5-3-1（g），表 5-3-2］。流失的有机氮总量在施肥周期内的流失总量是第三次最大（$5.64 \times 10^5 kg$），第一次最小（$1.30 \times 10^5 kg$）（表 5-3-2），这与降水和地面产水量的逐渐增加有关。通过对非点源氮的迁移在年内分布的分析可以得知，降水同样是非点源氮迁移在年内分布的重要驱动力（Wang et al., 2018b）。

表 5-3-2　各个变量的各月累计值

月份	PRCP/mm	SR/m³	WY/m³	SY/t	NTSR/kg	TNL/kg	TONL/kg
1	4.28	2.05×10^7	1.12×10^7	1.38×10^5	1.05×10^4	1.10×10^4	2.01×10^4
2	7.80	3.74×10^7	9.20×10^6	2.70×10^5	2.24×10^4	2.82×10^4	4.68×10^4
3	2.23×10	1.07×10^8	1.16×10^7	9.22×10^5	1.89×10^5	2.89×10^5	1.30×10^5
4	3.83×10	1.84×10^8	1.08×10^7	7.74×10^4	2.82×10^4	1.92×10^5	1.57×10^4

续表

月份	PRCP/mm	SR/m³	WY/m³	SY/t	NTSR/kg	TNL/kg	TONL/kg
5	6.64×10	3.18×10^8	1.69×10^7	4.48×10^5	1.53×10^5	1.59×10^6	1.96×10^5
6	6.96×10	3.34×10^8	2.07×10^7	2.42×10^6	6.31×10^4	1.03×10^6	5.64×10^5
7	1.14×10^2	5.46×10^8	5.05×10^7	9.63×10^6	8.38×10^4	7.19×10^5	2.56×10^6
8	9.74×10	4.68×10^8	3.35×10^7	2.82×10^6	1.01×10^4	3.74×10^5	6.38×10^5
9	9.09×10	4.36×10^8	5.31×10^7	3.35×10^6	3.67×10^4	4.99×10^5	3.81×10^6
10	3.93×10	1.88×10^8	2.79×10^7	3.13×10^5	1.39×10^4	2.62×10^5	3.18×10^5
11	1.70×10	8.16×10^7	1.85×10^7	1.93×10^5	1.32×10^4	9.14×10^4	4.17×10^4
12	2.81	1.35×10^7	1.43×10^7	4.88×10^4	3.78×10^3	7.71×10^3	9.62×10^3

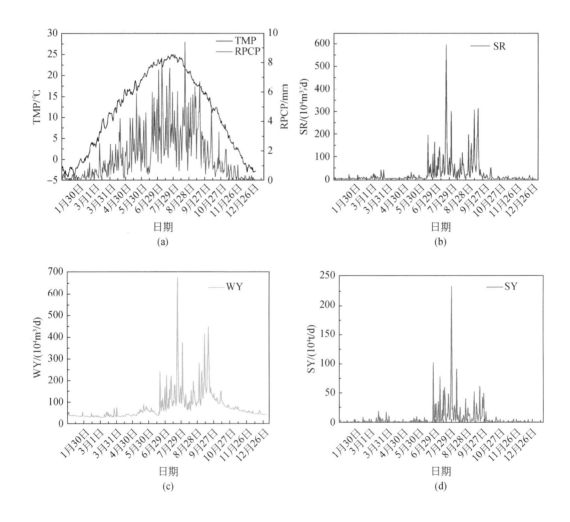

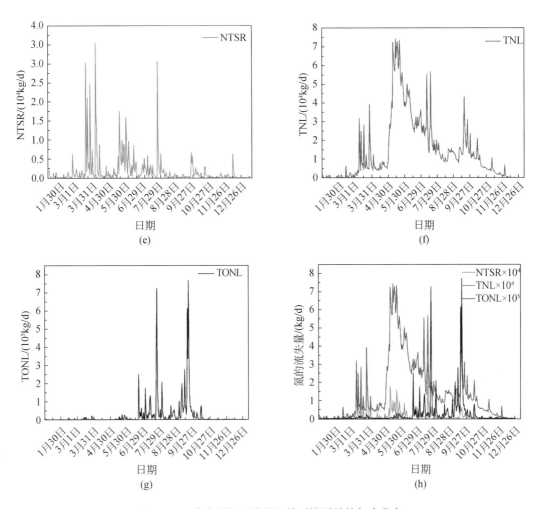

图 5-3-1　非点源氮迁移及相关环境因子的年内分布

5.3.2　渭河上游流域非点源氮迁移及相关环境因子的空间分布特征

对于气候因子，气温基本呈现海拔越高，气温越低的特点，有垂直地带性［图 5-2-2，图 5-3-2（b）］；降水基本呈现从东向西逐渐递减的特点，有经度地带性［图 5-3-2（a）］。渭河干流自西向东进入陕西省境内时，海拔迅速下降，进入著名的关中平原，这里水热条件好，年平均气温和降水高于西部海拔较高的山区。此外，关中平原南部是秦岭，海拔较高，26 号和 32 号子流域正好位于此，由于秦岭山地南面是接受南方湿润气流的迎风坡，因而这两个子流域降水最为充沛。8 号、12 号和 15 号子流域降水比周围高的原因也是如此。从地形图上看，26 号子流域的海拔高于 32 号子流域，因此 26 号子流域的平均气温低于 32 号子流域。

对于水文循环参数，地表径流、产沙量和产水量基本保持空间分布的一致性［图 5-3-

2（c）~（e）］（徐文馨等，2020）。对比降水在空间上的分布图可以发现［图 5-3-2（a）］，水文循环参数在空间上的分布与降水有着很好的对应关系，说明即使在土地利用不同的情况下，降水依然在水文循环参数的空间分布上起着决定性作用。

对于非点源氮的迁移，随地表径流流失的硝酸盐量、流失的硝酸盐总量以及流失的有机氮总量与降水在空间上的分布保持一致性［图 5-3-2（a）、（f）~（h）］。这是由于非点源氮的迁移受到水文因子的强烈影响，而降水会直接影响水文循环参数在空间上的分布（Wang et al.，2018b）。流失的有机氮总量与产沙量分布基本保持一致。这是因为有机氮通常附着在泥沙颗粒上，地表径流造成的土壤侵蚀发生时，会将土壤颗粒连同有机氮一起冲刷进入河道内（Kiani et al.，2018）。此外，这三种类型的非点源氮还呈现出西南大部较低的特点［图 5-3-2（f）~（h）］。通过地形图和土地利用分布图可以发现（图 5-2-2，图 5-2-4），西南大部分主要是海拔较高的山地，以林地和草地为主，因而农业氮肥的施用较少，非点源氮的流失较低。2 号子流域流失的硝酸盐总量较高，但是随地表径流流失的硝酸盐量和流失的有机氮总量较低。原因是其土地利用类型超过一半是农田，有着较高的氮肥施用量，因而流失的硝酸盐总量较高。但是由于该地降水较少，地表径流较少，因此随地表径流流失的硝酸盐量和流失的有机氮总量较低。对于 20 号子流域和 21 号子流域，尽管它们有着相似的气候和水文条件，但是由于 20 号子流域以农田为主，21 号子流域以林地为主，它们的非点源氮流失有着很大的差异。

通过对渭河上游流域非点源氮的迁移及相关环境因子的空间分布特征的分析，可以发现，降水依然是导致非点源氮在空间分布上的重要驱动力。此外，不同土地利用之间的氮肥输入有着很大的差异，因此土地利用也是影响非点源氮在空间分布上的重要影响因素。

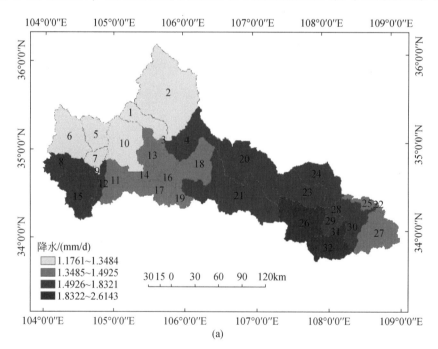

（a）

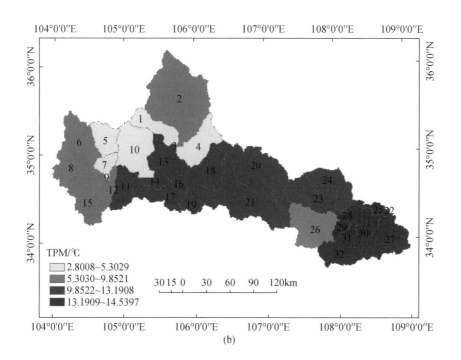

(b)

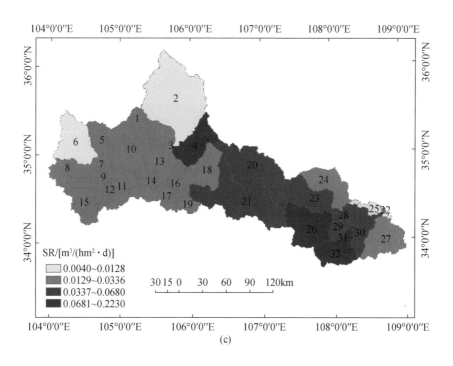

(c)

(b)

(c)

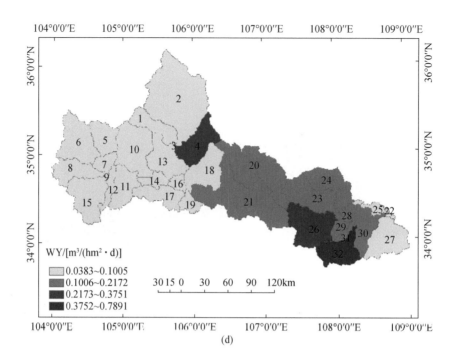

(d)

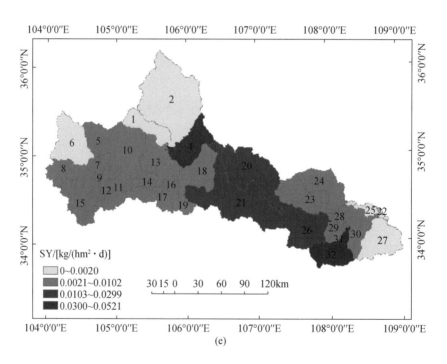

(e)

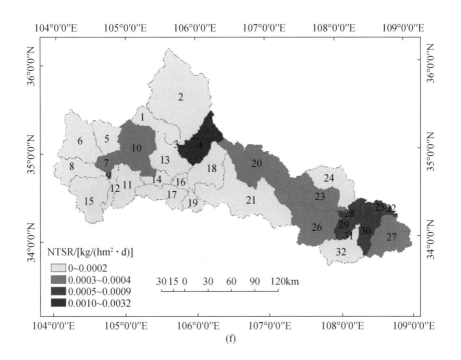

(f)

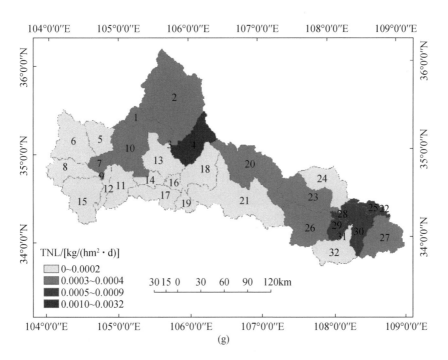

(g)

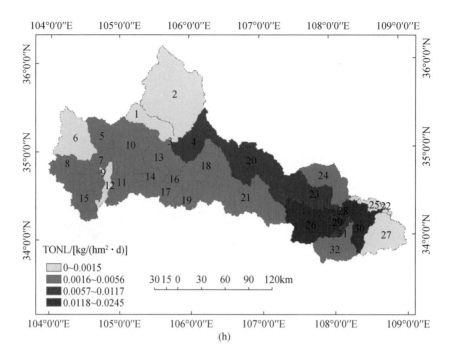

图 5-3-2　环境因子的空间分布

5.3.3　渭河上游流域非点源氮迁移与环境因子的相关性分析

将三种类型的非点源氮的迁移与环境因子之间进行相关性分析（表 5-3-3），结果表明，随地表径流流失的硝酸盐量与降水和地表径流密切相关。流失的硝酸盐总量也与降水和地表径流密切相关，虽然也和气温呈现密切相关的关系，这可能是渭河上游流域水热同期，降水量大的时候气温也高（Wang et al.，2018b），从而造成流失的硝酸盐总量与气温的相关性很高。流失的硝酸盐总量与产水量和产沙量的关系较为密切，但这其中最根本的原因还是降水。对于以上相关性强的变量，它们在空间上的分布也基本上保持着一致性。总的来说，降水是非点源氮迁移的源动力。

表 5-3-3　非点源氮的迁移与环境因子之间的相关性

非点源氮	SR	WY	SY	PRCP	TMP
NTSR	0.222 **	0.080	0.168 **	0.221 **	0.122 *
TNL	0.488 **	0.204 **	0.170 **	0.488 **	0.601 **
TONL	0.500 **	0.866 **	0.755 **	0.500 **	0.263 **

* $p<0.05$。

** $p<0.01$。

5.4 气候因子对 N_2O 排放的影响

5.4.1 SWAT-N_2O coupler 简介与校正

1）SWAT-N_2O coupler 简介

SWAT-N_2O coupler 是针对 SWAT 模型本身不能直接模拟 N_2O 排放而设计的一个模型，模型由基于全球 4488 个观测数据拟合得到的两个经验模型组成（Gao et al., 2019）。该模型用 Python 语言编写，在 ArcGIS 平台上运行。使用时需要将 SWAT 模型与开发的分别适用于水田和旱地的两个经验模型进行耦合，耦合方式为将 SWAT 模型输出的土壤温度、土壤含水量和土壤中硝酸盐含量输入这两个经验模型之中。因为该研究区水田数量极少，因此本章只考虑旱地的 N_2O 排放。在运行 SWAT-N_2O coupler 时，只用到适用于旱地的经验模型，将适用于水田的经验模型设置为关闭模式。

2）SWAT-N_2O coupler 校正

由于 SWAT-N_2O coupler 中的公式是基于全球的数据进行开发的，因此如果要用于渭河上游流域，需要对该公式的结果进行校正，使之符合渭河上游流域的实际情况。因此本研究通过课题组实地观测的数据以及查找文献中的实测数据（李保艳等，2018；孙海妮等，2018；肖杰，2019；王涛，2014；阎佩云等，2013），包括土壤温度、土壤含水量、土壤中硝酸盐含量、土壤 N_2O 排放通量等分布在流域各处共计 6 个采样点的实测数据，对 SWAT-N_2O coupler 中公式的系数进行了校正，再利用校正后的 SWAT-N_2O coupler 对渭河上游流域的 N_2O 排放通量进行模拟。校正后的公式如下：

$$N_2O_{soil} = -3.340 + 0.352 \times S_N + 0.080 \times S_T + 0.040 \times S_W \quad R^2 = 0.82 \qquad (5\text{-}4\text{-}1)$$

式中，N_2O_{soil} 为旱地 N_2O 排放通量，g N/(hm^2 · d)；S_N 为土壤中 NO_3^--N 含量，mg/kg；S_T 为土壤温度，℃；S_W 为土壤含水量，% vol。

5.4.2 渭河上游流域 N_2O 排放通量的时空分布特征

1）时间分布特征

在每次施肥后，N_2O 排放通量快速增加然后达到峰值。由于模型是由经验公式构成的，该经验公式以土壤含水量、土壤温度和土壤中硝酸盐含量为自变量，以 N_2O 排放通量为因变量。因此，在施入氮肥后，硝酸盐含量会立刻提高，因此 N_2O 排放通量会立刻升高。在升高达到顶峰之后，N_2O 排放通量会开始下降（图5-4-1）。但是由于气温和降水的不同，每次下降的程度也不一样。3 月最大下降幅度（N_2O 排放通量最高值与最低值之差与最高值的比）为 9.31%，小于 5 月（61.30%）和 6 月（52.19%）。6 月之后，由于缺少氮肥的施入，N_2O 排放通量持续下降。值得注意的是，第三次施肥后 N_2O 排放通量立刻达到顶峰，但第一次和第二次施肥后，过了一段时间才达到顶峰，且第一次施肥后 N_2O 排放通量达到顶峰所需的时间大于第二次。这说明随着时间的后移，水热条件越来越好，施入的肥料会越来越快转化成土壤中的硝酸盐，进而参与到生物地球化学循环中。虽然非点源氮的流失在 5 月和 6 月显著高于 3 月，不利于 N_2O 的产生，但是由于受到气候因子的影响，三次施肥后 N_2O 的月排放量为 5 月（1.34×10^9g）>6 月（1.30×10^9g）>3 月（5.39×10^8g），呈现随气温增加先增加然后增长率变低以及随降水增加先增加后降低的趋势，具体原因在本节后半部分讨论。

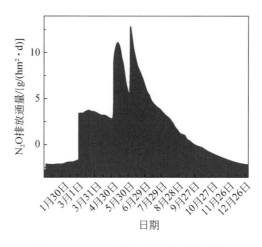

图 5-4-1　N_2O 排放通量在年内的变化

2）空间分布特征

如图 5-4-2 所示，N_2O 排放通量在不同土地利用类型之间有着显著的差异。渭河上游流域农田 [（66.91±94.75）$g/(hm^2 \cdot d)$，$-21.50 \sim 401.80g/(hm^2 \cdot d)$] 的 N_2O 排放通量显著高于草地 [（-17.66 ± 7.05）$g/(hm^2 \cdot d)$，$-32.94 \sim -3.10g/(hm^2 \cdot d)$]、林地 [（$-17.28\pm6.55$）$g/(hm^2 \cdot d)$，$-31.16 \sim -2.41g/(hm^2 \cdot d)$] 和其他土地 [（$-0.83\pm0.34$）$g/(hm^2 \cdot d)$，$-1.54 \sim -0.19g/(hm^2 \cdot d)$]，其他土地显著高于草地和林地，但是草地、林地的 N_2O 排放通量之间并没有显著的差异。

N_2O 排放通量在各子流域之间也有着显著的差异（图 5-4-3）。总的来说，N_2O 排放通量的高值区与农田比例高的区域分布保持一致。农田主要位于流域的西部大片和东北部地区（图 5-2-4），接收了大量的氮肥，因而这里有着很高的 N_2O 排放通量 [$3.81 \sim 5.58g/(hm^2 \cdot d)$]（Ren et al.，2020）。流域西南部和东南部在地形上以山地为主，主要分布着林地和草地（图 5-2-2，图 5-2-4），因而这里的 N_2O 排放通量较低 [$-1.17 \sim 0.44g/(hm^2 \cdot d)$]。例如，对于 20 号子流域和 21 号子流域，尽管它们有着相似的气候条件和水文条件（图 5-3-2），但是 20 号子流域农田的比例达到 38.21%，是一个以农田为主的地块，21 号子流域农田的比例只有 19.09%，林地的比例有 39.55%，是一个以林地为主的地块（表 5-4-1）。20 号子流域在接收了大量氮肥的情况下，尽管非点源氮的流失量也较大，但是由于氮肥充足，其 N_2O 排放通量比 21 号子流域高。此外，通过将地形分布图、降水分布图、气温分布图以及 N_2O 排放通量分布图进行对比可以发现（图 5-2-2，图 5-3-2，图 5-4-3），N_2O 排放通量的高值区并不是降水量最大的地区，也不全是气温最高的区

域。只有在气温和降水都适中的农田比例较高的地区，N_2O 排放通量才可能达到最大
（Castaldi，2000；赵苗苗等，2018）。这说明 N_2O 排放通量不仅受到土地利用的影响，还
受到气候因子的强烈影响。例如，对于 2 号、13 号、14 号和 16 号子流域，这些子流域农
田的比例分别达到了 57.60%、59.96%、60.65%、63.98%，都是典型的农业用地（表 5-
4-1），它们的 N_2O 排放通量很高。但是这些地区降水量和气温并不高，相反，2 号子流域
的降水量还处于偏低的水平。在这种气候条件下，土壤中非点源氮的流失量较少，因而产
生的 N_2O 就较多。

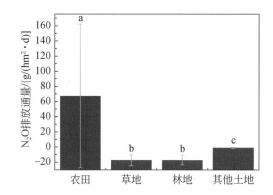

图 5-4-2　不同土地利用类型之间 N_2O 排放通量的差异

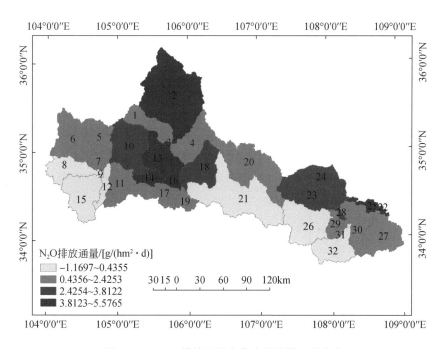

图 5-4-3　N_2O 排放通量在各个子流域上的分布

表 5-4-1　典型子流域内各种土地利用类型面积情况

子流域	农田/hm²	草地/hm²	林地/hm²	其他土地/hm²	农田的比例/%	草地的比例/%	林地的比例/%
2	338 356.60	215 626.89	14 760.17	18 700.93	57.60	36.71	2.51
13	105 003.74	57 847.69	5 129.98	7 143.29	59.96	33.03	2.93
14	31 928.16	16 673.58	1 250.15	2 788.64	60.65	31.67	2.37
16	22 807.27	9 980.44	567.45	2 290.95	63.98	28.00	1.59
20	134 605.02	126 760.81	80 277.51	10 633.74	38.21	35.98	22.79
21	89 168.47	181 559.88	184 724.82	11 567.94	19.09	38.88	39.55

5.4.3　N_2O 排放通量与气候因子以及其他环境因子之间的关系

降水和 N_2O 排放通量（$R^2 = 0.7759$，图 5-4-4）以及气温和 N_2O 排放通量（$R^2 = 0.8000$，图 5-4-4）都可以拟合成一元二次方程。从图 5-4-4 可以看出，当降水增加时，N_2O 排放通量先增加后降低，当气温增加时，N_2O 排放通量先增加然后增长速率减小，这与气温和降水较高的地区，N_2O 排放通量不是最高的结论是对应的。从拟合公式中可以得出，当月平均气温超过 23.00℃、平均月降水超过 78.80mm 时，N_2O 排放通量随着气温和降水的增加而降低，但是渭河上游流域月平均气温最高是 7 月的 22.00℃，没有超过 23.00℃，此时气温对 N_2O 排放通量的促进作用逐渐趋于零。渭河上游流域的平均月降水量最大可以达到 114.00mm，远超 78.80mm 这个阈值，因此渭河上游流域在年内存在一段时间其降水对 N_2O 排放通量起抑制作用。对于水文循环参数，产水量和 N_2O 排放通量可以拟合成幂函数 [$R^2 = 0.7549$，图 5-4-5（b）]。地表径流和 N_2O 排放通量 [$R^2 = 0.7301$，图 5-4-5（a）] 以及产沙量和 N_2O 排放通量 [$R^2 = 0.3915$，图 5-4-5（c）] 可以拟合成对数函数。这些说明随着产水量、地表径流以及产沙量的增加，N_2O 排放通量一开始快速增加然后增长率逐渐减小。对于非点源氮的迁移，随地表径流流失的硝酸盐量 [$R^2 =$

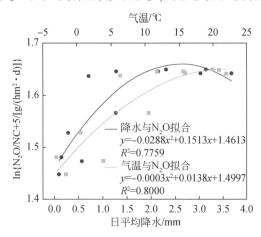

图 5-4-4　N_2O 排放通量与气候因子之间的拟合

0.4471，图 5-4-4（d）]、流失的硝酸盐总量 [$R^2 = 0.7363$，图 5-4-5（e）] 以及流失的有机氮总量 [$R^2 = 0.4021$，图 5-4-5（f）] 与 N_2O 排放通量之间可以拟合成对数函数。这些说明随着随地表径流流失的硝酸盐量、流失的硝酸盐总量以及流失的有机氮总量的增加，N_2O 排放通量一开始快速增加然后增长率逐渐减小。

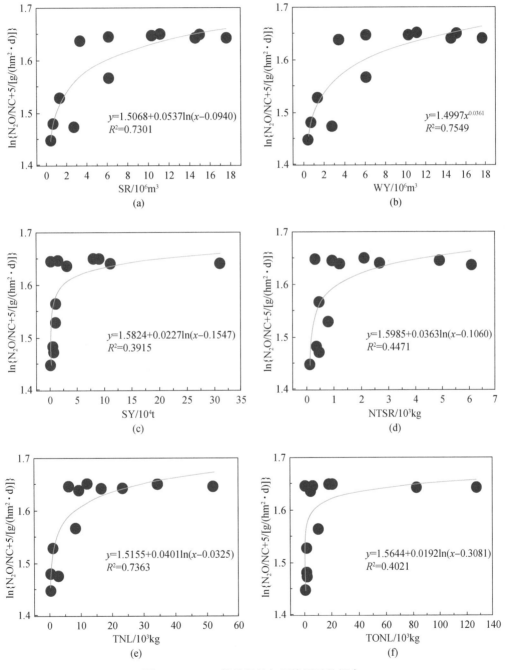

图 5-4-5　N_2O 排放通量与环境因子的拟合

接着，对环境变量进行了逐步回归分析，挑选出对 N_2O 排放通量影响最大的几个参数（表5-4-2）。结果表明相关环境因子的标准化系数大小依次为 $S_{NC} > S_{TMP} > S_{lgPRCP} > S_{WY} > S_{TNL}$。这反映在所有的因素中，土壤硝酸盐含量（NC）作为反应底物的因素，它对 N_2O 排放通量的贡献最大（李阳和陈敏鹏，2021）。气温对 N_2O 排放通量的贡献排名第二，尽管 N_2O 排放通量与气温的拟合结果表明，N_2O 排放通量会随着气温升高先升高后降低（Castaldi，2000），但是从总体来看，气温对 N_2O 排放的促进作用还是远大于抑制作用。不同于气温的是，同样作为气候因子的降水对 N_2O 排放通量的贡献较低。N_2O 排放通量与降水的拟合结果表明，N_2O 排放通量随着降水也是先升高后降低（赵苗苗等，2018），但是综合来看，降水对 N_2O 排放的促进作用被抑制作用抵消了大部。不同于以上三个环境因子，流失的硝酸盐总量和产水量的标准化系数均为负数，说明流失的硝酸盐总量与产水量对 N_2O 排放起抑制作用。产水量越大，流失的硝酸盐总量越多，对 N_2O 排放越抑制。

表5-4-2 各种环境因子对 N_2O 排放通量影响的逐步回归分析

变量	标准化系数	R^2	p	N
NC	0.62			
TMP	0.47			
lgPRCP	0.15	0.93	<0.001	365
TNL	−0.10			
WY	−0.06		0.002	

为了考虑气候因子之间的交互影响，本研究又对逐步回归分析中的几个参数做了通径分析（表5-4-3），结果显示，降水的直接相关系数为 0.020，气温的直接相关系数为 0.565。这反映该研究区降水对 N_2O 排放的直接影响是微弱的促进作用，气温对 N_2O 排放的直接影响是很强的促进作用（戈小荣等，2018；杨凤云和付宏臣，2020）。降水通过气温进而对 N_2O 排放的间接相关系数是 0.395，气温通过降水进而对 N_2O 排放的间接相关系数是 0.014。这反映气温在降水对 N_2O 排放的影响中起到了非常重要的促进作用，而降水在气温对 N_2O 排放的影响中起到的促进作用有限。

表5-4-3 影响 N_2O 排放的各因素的通径分析

变量	相关系数	直接相关系数	间接相关系数					间接相关系数的和
			PRCP	TMP	TNL	NC	WY	
PRCP	0.512	0.020		0.395	−0.041	0.173	−0.035	0.492
TMP	0.827	0.565	0.014		−0.051	0.323	−0.024	0.262
TNL	0.728	−0.085	0.010	0.340		0.474	−0.010	0.814
NC	0.849	0.606	0.006	0.301	−0.066		0.003	0.244
WY	0.179	−0.051	0.014	0.265	−0.017	−0.032		0.230

5.4.4 气候因子通过影响非点源氮迁移转化进而影响 N_2O 排放的过程

通过分析 N_2O 排放通量的时空分布与气候因子、非点源氮迁移以及水文因子的时空分布之间的关系可以得出，N_2O 排放通量与气候因子和土地利用类型有着密切的关系。通过逐步回归分析可以进一步总结得到气温在 N_2O 排放中扮演着最主要的促进作用，降水是非点源氮迁移的源动力，但是其对 N_2O 排放的影响是复杂的（表5-4-2）。

在 3 月初的第一次施肥后，N_2O 排放通量迅速增加，但还是过了一段时间后才达到峰值。此次施肥后 N_2O 排放通量的峰值比后两次施肥后的峰值低很多。这是因为此时气温和降水量较低 [图 5-4-6（a）]，不利于 N_2O 产生。N_2O 排放通量达峰之后，它并没有迅速下降（下降幅度仅为9.31%）。这可能是由于在气温和降水量较低的情况下，首先，肥料进入土壤后并没有完全分解，未分解的氮肥还可以为后续的土壤继续提供一段时间的硝酸盐。其次，降水量较低，与之相关的产水量和地表径流的值也较低 [图 5-4-6（b）、（c）]，土壤中只有很小一部分的氮被水流冲刷进入河道（Wang et al.，2018b）。这两个因素都将使 N_2O 排放通量下降较慢，下降幅度较低。值得注意的是，在此期间，随地表径流流失的硝酸盐量比后两次施肥后要高 [图 5-4-6（e）]。这可能是因为在此期间，由于土壤长时间处于干旱的情况，土壤板结严重，降水不容易通过淋溶的方式将硝酸盐带入地下水，而容易通过超渗产流的方式形成地表径流从而把硝酸盐带入河道。尽管随地表径流流失的硝酸盐量比后两次施肥后高，但是由于此次施肥后，流失的硝酸盐总量很低 [图 5-4-6（f）]，因而较高的随地表径流流失的硝酸盐量并不会对 N_2O 排放通量造成太大的影响。此外，由于降水较少，这段时间内流失的有机氮总量也处于一个较低的水平（1.30×10^5 kg）[图 5-4-6（g）]，所以对 N_2O 排放通量造成的影响不大（图5-4-6）。

在 5 月初的第二次施肥后，由于较高的气温和较充足的降水 [图 5-4-6（a）]，N_2O 排放通量迅速增加（Davidson and Swank，1986）。然而，在 N_2O 排放通量达到峰值之后便开始迅速下降，而且下降幅度很大（61.30%）。SWAT 模型中有着完整的氮循环过程，在气温较高时，模拟的氨挥发也加剧，从而降低土壤中氮的含量。因此推测在气温较高时，土

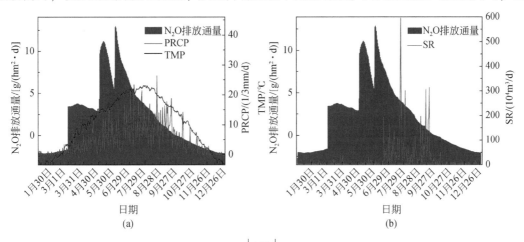

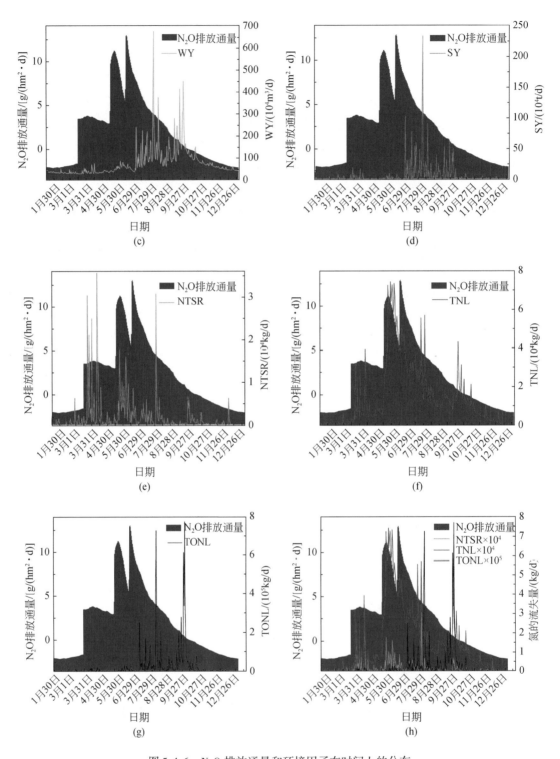

图 5-4-6　N_2O 排放通量和环境因子在时间上的分布

壤中的氨会更容易挥发（Duan et al., 2019；Koponen et al., 2004），这会抑制硝化反应的进行，从而不利于 N$_2$O 的产生。5 月平均气温（15.6℃）在年内较高，因而对 N$_2$O 产生一定的抑制作用，但还是以促进作用为主。此外，在此期间，降水比 3 月更高 ［图 5-4-6（a）］，平均月降水量（66.4mm）接近使 N$_2$O 排放通量随降水的增加由增加到下降的拐点——78.80mm，此时较高的降水量会导致较高的产水量和地表径流 ［图 5-4-6（b）、（c）］，从而使土壤中的硝酸盐大量流失（Zhang et al., 2020），对 N$_2$O 的产生有一定的抑制作用，但仍然以促进作用为主。此外，5 月流失的硝酸盐总量很高 ［图 5-4-6（f）］，但是随地表径流流失的硝酸盐量相对较低 ［图 5-4-6（e）］。这说明相比于第一次施肥，随着水流的下渗，水流对硝酸盐的淋溶作用加强，硝酸盐更多是通过壤中流或者地下径流的方式流入河道。这部分硝酸盐更多的是在土壤深处，由于比地表更缺氧，也更容易产生 N$_2$O（Hu et al., 2015），因此这部分硝酸盐的流失会加速 N$_2$O 排放通量的下降。在这段时间里，由于降水还未达到一年的峰值，土壤不容易被侵蚀，所以流失的有机氮总量也不高 ［图 5-4-6（g）］，因而这部分氮对 N$_2$O 排放通量的影响不大（图 5-4-6）。

在 6 月初的第三次施肥后，在高温和充沛的降水下，N$_2$O 排放通量迅速增加。在 N$_2$O 排放通量达到峰值后由于缺少氮肥的施入便开始迅速下降，一直持续到后一年的第一次施肥前。在这期间，由于水热条件更好，土壤中的氨挥发和非点源氮流失比 5 月更强，造成 N$_2$O 排放通量达峰后持续下降。但不同于前两次施肥的是，流失的有机氮总量在降水量很高的情况下也很高（5.64×10^{5}kg）［图 5-4-6（g）］。7~9 月，在降水量较大的情况下，地表径流和产水量均很高 ［图 5-4-6（b）、（c）］，造成程度较高的土壤侵蚀（Lin et al., 2020），导致了流失的有机氮总量较高 ［图 5-4-6（g）］。在这期间，由有机氮转化而来的溶解态的氮与土壤中原有的溶解态氮均会在地面产水较多的情况下被大量冲刷淋溶进入河道 ［图 5-4-6（b）、（f）］，从而加速 N$_2$O 排放通量的降低（图 5-4-6）。

与 3 月相比，5 月的气温和降水较高，有利于 N$_2$O 产生，N$_2$O 排放总量较高。但是 6 月气温和降水过高，与 5 月相比，存在不利于 N$_2$O 产生的因素，因而 N$_2$O 排放总量低于 5 月（图 5-4-7）。

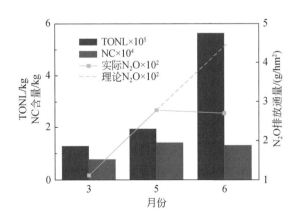

图 5-4-7　三次施肥后氮的流失与 N$_2$O 排放通量

5.4.5　未来气候变化下 N_2O 排放通量的变化

1）RegCM4.4 与 RCP 情景概述

与全球气候模式相比，区域气候模式具有分辨率高的特点。本研究采用区域气候模式 RegCM4.4（Regional Climate Model version 4.4），气候变化模拟数据由 CMIP5（Coupled Model Intercomparison Project Phase 5）中 HadGEM2-ES（Hadley Center Global Environment Model version 2-Earth System configuration）的全球气候模式驱动区域气候模式 RegCM4.4 模拟得到（Gao et al.，2017；Han et al.，2017；Shi et al.，2018），其水平分辨率是 25km。对模拟结果进行基于 delta 分位数映射（quantile delta mapping，QDM）方法的误差订正，以消除系统性误差（Cannon et al.，2015；Han et al.，2019；Tong et al.，2021）。相关数据由项目合作单位国家气候中心提供。

RCPs（Representative Concentration Pathways）是温室气体典型排放路径。研究人员根据人类社会生产生活的情况，设置了不同等级的温室气体的排放情况，通常使用较多的是低（RCP2.6）、中（RCP4.5）、高（RCP8.5）这三种排放路径。将不同排放路径与驱动气候模式得到的未来数据结合，可以得到研究区在不同温室气体排放路径下气候的变化情况（Fenech et al.，2021）。

2）气候变化下 N_2O 排放通量的变化

先将 2009~2018 年 N_2O 排放通量与气温和降水进行拟合，可以得到以下公式：

$$\ln(N_2O+3) = 0.04\lg PRCP + 0.85\ln(TMP+5) - 0.83 \qquad R^2 = 0.70 \qquad (5\text{-}4\text{-}2)$$

使用区域气候模式 RegCM4.4 以及三种 RCP 排放路径（RCP2.6、RCP4.5、RCP8.5）去模拟 2021~2080 年的气候。然后使用未来气候数据带入公式得到未来的 N_2O 排放通量。结果表明：在 RCP2.6 情景下，气温、降水以及 N_2O 排放通量的变化量分别为 0.043℃/10a、-0.021mm/10a、0.010g/（$hm^2 \cdot d \cdot 10a$），但是变化并不显著。在 RCP4.5 情景下，气温、降水以及 N_2O 排放通量的变化量分别为 0.375℃/10a、-0.002mm/10a、0.090g/（$hm^2 \cdot d \cdot 10a$），其中降水的变化不显著。在 RCP8.5 情景下，气温、降水以及 N_2O 排放通量的变化量分别为 0.704℃/10a、-0.022mm/10a、0.180g/（$hm^2 \cdot d \cdot 10a$），其中降水的变化不显著（图5-4-8）。

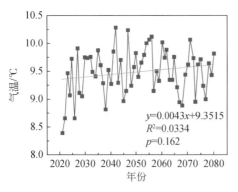
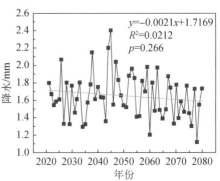

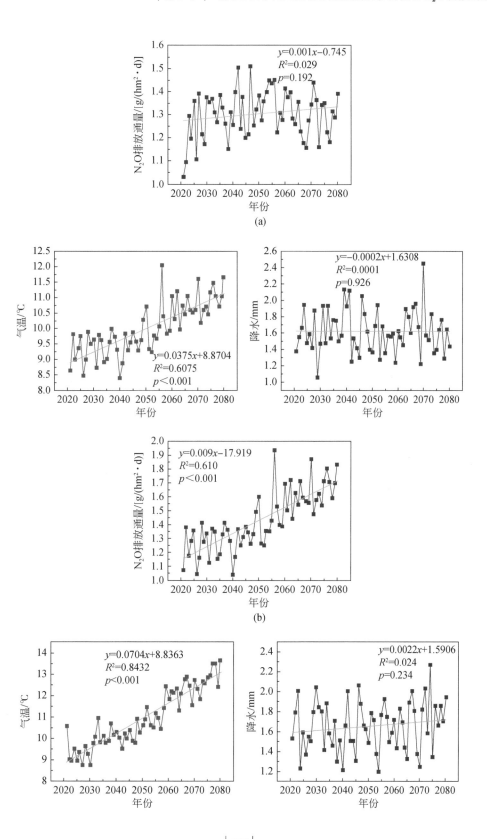

(a)

(b)

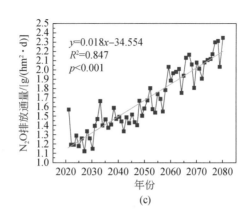

图 5-4-8　RCP2.6（a）、RCP4.5（b）、RCP8.5（c）情景下
2021～2080 年气温、降水以及 N_2O 排放通量的变化情况

以上结果说明，渭河上游流域在未来 60 年内，不管是哪种气候情景，气温一直呈现上升趋势，且随着 RCP 情景的增强，气温上升的幅度变大。降水在未来的变化不明显，在 RCP2.6 和 RCP4.5 情景下，降水呈现微弱的下降趋势，在 RCP8.5 的情景下，降水才呈现微弱的上升趋势。但是随着 RCP 情景的增强，降水逐渐由下降趋势变为上升趋势。N_2O 排放通量在未来一直呈现上升趋势，且随着 RCP 情景的增强，上升的幅度也在变大。这说明渭河上游流域尽管未来降水的趋势不明朗，但是 N_2O 排放通量始终是增大的。因此，为了达到减排的目的，就必须要加以人为调控。

5.5　小　结

本研究分别利用 SWAT 模型和校正后的 SWAT-N_2O coupler 对渭河上游流域 2009～2018 年非点源氮的迁移以及相关环境变量和 N_2O 排放通量进行了模拟，通过 Python 编程来处理 1824 个 HRU 10 年逐日输出的数据，从而得到各种变量在时间上的分布，进而通过 ArcGIS 软件得到了各种变量在空间上的分布。通过时空分析，相关性分析，N_2O 排放通量与气候因子、非点源氮的迁移、水文因子的拟合与逐步回归分析，揭示气候因子通过影响非点源氮的迁移转化进而影响 N_2O 排放的具体过程。最后利用未来气候变化情况得到了未来 N_2O 排放通量的变化情况。主要结果如下。

（1）非点源氮的迁移方面：渭河上游流域三种类型的非点源氮（随地表径流流失的硝酸盐量、流失的硝酸盐总量、流失的有机氮总量）的迁移在年际趋势上没有显著变化，但是在年内变化呈现受气候因子尤其是降水的影响较大的特点。一般来说，夏季高温多雨，容易造成非点源氮的流失。降水在时间分布上对非点源氮的流失起到了重要的作用。此外，受到降水的影响，非点源氮的流失在空间分布上与降水保持一致。此外，渭河上游流域三种类型的非点源氮的流失受到土地利用类型的影响较大。农田分布比例越高的地区，其非点源氮的流失也较大，降水在空间分布上对非点源氮的流失起到重要的作用。从总体来看，降水是非点源氮迁移的源动力。

（2）N_2O 排放的时空分布方面：渭河上游流域 N_2O 排放在时间上表现为每次施肥后都有不同程度的快速升高，在达到顶峰后又会由于气候因子的影响呈现不同程度的下降，其中，3月的最大下降幅度为 9.31%，小于 5月（61.30%）和 6月（52.19%）。从年内分布来看，N_2O 排放通量呈现随气温增加先增加然后增长率变低以及随降水增加先增加后降低的趋势。三次施肥后 N_2O 的月排放量为 5月（1.34×10^9g）>6月（1.30×10^9g）>3月（5.39×10^8g）。在空间上，不同土地利用类型之间 N_2O 排放存在着较大的差异，分布较多农田的地区或子流域，其 N_2O 排放通量也较高。

（3）气候因子通过影响非点源氮的迁移转化进而影响 N_2O 排放方面：通过对 N_2O 排放通量和环境因子进行拟合，发现渭河上游流域 N_2O 排放通量呈现随气温增加先增加然后增长率变低以及随降水增加先增加后降低的趋势。N_2O 排放通量随产沙量、产水量、地表径流、随地表径流流失的硝酸盐量、流失的硝酸盐总量、流失的有机氮总量的增加一开始迅速增加然后增长率逐渐减小。进一步通过逐步回归分析可以得出，在气候因子中，气温对 N_2O 排放的贡献最大，降水对 N_2O 排放的贡献较小，原因是从整个过程来看，降水对 N_2O 排放的抑制作用抵消了大部分促进作用。在气温和降水较低时，气温的升高和降水的增加提高了土壤中微生物的活性，促进了 N_2O 排放。当气温过高（月平均气温>23.00℃）和降水过多（月平均降水>78.80mm）时，土壤中发生的氨挥发以及非点源氮大量流失不利于 N_2O 排放。因此，渭河上游流域 N_2O 排放通量随气温增加先增加然后增长率变低以及随降水增加先增加后降低。此外，在不同阶段，受到气候因子的影响，流失的非点源氮也不一样。第一次施肥以随地表径流流失的硝酸盐为主；第二次施肥和第三次施肥均以硝酸盐和有机氮为主。未来气候发生变化时，渭河上游流域气温呈现上升的趋势，但是降水的趋势不明显。在此情况下，N_2O 排放通量依然呈现上升的趋势。

参 考 文 献

戈小荣，王俊，张祺，等. 2018. 不同降水格局下填闲种植对旱作冬小麦农田夏闲期土壤温室气体排放的影响. 草业学报，27（5）：27-38.

龚珺夫. 2018. 无定河流域水沙变化及侵蚀能量空间分布研究. 西安：西安理工大学.

李保艳，邱炜红，惠晓丽，等. 2018. 长期施用化肥氮对黄土高原麦田 N_2O 排放的影响. 西北农林科技大学学报（自然科学版），46（5）：50-58.

李亚奇，康银孝，王银福，等. 2013. 陕西省宝鸡市陈仓区粮食作物施肥现状调查与对策. 陕西农业科学，59（5）：167-168，175.

李阳，陈敏鹏. 2021. 中国农业源甲烷和氧化亚氮排放的影响因素. 环境科学学报，41（2）：710-717.

刘鸣彦，房一禾，孙凤华，等. 2021. 气候变化和人类活动对太子河流域径流变化的贡献. 干旱气象，39（2）：244-251.

刘蕊蕊. 2019. 气候变化和人类活动对渭河流域径流量的影响. 西北水电，（3）：7-11.

牛最荣，赵文智，刘进琪，等. 2012. 甘肃渭河流域气温、降水和径流变化特征及趋势研究. 水文，32（2）：78-83，87.

孙海妮，岳善超，王仕稳，等. 2018. 有机肥及补充灌溉对旱地农田温室气体排放的影响. 环境科学学报，38（5）：2055-2065.

王涛. 2014. 黄土高原源区陇东苜蓿草地 N_2O 释放通量及其影响因素的研究. 兰州：兰州大学.

肖杰. 2019. 长期不同施肥下旱地塿土 N_2O 排放特征及模拟研究. 杨陵：西北农林科技大学.

徐文馨，陈杰，顾磊，等. 2020. 长江流域径流对全球升温 1.5℃与 2.0℃的响应. 气候变化研究进展，16（6）：690-705.

阎佩云，刘建亮，沈玉芳，等. 2013. 黄土旱塬旱作覆膜春玉米农田 N_2O 排放通量及影响因素研究. 农业环境科学学报，32（11）：2278-2285.

杨凤云，付宏臣. 2020. 多年冻土区氧化亚氮通量研究进展. 林业科技，45（6）：55-59.

赵苗苗，张文忠，裴瑶. 2018. 农田温室气体 N_2O 排放研究进展. 作物杂志，29（4）：25-31.

Cannon A J, Sobie S R, Murdock T Q. 2015. Bias correction of GCM precipitation by quantile mapping：how well do methods preserve changes in quantiles and extremes？. Journal of Climate, 28（17）：6938-6959.

Castaldi S. 2000. Responses of nitrous oxide, dinitrogen and carbon dioxide production and oxygen consumption to temperature in forest and agricultural light-textured soils determined by model experiment. Biology and Fertility of Soils, 32（1）：67-72.

Davidson E A, Swank W T. 1986. Environmental parameters regulating gaseous nitrogen losses from two forested ecosystems via nitrification and denitrification. Applied and Environmental Microbiology, 52（6）：1287-1292.

Duan P, Song Y, Li S, et al. 2019. Responses of N_2O production pathways and related functional microbes to temperature across greenhouse vegetable field soils. Geoderma, 355：113904.

Fenech S, Doherty R M, O'Connor F M, et al. 2021. Future air pollution related health burdens associated with RCP emission changes in the UK. Science of The Total Environment, 773：145635-145635.

Gao X, Ouyang W, Hao Z, et al. 2019. SWAT-N_2O coupler：an integration tool for soil N_2O emission modeling. Environmental Modelling & Software, 115：86-97.

Gao X, Shi Y, Han Z, et al. 2017. Performance of RegCM4 over major river basins in China. Advances in Atmospheric Sciences, 34（4）：441-455.

Han Z, Shi Y, Wu J, et al. 2019. Combined dynamical and statistical downscaling for high-resolution projections of multiple climate variables in the Beijing-Tianjin-Hebei region of China. Journal of Applied Meteorology and Climatology, 58（11）：2387-2403.

Han Z, Zhou B, Xu Y, et al. 2017. Projected changes in haze pollution potential in China：an ensemble of regional climate model simulations. Atmospheric Chemistry and Physics, 17（16）：10109-10123.

Hu H W, Chen D, He J Z. 2015. Microbial regulation of terrestrial nitrous oxide formation：understanding the biological pathways for prediction of emission rates. FEMS Microbiology Reviews, 39（5）：729-749.

Kiani F, Behtarinejad B, Najafinejad A, et al. 2018. Simulation of nitrogen and phosphorus losses in loess landforms of northern Iran. Eurasian Soil Science, 51（2）：176-182.

Koponen HT, Flöjt L, Martikainen P J. 2004. Nitrous oxide emissions from agricultural soils at low temperatures：a laboratory microcosm study. Soil Biology & Biochemistry, 36（5）：757-766.

Lin J, Guan Q, Tian J, et al. 2020. Assessing temporal trends of soil erosion and sediment redistribution in the Hexi Corridor region using the integrated RUSLE-TLSD model. Catena, 195：104756.

Ren X, Zhu B, Bah H, et al. 2020. How tillage and fertilization influence soil N_2O emissions after forestland conversion to cropland. Sustainability, 12（19）：7947.

Shi Y, Wang G, Gao X. 2018. Role of resolution in regional climate change projections over China. Climate Dynamics, 51（5-6）：2375-2396.

Tong Y, Gao X, Han Z, et al. 2021. Bias correction of temperature and precipitation over China for RCM simulations using the QM and QDM methods. Climate Dynamics, 57：1425-1443.

Wang Q, Liu R, Men C, et al. 2018a. Application of genetic algorithm to land use optimization for non-point source pollution control based on CLUE-S and SWAT. Journal of Hydrology, 560: 86-96.

Wang Q, Liu R, Men C, et al. 2019. Temporal-spatial analysis of water environmental capacity based on the couple of SWAT model and differential evolution algorithm. Journal of Hydrology, 569: 155-166.

Wang Y, Bian J, Wang S, et al. 2016. Evaluating SWAT snowmelt parameters and simulating spring snowmelt nonpoint source pollution in the source area of the Liao River. Polish Journal of Environmental Studies, 25 (5): 2177-2185.

Wang Y, Bian J, Zhao Y, et al. 2018b. Assessment of future climate change impacts on nonpoint source pollution in snowmelt period for a cold area using SWAT. Scientific Reports, 8 (1): 2402.

Zhang S, Hou X, Wu C, et al. 2020. Impacts of climate and planting structure changes on watershed runoff and nitrogen and phosphorus loss. Science of The Total Environment, 706: 134489.

Zhao P, Lü H, Yang H, et al. 2019. Impacts of climate change on hydrological droughts at basin scale: a case study of the Weihe River Basin, China. Quaternary International, 513: 37-46.

Zhou Q, Zhang H, Ren Y. 2020. Extreme precipitation events in the Weihe River Basin from 1961 to 2016. Scientia Geographica Sinica, 40 (5): 833-841.

第6章　土壤温室气体排放对增温的响应

6.1　引　言

全球气候变暖已成为人们广泛关注和研究的热点环境问题。自工业革命以来，全球平均气温升高了0.85℃，预计到21世纪末还将升高0.3~4.8℃（IPCC，2013）。以二氧化碳（CO_2）、甲烷（CH_4）和氧化亚氮（N_2O）为主的温室气体浓度增加引起的温室效应是这一问题的关键。气候变暖对陆地生态系统温室气体的产生与排放具有重要影响（Davidson and Janssens，2006；Melillo et al.，2017；Zhang et al.，2020b），从而推动陆地生态系统-气候正反馈，并加速气候变化（Crowther et al.，2016；Tian et al.，2020）。

农田生态系统是温室气体主要的人为排放源，其温室气体排放量约占全球排放总量的13.5%（IPCC，2007）。农田土壤CO_2排放主要源于土壤有机碳（SOC）的分解和作物根系的自养呼吸。长期淹水造成的厌氧环境致使稻田是大气CH_4的排放源；受CH_4氧化菌和土壤通气条件的影响，农业旱地通常是大气CH_4的吸收汇（Le Mer and Roger，2001）。农田土壤N_2O产生与排放主要源于硝化和反硝化过程，施用氮肥会促进N_2O排放（Carlson et al.，2017）。

全球农田SOC库约占陆地生态系统总SOC库的10%（Lal，2004）。农田土壤温室气体排放对温度升高十分敏感，增温导致SOC库的微小变化对大气温室气体浓度具有显著的影响（Crowther et al.，2016；Davidson and Janssens，2006）。当前，增温对农田土壤温室气体排放的影响结论尚不一致（Dijkstra et al.，2012；van Groenigen et al.，2013）。例如，有研究表明增温通过增加植物源碳的输入为微生物提供充足的底物，进而显著促进农田土壤CO_2的排放（Bamminger et al.，2018）；然而，也有分析发现增温对麦-豆轮作系统土壤总呼吸无显著影响（Black et al.，2017）。通过提高碳氮有效性及微生物活性，增温导致土壤理化性质及生物特性的变化能够影响农田土壤CH_4的吸收和N_2O的排放（Dai et al.，2020；Dijkstra et al.，2012）；但也有研究发现由于水分降低，增温抑制了半干旱地区农田土壤N_2O的排放（Li et al.，2019）。农田土壤温室气体排放对增温的响应还取决于气候类型、样点环境和实验设置条件（Dijkstra et al.，2012；Tian et al.，2015）。由于高度的时空异质性，全球农田土壤温室气体排放对增温的响应尚不明确。

农田土壤温室气体排放通常受到底物有效性、水分、施肥等因素的影响（Zou et al.，2005；Carlson et al.，2017），这些驱动因子会因农业管理实践条件而异，因此，不同农业实践活动下土壤温室气体排放对增温的响应及其潜在机制可能不同。例如，先前研究表明农业旱地土壤CH_4吸收对增温具有正响应（Bamminger et al.，2018），而稻田土壤CH_4排放对增温呈负响应（Gaihre et al.，2014）；种植不同种类作物的旱地土壤N_2O排放对增温的响应也不相同（Black et al.，2017；Bamminger et al.，2018）。气候变暖条件下，优化农业管理实践对提高作物产量及减少农业部门温室气体排放具有重要现实意义（Smith et al.，2008；Carlson et al.，2017）。然而，不同农业管理实践条件下（如耕地类型、作物熟制、作物种类和施用氮肥）农田土壤温室气体排放对增温的响应仍然缺乏全球尺度的整合量化，其潜在的调控机制仍不明晰。

基于此，本研究收集了全球 104 个野外模拟增温实验样点的 449 组配对数据，使用整合分析方法，评估了增温对农田土壤温室气体排放的影响及机制。主要研究目标如下：①量化增温对全球农田土壤温室气体通量、关键碳氮组分和碳氮转化速率的影响；②揭示农田土壤温室气体排放对增温的响应机制；③对比不同农业管理实践（耕地类型、作物熟制、作物种类和施用氮肥）、气候类型和增温条件下农田土壤温室气体排放的差异，进而为农田土壤温室气体减排提供科学策略。

6.2 研究方法

6.2.1 数据收集与处理

本研究数据收集于 *Web of Science*（http://apps.webofknowledge.com/）、*Google Scholar*（http://scholar.google.com/）和中国知网数据库（http://www.cnki.com.cn/）上发表的研究论文（2021 年 3 月之前）。关键词组合包括：①experimental warming/模拟增温或 elevated temperature/升温或 climate change/气候变化；②CO_2/二氧化碳或 carbon dioxide/二氧化碳或 soil respiration/土壤呼吸或 CH_4/甲烷或 methane/甲烷或 N_2O/氧化亚氮或 nitrous oxide/氧化亚氮或 greenhouse gas/温室气体；③cropland/农田或 agro ecosystem/农业系统或 upland/旱地或 farmland/农地或 arable land/耕地或 irrigated land/灌溉用地或 paddy field/稻田或 cultivated field/种植用地或 lowland/低地或 tillage/耕地或 rice field/水稻田。

为避免发表偏倚，按照以下标准对收集的文献进行筛选：①仅选取野外原位模拟增温实验的数据，排除模型和室内培养实验（如无作物生长或盆栽试验）数据，农田生态系统不包括牧场和草地，实验至少持续一个作物生长季；②至少同时提供对照组和增温组土壤碳氮循环任意一个指标的均值、标准偏差/标准误差和样本量；③如果一项研究中报告了不同土地利用类型（如旱地或稻田）、作物熟制和作物种类条件下对照组与增温组的观测数据，将其视为独立观测来评估气候变暖对农田土壤温室气体通量的影响（Lu et al.，2013；Dai et al.，2020；Li et al.，2020）；④对于多因子实验，仅选取对照组和单独增温组的观测数据（包括多梯度增温实验），排除增温与其他因子交互的实验数据；⑤同一研究中对照组和增温组的环境条件相同，如相同的耕地类型和作物种类等；⑥若野外实验进行了多个生长季/年，则取其整个实验周期的均值（Liu et al.，2020；van Groenigen et al.，2011）。基于以上标准，共收集了全球 104 个野外模拟增温实验样点的 449 组配对数据。实验样点主要集中于北半球温带和亚热带地区，尤其是中国东部地区（图 6-2-1）。

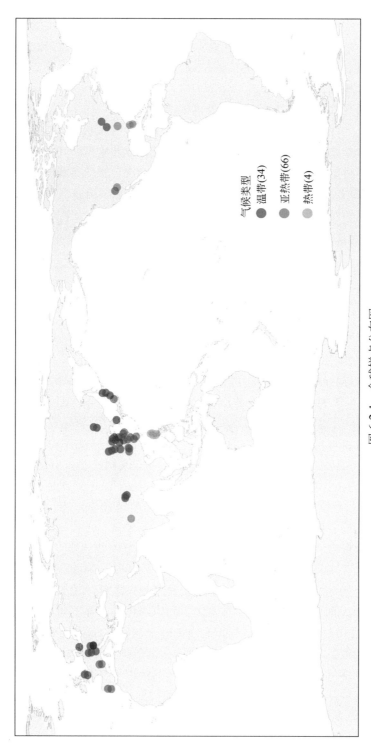

图 6-2-1　全球样点分布图

主要数据集包括土壤温室气体通量（CO_2 排放、CH_4 吸收、CH_4 释放和 N_2O 排放）、关键碳氮组分 [微生物生物量碳（MBC）、SOC、溶解性有机碳（DOC）、总碳（TC）、铵态氮（NH_4^+-N）、硝态氮（NO_3^--N）、微生物生物量氮（MBN）、总氮（TN）]、土壤碳氮转化速率（SOC 分解速率、有机氮矿化速率、硝化速率和反硝化速率）和土壤温湿度，其中 CO_2 排放通量含有 5 组来自 2 个多梯度增温实验的配对数据，碳氮转化速率包括 26 组不能直接在野外原位获取的数据。对于 CH_4，正值和负值分别表示土壤 CH_4 排放和吸收，本研究中 CH_4 排放和吸收数据分别来自稻田和旱地。上述变量的均值、标准偏差/标准误差可直接从文中获取或利用 GetData Graph Digitizer 2.20 从图表中提取和计算。

本研究也收集了研究样点的位置信息（经纬度和海拔）和初始环境因子 [包括年平均温度（MAT）和降水量（MAP）、SOC、TN、黏粒含量、pH 和施氮量]。如果某些研究未提供位置信息，根据相同样点信息的参考文献来确定其位置。另外，根据其他论文相同样点信息的文献来确定 MAT 或 MAP 的缺失值，或基于位置信息从 http://www.worldclim.org/ 获取相关数据。

对于增温条件，本研究记录了实验增温方法、增温幅度（均值为 2.0℃，范围为 0.4 ~ 5.0℃）和持续时间（长达 5 年）。所有研究中土壤温度平均增加 1.6℃ ±0.9℃，增温使土壤湿度降低了 1.2% ±2.9%。本研究进一步比较不同农业管理实践（耕地类型、作物熟制、作物种类和施用氮肥）、气候类型以及增温幅度和实验持续时间条件下土壤温室气体排放对增温的响应差异。耕地类型分为旱地、稻田和旱地–稻田交替 [每年在同一土地上交替种植水稻和旱地作物（Feng et al.，2013）]。作物熟制分为单作系统（包括水稻、小麦、大豆和玉米等）、双作系统（双季稻）和轮作系统（冬小麦–夏水稻或两个作物的轮作组合）。本研究还考虑多种作物（一年内同一土地连续种植两种以上作物）和裸地（无作物种植）。氮肥施用量分成 <100kg N/hm² 、100 ~ 200kg N/hm² 和 >200kg N/hm² 三种。根据柯本气候分类法，气候带分为热带、亚热带和温带三种主要的气候类型。增温幅度分为 <2℃ 、2 ~ 4℃ 和 >4℃ 三个幅度，增温持续时间包括 <12 个月、12 ~ 24 个月和 >24 个月。

6.2.2 整合分析

使用自然对数转换的响应比（RR）来评估增温对土壤温室气体排放和环境因子的影响（Hedges et al.，1999）。RR 表示变量的相对变化率，定义为增温组（X_w）与对照组（X_a）的均值比 [式（6-2-1）]，其方差 v 计算见式（6-2-2）。

$$RR = \ln(X_w/X_a) \tag{6-2-1}$$

$$v = S_w^2/n_w X_w^2 + S_a^2/n_a X_a^2 \tag{6-2-2}$$

式中，n_w 和 n_a 分别为增温组和对照组的样本量；S_w 和 S_a 分别为增温组和对照组的标准差。

基于方差倒数的权重（$w_{ij}=1/v$），本研究计算了增温组和对照组之间配对比较的单个 RR_{ij} 的加权 RR [RR_{++}；式（6-2-3）]，其中 $i=1$，…，m；$j=1$，…，k_i；m 是组数，k_i 是第 i 组的对比数。

$$RR_{++} = \frac{\sum\limits_{i=1}^{m} \sum\limits_{j=1}^{k_i} w_{ij} RR_{ij}}{\sum\limits_{i=1}^{m} \sum\limits_{j=1}^{k_i} w_{ij}} \tag{6-2-3}$$

基于随机效应模型，使用 R 软件中 metafor 包的 rma. mv 函数计算平均 RR_{++} 和 95% 置信区间（CI）（Viechtbauer，2010）。若 95% CI 不覆盖 0，则认为目标变量对增温的响应是显著的（$p<0.05$）。通过进行 three-level 分析校正多梯度增温对 CO_2 通量不独立的问题，本研究中 CO_2 通量结果为 three-level 分析结果。此外，使用组间 Q 统计检验（Q_B）比较了不同耕地类型、作物熟制、作物种类、施氮量、气候类型、温度增幅和实验持续时间之间 RR_{++} 的差异，$p<0.05$ 表示组间差异显著。使用 Egger 回归评估漏斗图的潜在不对称性，分析表明本研究中没有目标变量存在发表偏倚。

为探讨增温对土壤温室气体通量的间接影响（如增温通过减少水分来减慢碳氮循环变量），本研究利用每个实验地点的 MAT 和 MAP 数据计算湿度指数［＝MAP/（MAT+10）］。

6.2.3 统计分析

首先刘数据进行正态性检验，然后使用 Z 分数转换进行标准化或自然对数转换。使用箱形图 Tukey 检验去除异常值（均少于 2 个）。使用单因素方差分析来比较对照条件下环境因子在不同分组中的差异。基于最大似然法，使用结构方程模型来量化对增温引起的农田土壤温室气体通量变化具有直接和间接影响的环境因子。首先，根据先验知识建立概念模型；其次，利用 AMOS 24.0 软件计算模型回归系数 R^2、直接和间接效应以及拟合参数；最后，基于模型总体拟合参数卡方（χ^2）、整体模型 p 值（>0.05）、比较拟合指数（CFI，>0.9）和近似的均方根误差（RMSEA，<0.05）来确定最佳的结构方程模型。模型纳入数据只包括同时测定温室气体通量和环境因子的数据。此外，本研究还通过贝叶斯结构方程模型来验证基于最大似然法的结构方程模型结果的可靠性，这些结果一致说明结论具有可靠性。使用 SPSS 22.0 和 AMOS 24.0 软件进行统计分析，显著性水平设为 $p<0.05$。

6.3 增温对农田土壤温室气体通量的影响

6.3.1 增温对农田土壤温室气体通量及关键碳氮组分的影响

整体而言，温度升高（+2.0℃）促进农田土壤温室气体通量、关键碳氮组分及其转化速率（图 6-3-1）。增温显著增加土壤 CO_2 通量（14.7%；CI：11.6%～17.8%；$p<0.0001$）和 N_2O 通量（12.6%；CI：5.3%～19.9%；$p<0.001$），同时也促进旱地 CH_4 的吸收（21.8%；CI：8.2%～35.4%；$p<0.01$）和稻田 CH_4 的释放（23.4%；CI：9.2%～37.6%；$p<0.01$；图 6-3-1）。对于土壤关键碳氮组分，气候变暖显著提高 DOC（10.9%；CI：4.9%～16.9%；$p<0.001$）、MBC（14.6%；CI：11.4%～17.9%；$p<0.0001$）、TC

（4.2%；CI：2.1%~6.3%；$p<0.001$）、NH_4^+-N（7.9%；CI：2.1%~13.7%；$p<0.01$）和 TN 含量（4.7%；CI：0.4%~9.1%；$p<0.05$；图 6-3-1）；尽管 SOC、NO_3^--N 和 MBN 含量对增温也呈正响应，但这种响应不显著（图 6-3-1）。此外，增温显著增强氮矿化速率（32.5%；CI：14.3%~50.8%；$p<0.001$）、硝化速率（38.8%；CI：27.6%~50.0%；$p<0.0001$）和反硝化速率（34.7%；CI：1.8%~67.7%；$p<0.05$）（图 6-3-1）。

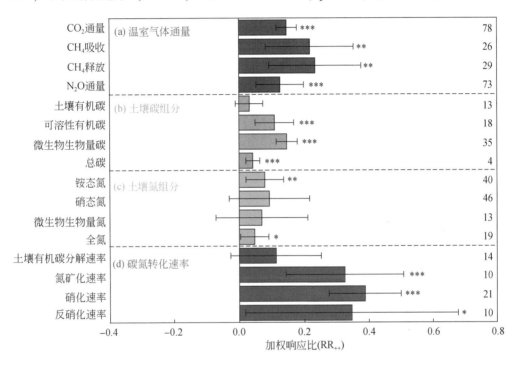

图 6-3-1　农田土壤温室气体通量（a）、碳组分（b）、氮组分（c）和碳氮转化速率（d）的平均加权响应比

星号表示目标变量对增温的响应是显著的，＊表示 $p<0.05$，＊＊表示 $p<0.01$，＊＊＊表示 $p<0.001$

6.3.2　增温条件下农田土壤温室气体通量变化的主要驱动因子

结构方程模型表明初始湿度和温度的变化对调节增温导致的 CO_2 排放通量具有主导作用（图 6-3-2）。增温导致的旱地 CH_4 吸收和稻田 CH_4 释放主要受温度变化、初始湿度和 SOC 的影响，不同的是，初始 SOC 含量对稻田 CH_4 释放的变化具有最直接的影响，而旱地 CH_4 吸收对增温的响应主要受到温度变化的调控；所有环境因子分别解释旱地 CH_4 吸收和稻田 CH_4 释放变化的 61% 和 59%（图 6-3-2）。土壤 NH_4^+-N、NO_3^--N 的变化和初始湿度与氮肥可以直接或间接调节增温导致的 N_2O 通量的变化（53%）（图 6-3-2），其中增温导致的 NH_4^+-N 和 NO_3^--N 变化是解释 N_2O 通量变化的两个最主要的直接驱动因子。

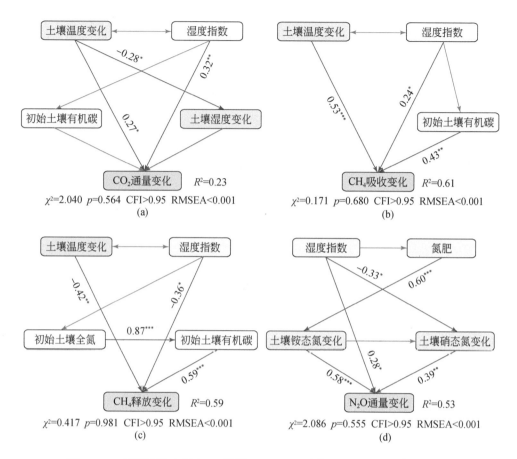

图 6-3-2　环境因子对农田 CO_2 通量（a）、CH_4 吸收（b）、CH_4 释放（c）和
N_2O 通量（d）变化影响的结构方程模型

6.3.3　农田土壤温室气体通量对增温的响应机制

本研究发现气候变暖致使农田土壤 CO_2 排放显著增加 14.7%（CI：11.6%～17.8%）（图 6-3-1），略高于草地或陆地生态系统的增加（9.0%～13.0%）（Liu et al., 2020；Lu et al., 2013；Wang et al., 2019）。本研究发现全球尺度上农田土壤活性碳组分（如 DOC 和 MBC）均显示出对增温的正响应，这可能增加土壤 CO_2 排放的底物有效性。结构方程模型结果表明初始湿度指数和温度变化是调控土壤 CO_2 通量变化的直接因素（图 6-3-2）。增温和适宜的水分条件能够促进微生物的生长并提高其活性，进而有利于农田土壤 CO_2 的排放（Naylor et al., 2020）。

本研究结果表明增温显著增加旱地 CH_4 的吸收（21.8%；CI：8.2%～35.4%）和稻田 CH_4 的释放（23.4%；CI：9.2%～37.6%）（图 6-3-1）。与 CO_2 相似，增温对土壤活性碳组分的积极影响可能会增加 CH_4 产生底物的有效性（图 6-3-1）（Le Mer and Roger, 2001；

Malyan et al., 2016）。许多研究表明，温度和水分含量通过改变微生物活性以及大气 CH_4 在土壤中的扩散而影响土壤 CH_4 的产生和氧化（Dijkstra et al., 2012；Malyan et al., 2016）。本研究发现增温导致的旱地 CH_4 吸收和稻田 CH_4 释放主要受温度变化、初始湿度和 SOC 的影响，所有环境因子分别解释了旱地 CH_4 吸收和稻田 CH_4 释放变化的 59% 和 61%。不同的是，初始 SOC 含量对稻田 CH_4 释放的变化具有最直接的显著影响，而旱地 CH_4 吸收对增温的响应主要受到温度变化的调控，表明农业旱地 CH_4 吸收和稻田 CH_4 释放对气候变暖的响应机制不同。稻田 CH_4 释放的变化可能归因于作物秸秆源的碳输入增加，进而为 CH_4 的产生和释放提供丰富的底物（Malyan et al., 2016）。旱地一般是大气 CH_4 的吸收汇，增温导致土壤水分减少，增加旱地土壤通气性，促进 CH_4 氧化微生物对 CH_4 的消耗，进而刺激 CH_4 的吸收（Dijkstra et al., 2012）。

本研究还发现增温导致农田 N_2O 通量显著增加 12.6%（CI：5.3%~19.9%）（图 6-3-1），低于全球陆地生态系统 33% 和 35% 的增幅（Li et al., 2020；Liu et al., 2020）。这种差异的原因可能是野外模拟实验中不同生态系统土壤 N_2O 排放对增温的响应变异较大（Li et al., 2020）。本研究中，农田土壤 N_2O 通量的增加可能与增温导致氮素有效性、氮转化速率的增加和初始氮肥施用有关（图 6-3-1 和图 6-3-2）。首先，增温刺激土壤氮矿化速率和无机氮的有效性，并进一步加速微生物的硝化和反硝化过程（图 6-3-1）。结构方程模型结果表明 NH_4^+-N 和 NO_3^--N 的变化是直接调控增温导致农田土壤 N_2O 通量变化的两个主导因素（图 6-3-2），说明气候变暖条件下 NH_4^+-N 和 NO_3^--N 可以为后续的硝化和反硝化提供更多的底物，进而导致 N_2O 排放对增温的正响应（Bai et al., 2013；Bijoor et al., 2008；Li et al., 2020；Qiu et al., 2018）。其次，初始湿度对 N_2O 通量变化亦具有显著影响（图 6-3-2），这是因为土壤湿度的增加会产生缺氧条件，促进反硝化过程介导的 N_2O 排放（Bijoor et al., 2008；Feng et al., 2018）。最后，N_2O 通量对变暖的响应受到氮肥的间接影响（图 6-3-2），氮肥首先经过水解或者矿化，进而通过硝化和反硝化过程产生大量的 N_2O（Yang et al., 2021）。

6.4　不同条件下农田土壤温室气体通量对增温的响应

6.4.1　不同农业实践条件下土壤温室气体通量对增温的响应

不同耕地类型土壤含碳气体排放对增温的响应差异显著，旱地-稻田交替土壤含碳气体排放通量对增温的响应显著高于单一的旱地和稻田（CO_2 排放：$Q_B=10.53$，$p=0.005$；CH_4 释放：$Q_B=13.71$，$p=0.0002$）。本研究中旱地、稻田和旱地-稻田交替土壤 MBC 含量分别为 273.6mg/kg、212.3mg/kg 和 476.1mg/kg，表明旱地-稻田交替土壤水分的交替变化会增加对照条件下土壤 MBC 含量。增温条件下，旱地-稻田交替土壤较高的 MBC 含量为土壤含碳气体的释放提供更多的碳底物，进一步刺激土壤含碳气体的释放。相比之下，在相对稳定的水分条件下，除了 MBC 含量较低，旱地和稻田的响应较低可能与土壤呼吸

与 CH_4 氧化微生物对变暖的长期适应有关（Frey et al.，2013；Luo et al.，2001）。

本研究还发现轮作系统 CH_4 释放对变暖的响应显著高于单作系统和双作系统（Q_B = 18.61，p = 0.0001）（图 6-4-1）。这可能是由于对照条件下轮作系统中的土壤 DOC（132.6mg/kg）明显高于单作（65.1mg/kg）和双作系统（65.2mg/kg），从而为 CH_4 的释放提供更多的底物。具体而言，早期作物的残留物提供大量有机物质，有利于后期增温条件下的快速分解（Shang et al.，2011；Feng et al.，2013）。与单作系统相比，轮作系统更为频繁的扰动（如灌溉、排水等）可能导致土壤理化性质以及微生物群落丰度和结构的快速变化，从而加速碳转化（Shang et al.，2011），并刺激增温条件下 CH_4 排放增加。上述结果表明，农业种植制度可以调节增温对全球农田土壤 CH_4 排放模式的影响。

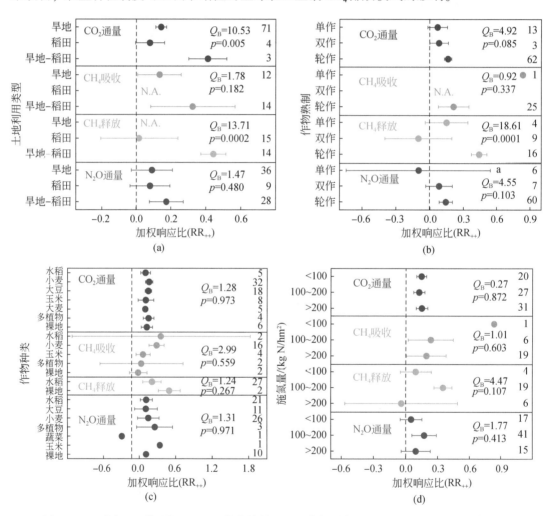

图 6-4-1　不同土地利用类型（a）、作物熟制（b）、作物种类（c）和施用氮肥（d）条件下农田土壤温室气体通量的平均加权响应比

粮食作物不仅为人类生存提供了食物，还为全球温室气体排放做出了重大贡献（Carlson et al.，2017）。本研究发现不同作物种类土壤温室气体通量对增温的响应具有可

比性。就氮肥施用而言，不同施氮水平条件下土壤含碳气体通量对变暖的响应差异不显著，而 N_2O 通量对变暖的正响应整体呈上升趋势（图 6-4-1），这与先前研究结论类似，即氮添加与气候变化之间的相互作用加速 N_2O 与气候之间的正反馈（Tian et al., 2020）。

6.4.2 气候类型、增温幅度和持续时间对土壤温室气体通量的影响

本研究发现亚热带和温带农田土壤 CH_4 释放对增温的响应显著高于热带地区（Q_B = 65.02，$p<0.0001$），亚热带农田土壤 N_2O 通量对变暖的响应高于温带地区（$Q_B = 6.62$，$p = 0.037$）（图 6-4-2）。由于数据不足，气候变暖背景下不同气候类型之间土壤温室气体排放的变化机制仍不明确（Tian et al., 2015）。因此，未来需要加强不同气候类型之间温室气体排放对气候响应差异的关键模式和机制研究，尤其是热带地区（图 6-2-1）。

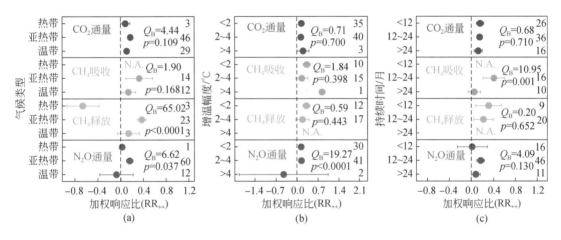

图 6-4-2 不同气候类型（a）、增温幅度（b）和实验持续时间（c）条件下农田土壤温室气体通量的平均加权响应比

本研究还发现农田土壤 N_2O 排放对增温的响应在增幅<4℃时显著高于增幅>4℃（Q_B = 19.27，$p=0.0001$）（图 6-4-2）。在中低增幅条件下（如<2℃或 2～4℃），温度升高和植物源碳的大量供应可能会增强微生物活性（Xu and Yuan, 2017），进而刺激土壤 N_2O 排放。在高温条件下（如>4℃），微生物的温度敏感性可能会降低，从而产生适应性（Luo et al., 2001；Melillo et al., 2017）；高增温幅度条件下，增温导致土壤水分降低也会抑制微生物的生长和活性，最终导致 N_2O 通量对增温的负响应（图 6-4-2）。

从实验持续时间来看，增温对土壤温室气体通量的促进作用随着实验时间的延长逐渐降低，其中持续时间在 12～24 个月的实验中，CH_4 吸收对增温的响应显著高于长期实验（>24 个月；$Q_B = 10.95$，$p=0.001$）（图 6-4-2）。这可能是因为在 12～24 个月的实验中，气候变暖导致土壤含水量下降的百分比（15.5%）高于长期实验（4.5%），有助于更多的 CH_4 扩散到土壤中。先前的研究表明随着实验持续时间的延长，增温引起的土壤温室气体通量变化逐渐减弱，这可以通过暴露在温暖环境中的微生物群落的适应来解释（Luo et al., 2001；Melillo et al., 2017）。因此，应谨慎对待短期实验得出的结论，因为它们可

能会高估增温引起的土壤温室气体通量的变化。

6.5 增温背景下农田温室气体减排策略与研究展望

本研究表明气候变暖增加全球农田生态系统不同农业管理实践条件下土壤 CO_2 排放和 N_2O 排放通量。为了得到 CH_4 通量的净变暖效应，本研究通过将生长季 CH_4 的平均变化乘以相应的土地面积（稻田：$1.65 \times 10^8 hm^2$，旱地：$1.362 \times 10^9 hm^2$，旱地–稻田交替类型面积纳入旱地面积）（FAO，2011；AMIS，2018）。结果表明，气候变暖引起的稻田 CH_4 释放和旱地 CH_4 吸收的变化量分别为 $1.0Tg\ CH_4/a \pm 3.4Tg\ CH_4/a$ 和 $-0.2 \pm 0.2Tg\ CH_4/a$，表明增温背景下农田土壤为 CH_4 排放的净来源（$0.8Tg\ CH_4/a$）。

本研究发现增温驱动的农业旱地土壤温室气体排放主要受水分、碳底物和氮素有效性的调控，因此，有效的减排策略可能包括改进节水管理措施、精准施肥（如减少氮肥过量施用或提高氮的利用效率）以及秸秆还田。对于稻田，可以选择间歇性灌溉，因为增温可以改善土壤通气条件，从而促进 CH_4 氧化并降低温室气体净排放（Zhang et al.，2020a；Zou et al.，2005）。

由于农田土壤温室气体通量对增温的响应研究相对较少，且只有野外模拟增温实验的数据纳入，本研究中纳入的实验地点多位于北半球的温带和亚热带地区（图6-2-1）。未来需要加强对南半球农田温室气体排放的相关研究，从而更为准确地反映气候变化对全球农田土壤温室气体排放的影响。由于数据量不足和人类干扰导致的巨大差异，不同农业管理实践条件下土壤温室气体通量对气候变暖的响应可能具有很大的异质性。为了准确量化全球农田温室气体排放，迫切需要对气候变化背景下不同耕地类型、农业管理实践（如灌溉或耕作等）条件下的土壤温室气体通量和环境驱动因素（如关键的碳和氮变量）进行深入研究。此外，由于缺乏灌溉数据，难以准确量化初始湿度对气候变暖引起的温室气体通量变化的影响，因此，未来还需要更多的研究来评估气候变暖背景下灌溉对农田土壤温室气体通量的影响。

6.6 小　　结

气候变暖（+2℃）通过提高碳氮转化速率增加农田土壤温室气体排放。气候条件（如土壤温度和水分）和底物（如 DOC、MBC、NH_4^+-N 和 NO_3^--N）有效性的变化是调节农田土壤温室气体通量对变暖响应的主要驱动因子。土壤温室气体排放对气候变暖的响应因农业耕地类型和作物熟制而异。本研究揭示气候变暖在增加农田土壤温室气体排放方面的重要作用，强调了立即采取行动来减缓气候变化的关键需求。

参 考 文 献

AMIS. 2018. Agricultural Market Information System Market Database. http://statistics. amis-outlook. org/data/index. html[2022-11-20].

Bai E, Li S L, Xu W H, et al. 2013. A meta-analysis of experimental warming effects on terrestrial nitrogen pools and dynamics. New Phytologist, 199 (2): 441-451.

Bamminger C, Poll C, Marhan S. 2018. Offsetting global warming- induced elevated greenhouse gas emissions from an arable soil by biochar application. Global Change Biology, 24 (1): e318-e334.

Bijoor N S, Czimczik C I, Pataki D E, et al. 2008. Effects of temperature and fertilization on nitrogen cycling and community composition of an urban lawn. Global Change Biology, 14 (9): 2119-2131.

Black C K, Davis S, Hudiburg T W, et al. 2017. Elevated CO_2 and temperature increase soil C losses from a soybean- maize ecosystem. Global Change Biology, 23 (1): 435-445.

Carlson K M, Gerber J S, Mueller N D, et al. 2017. Greenhouse gas emissions intensity of global croplands. Nature Climate Change, 7 (1): 63-68.

Crowther T W, Todd-Brown K E O, Rowe C W, et al. 2016. Quantifying global soil carbon losses in response to warming. Nature, 540 (7631): 104-108.

Dai Z M, Yu M J, Chen H H, et al. 2020. Elevated temperature shifts soil N cycling from microbial immobilization to enhanced mineralization, nitrification and denitrification across global terrestrial ecosystems. Global Change Biology, 26 (9): 5267-5276.

Davidson E A, Janssens I A. 2006. Temperature sensitivity of soil carbon decomposition and feedbacks to climate change. Nature, 440 (7081): 165-173.

Dijkstra F A, Prior S A, Runion G B, et al. 2012. Effects of elevated carbon dioxide and increased temperature on methane and nitrous oxide fluxes: evidence from field experiments. Frontiers in Ecology and the Environment, 10 (10): 520-527.

FAO. 2011. The state of the world's land and water resources for food and agriculture (SOLAW) - managing systems at risk. Rome and Earthscan, London: Food and Agriculture Organization of the United Nations.

Feng J F, Chen C Q, Zhang Y, et al. 2013. Impacts of cropping practices on yield- scaled greenhouse gas emissions from rice fields in China: a meta-analysis. Agriculture, Ecosystems & Environment, 164: 220-228.

Feng Z, Sheng Y, Cai F, et al. 2018. Separated pathways for biochar to affect soil N_2O emission under different moisture contents. Science of the Total Environment, 645: 887-894.

Frey S D, Lee J, Melillo J M, et al. 2013. The temperature response of soil microbial efficiency and its feedback to climate. Nature Climate Change, 3 (4): 395-398.

Gaihre Y K, Wassmann R, Tirolpadre A, et al. 2014. Seasonal assessment of greenhouse gas emissions from irrigated lowland rice fields under infrared warming. Agriculture, Ecosystems &Environment, 184: 88-100.

Hedges L V, Gurevitch J, Curtis P S. 1999. The meta- analysis of response ratios in experimental ecology. Ecology, 80 (4): 1150-1156.

IPCC. 2007. Climate Change 2007: Mitigation of Climate Change. Contribution of Working Group III to the Fourth Assessment Report of the Intergovernmental Panel on Climate Change. Cambridge University Press, Cambridge, UK and New York, NY.

IPCC. 2013. Climate Change 2013: The Physical Science Basis. Contribution of Working Group I to the Fifth Assessment Report of the Intergovernmental Panel on Climate Change. Cambridge, UK and New York, NY: Cambridge University Press.

Lal R. 2004. Soil carbon sequestration impacts on global climate change and food security. Science, 304 (5677): 1623-1627.

Le Mer J, Roger P. 2001. Production, oxidation, emission and consumption of methane by soils: a review. European Journal of Soil Biology, 37 (1): 25-50.

Li J Z, Dong W X, Oenema O, et al. 2019. Irrigation reduces the negative effect of global warming on winter wheat yield and greenhouse gas intensity. Science of the Total Environment, 646: 290-299.

Li L F, Zheng Z Z, Wang W J, et al. 2020. Terrestrial N_2O emissions and related functional genes under climate change: a global meta-analysis. Global Change Biology, 26 (2): 931-943.

Liu S W, Zheng Y J, Ma R Y, et al. 2020. Increased soil release of greenhouse gases shrinks terrestrial carbon uptake enhancement under warming. Global Change Biology, 26 (8): 4601-4613.

Lu M, Zhou X H, Yang Q, et al. 2013. Responses of ecosystem carbon cycle to experimental warming: a meta-analysis. Ecology, 94 (3): 726-738.

Luo Y Q, Wan S Q, Hui D F, et al. 2001. Acclimatization of soil respiration to warming in a tall grass prairie. Nature, 413 (6856): 622-625.

Malyan S K, Bhatia A, Kumar A, et al. 2016. Methane production, oxidation and mitigation: a mechanistic understanding and comprehensive evaluation of influencing factors. Science of the Total Environment, 572: 874-896.

Melillo J M, Frey S D, Deangelis K M, et al. 2017. Long-term pattern and magnitude of soil carbon feedback to the climate system in a warming world. Science, 358 (6359): 101-105.

Naylor D, Sadler N, Bhattacharjee A, et al. 2020. Soil microbiomes under climate change and implications for carbon cycling. Annual Review of Environment and Resources, 45 (1): 29-59.

Qiu Y P, Jiang Y, Guo L J, et al. 2018. Contrasting warming and ozone effects on denitrifiers dominate soil N_2O emissions. Environmental Science &Technology, 52 (19): 10956-10966.

Shang Q Y, Yang X X, Gao C M, et al. 2011. Net annual global warming potential and greenhouse gas intensity in Chinese double rice-cropping systems: a 3-year field measurement in long-term fertilizer experiments. Global Change Biology, 17 (6): 2196-2210.

Smith P, Martino D, Cai Z C, et al. 2008. Greenhouse gas mitigation in agriculture. Philosophical Transactions of the Royal Society B, 363 (1492): 789-813.

Tian H Q, Chen G S, Lu C Q, et al. 2015. Global methane and nitrous oxide emissions from terrestrial ecosystems due to multiple environmental changes. Ecosystem Health and Sustainability, 1 (1): 1-20.

Tian H Q, Xu R T, Canadell J G, et al. 2020. A comprehensive quantification of global nitrous oxide sources and sinks. Nature, 586 (7828): 248-256.

van Groenigen K J, Osenberg C W, Hungate B. A. 2011. Increased soil emissions of potent greenhouse gases under increased atmospheric CO_2. Nature, 475 (7355): 214-216.

van Groenigen K J, van Kessel C, Hungate B A. 2013. Increased greenhouse-gas intensity of rice production under future atmospheric conditions. Nature Climate Change, 3 (3): 288-291.

Viechtbauer W. 2010. Conducting meta-analyses in R with the metafor package. Journal of Statistical Software, 36 (3): 1-48.

Wang N, Quesada B, Xia L L, et al. 2019. Effects of climate warming on carbon fluxes in grasslands: a global meta-analysis. Global Change Biology, 25 (5): 1839-1851.

Xu W F, Yuan W P. 2017. Responses of microbial biomass carbon and nitrogen to experimental warming: a meta-analysis. Soil Biology and Biochemistry, 115: 265-274.

Yang Y Y, Liu L, Zhang F, et al. 2021. Soil nitrous oxide emissions by atmospheric nitrogen deposition over global agricultural systems. Environmental Science &Technology, 55 (8): 4420-4429.

Zhang J T, Tian H Q, Shi H, et al. 2020a. Increased greenhouse gas emissions intensity of major croplands in China: Implications for food security and climate change mitigation. Global Change Biology, 26 (11): 6116-6133.

Zhang L W, Xia X H, Liu S D, et al. 2020b. Significant methane ebullition from alpine permafrost rivers on the East Qinghai-Tibet Plateau. Nature Geoscience, 13 (5): 349-354.

Zou J W, Huang Y, Jiang J Y, et al. 2005. A 3-year field measurement of methane and nitrous oxide emissions from rice paddies in China: effects of water regime, crop residue, and fertilizer application. Global Biogeochemical Cycles, 19 (2): GB2021.

|第7章| 气候要素产品的统计降尺度研究

7.1 引 言

全球气候模型（GCM）已被广泛用于获取不同情景下的气候变化数据（Vellinga et al., 2002；Zorita and Frankignoul, 2010）。然而，GCM 较低的空间分辨率无法直接用于绝大多数模拟模型当中。因此，需要进行降尺度以获得具有足够高空间分辨率的未来气象数据。动力降尺度和统计降尺度是降尺度过程中采用的两种主要方法。动力降尺度是基于物理过程的一种降尺度方法，因此结果具有可解释性，且精度一般较高，但是计算成本往往非常高（Xue et al., 2007）。与动力降尺度相比，统计降尺度是一种基于统计学方法的，计算成本相对较低且可应用于大尺度区域的方法（Liu et al., 2013；Mearns et al., 1999）。

广泛使用的统计降尺度方法主要有传递函数法、天气模式法和随机天气发生器法（张明月等，2013）。过去，常采用线性回归方法建立大气环流因子与气象变量之间的关系（Huth, 2002；Zorita and Storch, 1997）。然而，这种关系通常是复杂的和非线性的，意味着线性回归很难达到令人满意的降尺度结果。因此，近年来，机器学习方法被用于统计降尺度研究，因为它们可以有效地表示非线性关系（Sachindra et al., 2018）。但是几乎所有这些方法都只考虑气象要素和大气环流因子之间的空间关系，而忽略气象数据的时间连续性。气象数据是一类具有时间相关性特征的序列数据，忽略这种时间连续性会导致很大的误差。因此，在统计降尺度方法中考虑时间连续性的问题值得进一步研究。

针对当前统计降尺度存在的问题，本章开发基于循环神经网络（recurrent neural network，RNN）的统计降尺度模型，将气象数据序列特征考虑其中，并用于对中国的降雨和气温进行降尺度。同时，提出将 RNN 与随机生成方法相结合的 RNN-RandExtreme 方法，以提高降尺度过程中极端降雨的模拟精度。

7.2 研 究 方 法

7.2.1 统计降尺度研究方法

采用传统的人工神经网络（ANN）和 RNN 两种机器学习方法作为统计降尺度方法，并进行对比分析。RNN 是一种考虑数据时序性的神经网络（Baghanam et al., 2020）。与传统 ANN 相比，RNN 可以学习和记忆过去的信息，并将其用作状态变量以传递到下一个时间步（图 7-2-1，图 7-2-2）。因此，RNN 具有学习和表征时间序列数据特征的能力。长短期记忆（long short-term memory，LSTM）模型是使用最广泛的 RNN 之一，它克服 RNN 的梯度消失问题（Hochreiter and Schmidhuber，1997）。LSTM 已广泛用于自然语言处理和机器翻译领域（Ren et al.，2020）。然而，很少有研究考虑时间序列特征并使用 RNN 作为统计降尺度模型。

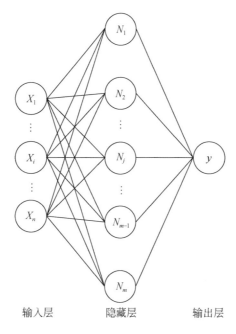

图 7-2-1　ANN 基本结构

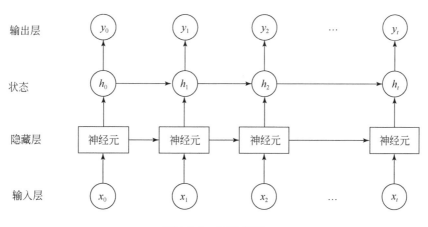

图 7-2-2　RNN 结构

本研究使用不同数量的隐藏层和神经元构建了六个结构来探索最佳的降尺度模型结构（1 个隐藏层和 50 个神经元；1 个隐藏层和 100 个神经元；2 个隐藏层和 50 个神经元；2 个隐藏层和 100 个神经元；3 个隐藏层和 50 个神经元；3 个隐藏层和 100 个神经元）。确定系数（R^2）、均方根误差（RMSE）和纳什效率系数（NSE）用于评估具有不同结构的 ANN 与 RNN 对气温降尺度的性能。RMSE 和干-湿日预测准确度（dry-wet accuracy，DWA）用于评估降雨降尺度的效果。上述指标的计算方程如下 [式（7-2-1）~式（7-2-4）]：

$$RMSE = \sqrt{\frac{1}{n}\sum_{i=1}^{n}(P_i - O_i)^2},$$ (7-2-1)

$$NSE = \frac{\sum_{i=1}^{n}(O_i - \bar{O})^2 - \sum_{i=1}^{n}(P_i - O_i)^2}{\sum_{i=1}^{n}(O_i - \bar{O})^2},$$ (7-2-2)

$$R^2 = \frac{\left[\sum_{i=1}^{n}(O_i - \bar{O})(P_i - \bar{P})\right]^2}{\sum_{i=1}^{n}(O_i - \bar{O})^2 \sum_{i=1}^{n}(P_i - \bar{P})^2},$$ (7-2-3)

$$DWA = \frac{D_c}{D_n},$$ (7-2-4)

式中，O_i 为第 i 个观测数据；$\bar{O}$ 为观测数据的平均值；P_i 为第 i 个预测数据；$\bar{P}$ 为预测数据的平均值；n 为总的样本对数；D_c 为降雨事件预测正确的天数；D_n 为总天数。

7.2.2 极端降雨模拟方法

极端降雨的预测在降尺度过程中是一个难点。极端降雨与大气环流因子之间的关系不同于普通降雨，呈现巨大的随机特征（Gao et al., 2006）。因此，本研究提出一种预测极端降雨的改进方法（RNN-RandExtreme）。该方法第一步是对历史极端降雨进行分析，得到极端降雨阈值和各站点每月的极端降雨事件数量与降水量。第二步，在预测降雨时，如果模拟降水量大于降雨阈值，则利用第一步得到的极端降雨概率统计信息随机生成降水量。如果模拟降水量大于阈值，但历史时期没有发生极端降雨事件，则将降水量赋值为阈值降水量。在 RNN-RandExtreme 模型中，RNN 模型识别出极端降雨，但降水量是从极端降雨事件的历史统计信息中随机选择生成的。

7.3 ANN 与 RNN 降尺度精度与不确定性分析

RNN 的降尺度性能明显优于 ANN。对于最高气温，1 个隐藏层和 50 个神经元是 ANN 和 RNN 的最佳结构。并且 ANN 和 RNN 的降尺度精度接近（表 7-3-1）。对于最低气温，除了 3 个隐藏层和 100 个神经元结构，所有结构的 RNN 都优于 ANN。具有 2 个隐藏层和 100 个神经元的 RNN 在所有结构中表现出最佳效果。对于降雨，RNN 显著优于 ANN（表 7-3-2）。在所有 RNN 结构中，具有 1 个隐藏层和 100 个神经元的 RNN 具有最佳的效果。最优 RNN 结构的平均 DWA 比最差 RNN 结构的 DWA 高出 30% 以上。

表 7-3-1　ANN 和 RNN 气温降尺度结果评估指标

降尺度因子	神经网络结构	RMSE	NSE	R^2
最高气温	ANN_ L1H50	2.05	0.94	0.95
	ANN_ L1H100	2.05	0.94	0.95
	ANN_ L2H50	2.07	0.94	0.95
	ANN_ L2H100	2.08	0.94	0.95
	ANN_ L3H50	2.09	0.94	0.95
	ANN_ L3H100	2.12	0.94	0.94
	RNN_ L1H50	2.08	0.94	0.95
	RNN_ L1H100	2.09	0.94	0.94
	RNN_ L2H50	2.19	0.93	0.94
	RNN_ L2H100	2.24	0.93	0.94
	RNN_ L3H50	2.25	0.93	0.94
	RNN_ L3H100	2.79	0.90	0.90
最低气温	ANN_ L1H50	2.20	0.94	0.95
	ANN_ L1H100	2.19	0.94	0.95
	ANN_ L2H50	2.21	0.94	0.95
	ANN_ L2H100	2.23	0.94	0.95
	ANN_ L3H50	2.24	0.94	0.95
	ANN_ L3H100	2.50	0.94	0.95
	RNN_ L1H50	2.01	0.95	0.96
	RNN_ L1H100	1.98	0.95	0.96
	RNN_ L2H50	2.04	0.95	0.95
	RNN_ L2H100	2.07	0.95	0.95
	RNN_ L3H50	2.09	0.95	0.95
	RNN_ L3H100	2.60	0.92	0.93

表 7-3-2　ANN 和 RNN 降雨降尺度结果评估指标

神经网络结构	平均 RMSE	最小 RMSE	最大 RMSE	平均降雨预测精度	最低降雨预测精度	最高降雨预测精度
ANN_ L1H50	6.73	0.30	17.99	77.74	56.16	97.26
ANN_ L1H100	6.78	0.30	18.20	78.75	58.08	97.53
ANN_ L2H50	6.90	0.30	18.53	69.89	41.37	96.71
ANN_ L2H100	7.00	0.26	18.19	73.14	42.74	95.89
ANN_ L3H50	6.99	0.33	18.77	50.89	8.77	94.52
ANN_ L3H100	7.03	0.25	17.90	48.13	9.59	97.81
RNN_ L1H50	7.23	0.27	19.76	78.69	56.99	96.44

神经网络结构	平均 RMSE	最小 RMSE	最大 RMSE	平均降雨预测精度	最低降雨预测精度	最高降雨预测精度
RNN_ L1H100	7.12	0.24	18.66	79.24	58.36	98.63
RNN_ L2H50	6.98	0.25	22.21	68.76	41.10	97.53
RNN_ L2H100	6.92	0.24	18.43	64.03	32.88	96.71
RNN_ L3H50	7.04	0.24	22.30	62.97	20.27	92.60
RNN_ L3H100	6.84	0.24	17.88	47.04	14.79	98.36

此外，可以发现 ANN 和 RNN 的性能并不总是随着结构复杂度的增加而变得更好，特别是对于 ANN。结构最简单的 ANN 甚至表现出最好的性能。当采用三层隐藏层时，RNN 的性能也有所下降。除了最低气温，只需要使用带有 1 个隐藏层的 RNN 就可以获得最佳的降尺度结果。当隐藏层数固定时，RNN 的性能随神经元数量的增加而提高。

气象要素的时序特征在统计降尺度中不可忽视。RNN 具有考虑时间序列特征的复杂结构，克服普通 ANN 的固有缺陷。当一个网络有更多的层数和神经元时，它能够从输入数据中学到更多信息，但复杂的模型结构需要大量训练数据（Chen and Lin，2014）。因此，在使用 RNN 之前，首先需要确定合适的 RNN 结构。

7.4 气温和降雨降尺度结果空间分布特征分析

ANN 和 RNN 对最高气温及最低气温降尺度结果的空间分布特征都与观测数据相似 [图 7-4-1（a）~（c）]（无台湾地区数据，故为空。下同），并且 RMSE 的空间分布在不同区域之间也显示出相似的变化特征 [图 7-4-1（d）~（e）]；东南沿海地区的 RMSE 小于西北内陆地区。对于最高气温降尺度，RNN 与 ANN 相比没有明显优势，NSE 和 R^2 基本相同，RMSE 差异约 1%（表 7-3-1）。对于最低气温，RNN 具有更好的性能，各项指标均优于 ANN，RMSE 下降约 8%。

ANN 和 RNN 在中国不同区域的气温降尺度效果具有差异。对于最高气温，ANN 在除西北地区外的区域降尺度结果 RMSE 均低于 RNN（图 7-4-2）。但这种差异并不明显，ANN 和 RNN 的 RMSE 均小于 2℃。然而，RNN 在中国西北部提供更好的降尺度结果，RMSE 相比于 ANN 下降约 6%。与最高气温的降尺度结果不同，在中国大部分地区，RNN 比 ANN 更适合对最低气温进行降尺度。RNN 降尺度结果的 RMSE 相比于 ANN 下降约 10%。

与 ANN 相比，RNN 显著改善中国西北地区的气温降尺度结果。这是由于中国西北地区地处温带大陆性气候区，气温变化大，周期性波动比其他地区更为明显（Mogi et al.，2017）。这意味着该区域气温不仅受当日大气条件的影响，还受到前期大气条件的制约（Huang et al.，2010）。因此，使用 ANN 无法提供令人满意的结果，因为它忽略前期大气条件的影响。而 RNN 有效地获取气温的时间连续性，提高降尺度的精度。

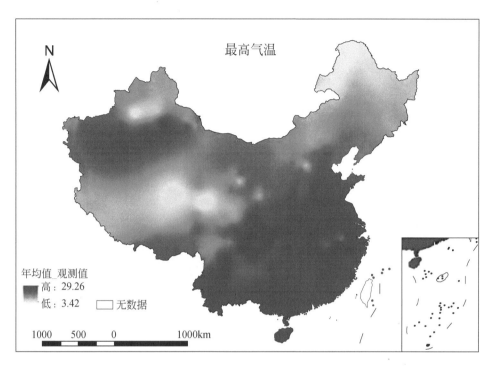

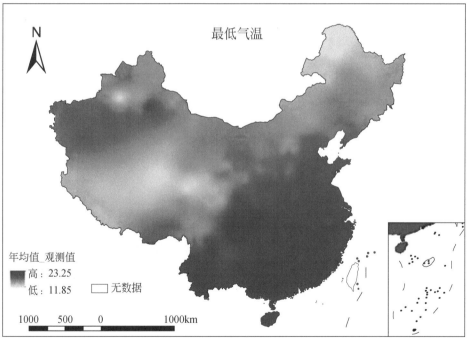

(a)

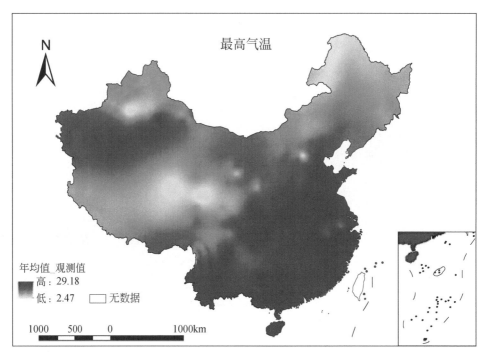

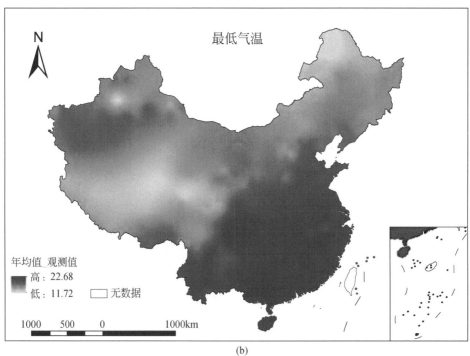

(b)

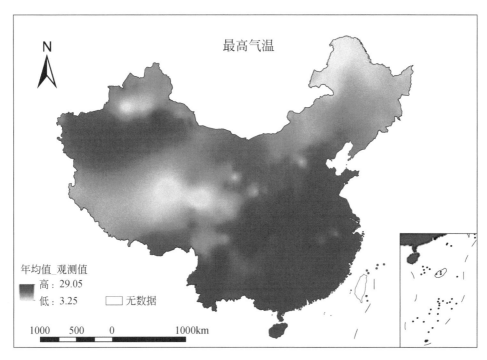

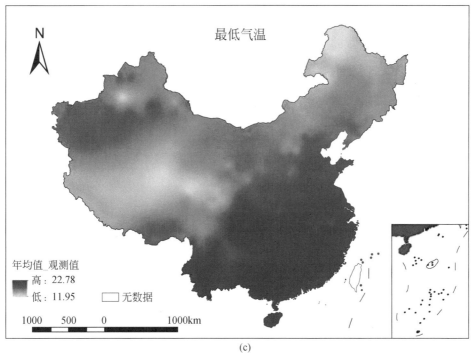

(c)

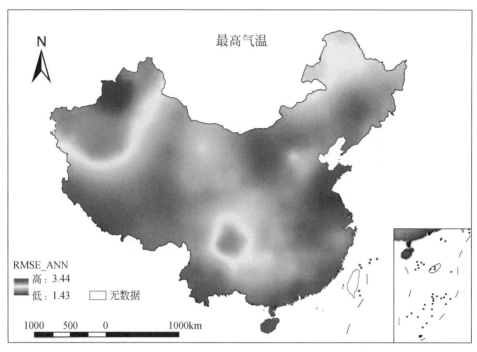

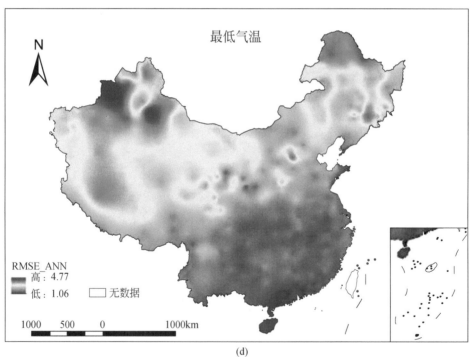

(d)

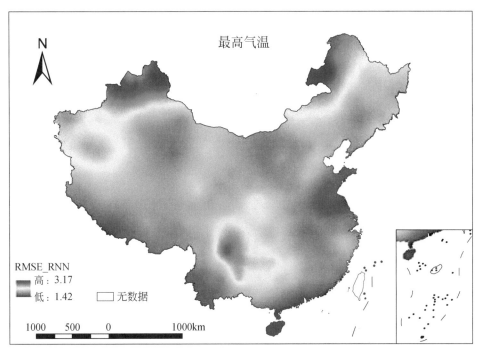

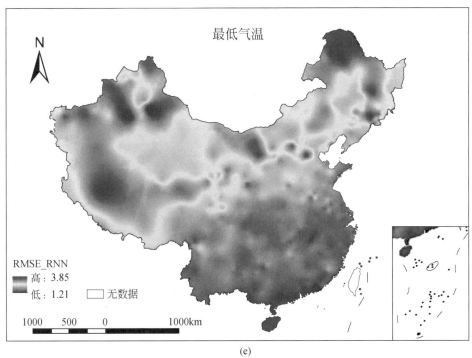

(e)

图 7-4-1　气温降尺度空间分布结果；（a）观测数据空间分布；（b）ANN 降尺度结果空间分布；

（c）RNN 降尺度结果空间分布；（d）ANN 降尺度结果 RMSE 空间分布；

（e）RNN 降尺度结果 RMSE 空间分布

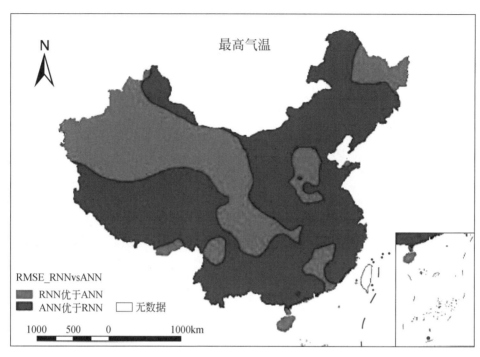

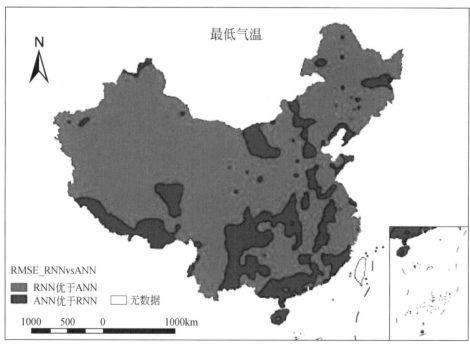

图 7-4-2　ANN 与 RNN 气温降尺度性能对比

对于降雨，ANN 和 RNN 的降尺度结果显示出相似的空间分布 [图 7-4-3（a）]。ANN 和 RNN 的 RMSE 分布表明，西北地区的降雨降尺度效果优于东南区域 [图 7-4-3（b）]。

RMSE 在西北区域低于 5mm，而在东南区域大于 10mm。ANN 在中国大部分地区的 RMSE 相比于 RNN 较小，但这种差异并不明显，小于 0.5mm。

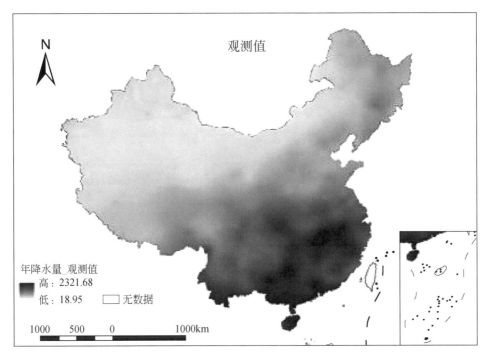

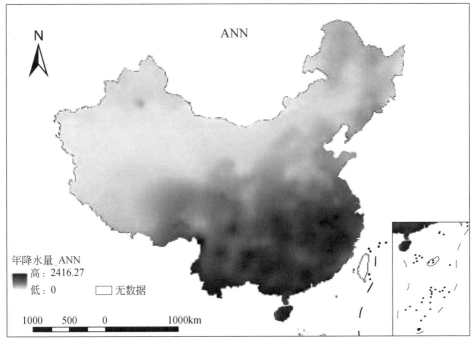

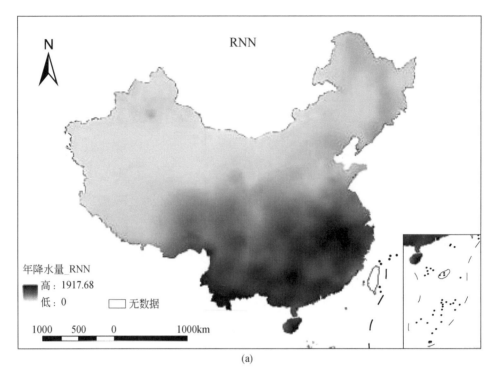

(a)

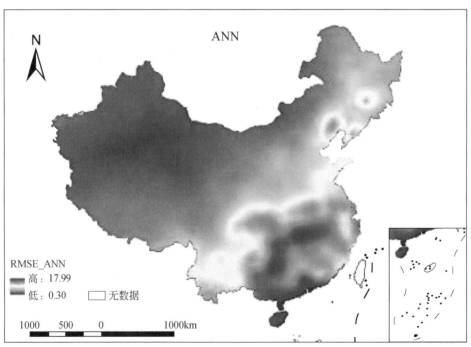

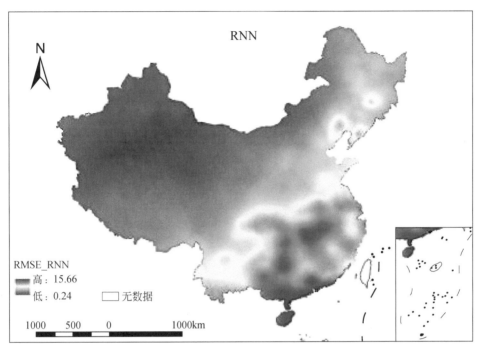

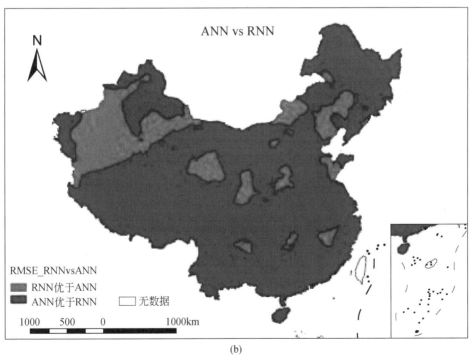

(b)

图 7-4-3　ANN 与 RNN 降雨降尺度结果：(a) 降水量空间分布；(b) RMSE 空间分布

　　然而，RNN 对某一天是否发生降雨的模拟精度显著高于 ANN，RNN 降尺度结果比 ANN 高约 1.5%。与 RMSE 相似，ANN 和 RNN 的 DWA 空间分布结果表明中国西北部的降尺度结果优于中国东南部，DWA 值增加了 20% 以上（图 7-4-4）。ANN 和 RNN 的 DWA 值对比结果显示，RNN 在中国绝大多数地区呈现出更佳的降雨事件模拟精度。

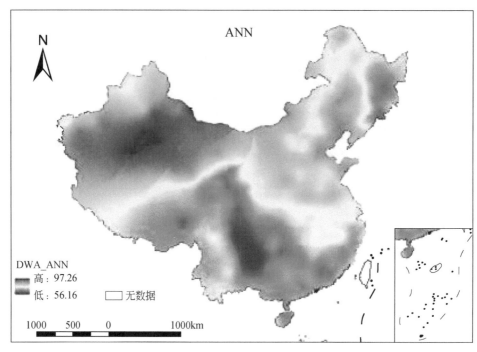

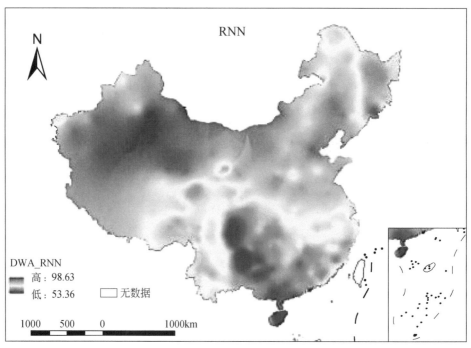

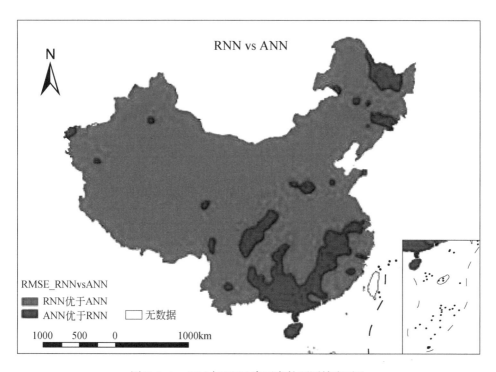

图 7-4-4 ANN 与 RNN 降雨事件预测精度对比

相比于 RNN，ANN 能更好地模拟降水量，这是因为降水量相比于气温具有更大的随机性和不确定性，这意味着降水量的序列连续性较弱（Wang et al.，2017）。因此，RNN在降雨降尺度效果上甚至一定程度上弱于 ANN。但是 DWA 指标表明，RNN 在判断某天是否会发生降雨方面明显优于 ANN。准确模拟降雨发生时间在表征气候变化对水文过程的影响方面非常重要（Faramarzi et al.，2013）。

7.5 气温和降雨降尺度结果时间分布特征分析

对于最高气温，渭河流域中上游 4 个站点的时间序列分析结果表明 ANN 和 RNN 在最高气温降尺度上具有几乎相同性能（具有相似的 R^2、NSE 和 RMSE）（图 7-5-1，表 7-5-1）。然而，对于最低气温，RNN 明显优于 ANN，RMSE 下降约 10%。

渭河流域中上游位于温带季风气候区。传统降尺度方法对冬季和夏季极端气温模拟效果相对较差（Fan et al.，2013）。而 RNN 可以有效提高对极端气温的降尺度精度。这是因为 RNN 考虑温度变化的时间连续性，可以有效地学习极端气温的变化趋势（Arslan and Sekertekin，2019）。

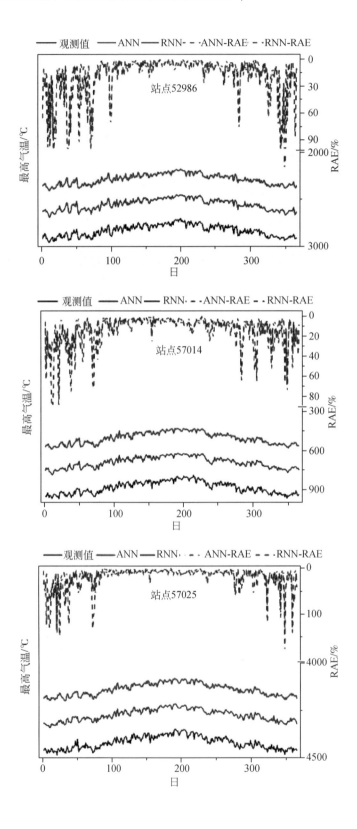

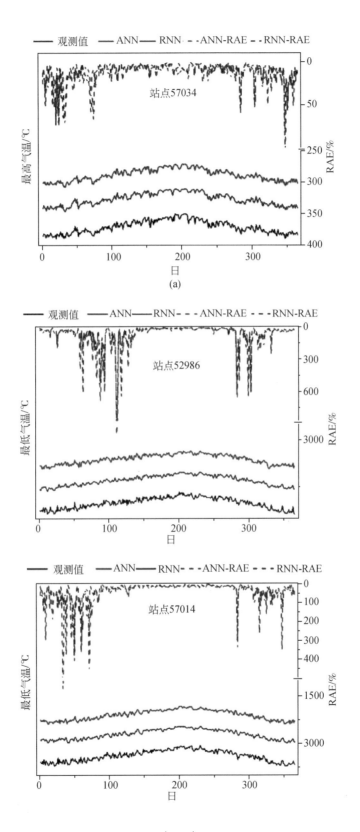

(a)

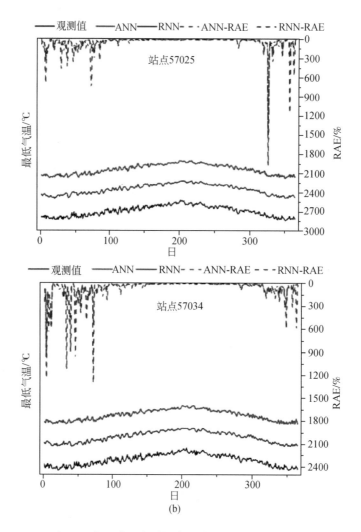

图 7-5-1　ANN 和 RNN 气温降尺度时间序列分析：（a）最高气温；（b）最低气温

RAE 为相对绝对误差

表 7-5-1　站点气温降尺度评估指标

站点	变量	R^2-ANN	R^2-RNN	NSE-ANN	NSE-RNN	RMSE-ANN	RMSE-RNN
52986	最高气温	0.94	0.95	0.94	0.95	2.17	2.06
	最低气温	0.91	0.95	0.89	0.93	3.00	2.49
57014	最高气温	0.95	0.93	0.94	0.93	2.21	2.53
	最低气温	0.94	0.95	0.93	0.94	2.49	2.33
57025	最高气温	0.92	0.92	0.92	0.92	2.81	2.85
	最低气温	0.95	0.96	0.94	0.95	2.18	1.96
57034	最高气温	0.96	0.95	0.95	0.94	2.17	2.43
	最低气温	0.93	0.95	0.93	0.94	2.51	2.21

对于降雨，4 个站点的时间序列分析结果表明 RNN-RandExtreme 方法弥补 RNN 在极端降雨模拟上的不足。年降水量统计结果表明，RNN-RandExtreme 方法比 RNN 方法获得的降尺度结果更接近观测数据，对降水量的低估率从 36% 下降到 29%（表 7-5-2）。在月尺度，RNN-RandExtreme 方法改善夏季的降尺度结果，4 个站点对降水量的低估量减少 0.4%~10.7%（图 7-5-2）。

表 7-5-2　站点年尺度降雨降尺度结果

站点	年降水量–观测值	年降水量–ANN 模拟值	年降水量–RNN 模拟值	年降水量–RNN-RandExtreme 模拟值
53903	478.10	321.37	353.68	440.33
56093	639.30	548.25	428.05	427.80
57014	660.50	373.61	352.11	392.23
57028	817.50	616.96	493.65	542.70

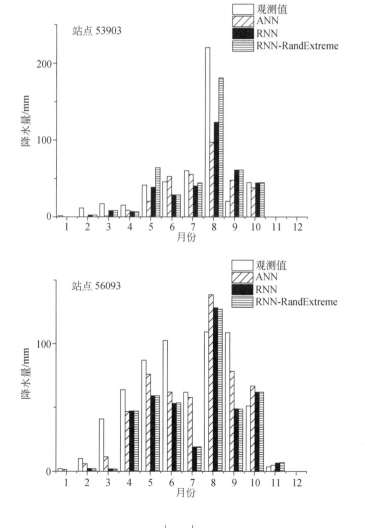

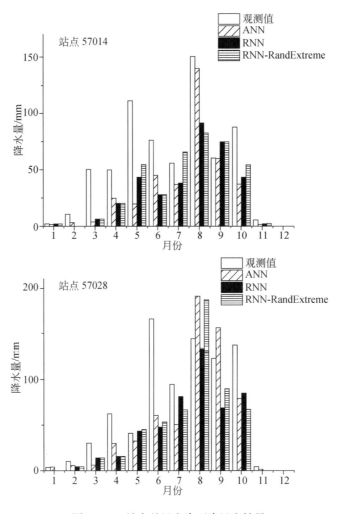

图 7-5-2　站点月尺度降雨降尺度结果

在极端降雨降尺度方面，RNN 明显优于 ANN，极端降雨低估率从 66.87% 下降到 57.44%，RNN-RandExtreme 方法进一步降低低估率，百分比下降到 47.92%（表 7-5-3）。此外，使用 RNN-RandExtreme 对极端降雨事件识别和模拟的准确度比使用 ANN 有明显提高（图 7-5-3）。

表 7-5-3　站点极端降雨降尺度结果　　　　　　　　　　（单位：mm）

站点	极端降雨-观测值	极端降雨-ANN 模拟值	极端降雨-RNN 模拟值	极端降雨-RNN-RandExtreme 模拟值
53903	257.70	104.03	137.35	225.00
56093	192.60	66.23	83.14	73.72
57014	331.90	74.61	112.99	143.45
57028	424.10	149.57	168.57	167.49

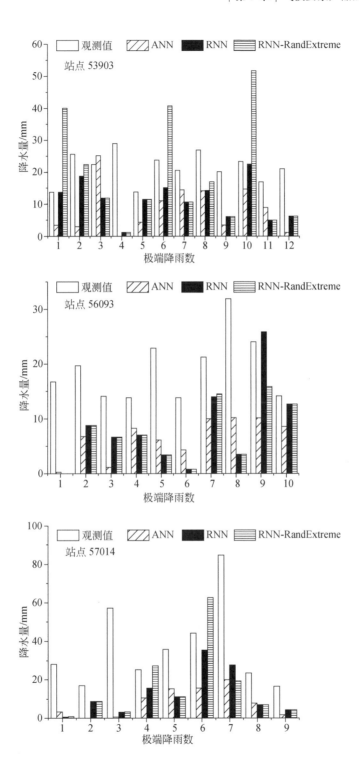

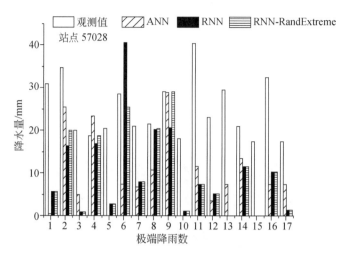

图 7-5-3　站点 ANN 和 RNN 极端降雨降尺度结果

降雨降尺度结果表明，当所需的降雨结果为年尺度时，使用 ANN 作为降尺度方法可以满足精度要求。这是由于 ANN 虽然低估极端降雨的值，但是会高估普通降水量，这两者在年尺度汇总中相互抵消，得到较为满意的结果。然而，RNN 和 RNN-RandExtreme 方法在需要日或月尺度输出时比 ANN 更为合适。

7.6　小　　结

　　本章基于 RNN 模型开发考虑时间连续性的气象数据统计降尺度方法，分析模型结构对降尺度结果的影响。研究结果表明，一个隐藏层和每层 100 个神经元的 RNN 结构可以得到最佳的降尺度结果。除最高气温外，RNN 对最低气温和降雨的降尺度结果均显著优于传统降尺度方法。RNN 对中国西北部地区气温降尺度结果的精度提升效果尤为显著。中国西北地区地处温带大陆性气候区，气温变化大，周期性波动比其他地区更为明显。RNN 有效地识别气温的时间连续性，因此提高降尺度的结果。对于降雨，RNN 能显著提高对是否发生降雨的模拟精度，在结合基于概率的随机生成方法之后，可以进一步提高对极端降雨的预测能力。渭河流域中上游降雨与气温的降尺度结果表明，RNN 的降尺度结果明显优于传统方法的降尺度结果，且在日和月尺度上更为明显。研究内容可以提升对未来气象数据的预测精度，为后续研究提供可靠的气象输入数据。

参 考 文 献

张明月，彭定志，胡林涓．2013．统计降尺度方法研究进展综述．南水北调与水利科技，11（3）：118-122.

Arslan N, Sekertekin A. 2019. Application of Long Short- Term Memory neural network model for the reconstruction of MODIS Land Surface Temperature images. Journal of Atmospheric and Solar- Terrestrial Physics，194：105100.

Baghanam A H, Eslahi M, Sheikhbabaei A, et al. 2020. Assessing the impact of climate change over the northwest of Iran: an overview of statistical downscaling methods. Theoretical and Applied Climatology, 141: 1135-1150.

Chen X W, Lin X. 2014. Big data deep learning: challenges and perspectives. IEEE Access, 2 (2): 514-525.

Fan L, Chen D, Fu C, et al. 2013. Statistical downscaling of summer temperature extremes in northern China. Advances in Atmospheric Sciences, 30 (4): 1085-1095.

Faramarzi M, Abbaspour K C, Vaghefi S A, et al. 2013. Modeling impacts of climate change on freshwater availability in Africa. Journal of Hydrology, 480: 85-101.

Gao X, Pal J S, Giorgi F. 2006. Projected changes in mean and extreme precipitation over the Mediterranean region from a high resolution double nested RCM simulation. Geophysical Research Letters, 33: L03706.

Hochreiter S, Schmidhuber J. 1997. Long Short-Term Memory. Neural Computation, 9 (8): 1735-1780.

Huang D, Qian Y, Zhu J. 2010. Trends of temperature extremes in China and their relationship with global temperature anomalies. Advances in Atmospheric Sciences, 27 (4): 937-946.

Huth R. 2002. Statistical Downscaling of Daily Temperature in Central Europe. Journal of Climate, 15 (13): 1731-1731.

Liu Y, Fan K, Yan Y P, et al. 2013. A new statistical downscaling scheme for predicting winter precipitation in China. Atmospheric and Oceanic Science Letters, 6 (5): 332-336.

Mearns L O, Bogardi I, Giorgi F, et al. 1999. Comparison of climate change scenarios generated from regional climate model experiments and statistical downscaling. Journal of Geophysical Research Atmospheres, 104 (6): 6603-6621.

Mogi M, Armbruster P A, Tuno N, et al. 2017. The climate range expansion of Aedes albopictus (Diptera: Culicidae) in Asia inferred from the distribution of Albopictus subgroup species of Aedes (Stegomyia). Journal of Medical Entomology, 54 (6): 1615-1625.

Ren Q, Yi L S, Wan W L. 2020. Research on the LSTM Mongolian and Chinese machine translation based on morpheme encoding. Neural Computing and Applications, 32 (1): 41-49.

Sachindra D A, Ahmed K, Rashid M M, et al. 2018. Statistical downscaling of precipitation using machine learning techniques. Atmospheric Research, 212: 240-258.

Vellinga M, Wood R A, Gregory J M. 2002. Processes governing the recovery of a perturbed thermohaline circulation in HadCM3. Journal of Climate, 15 (7): 764-780.

Wang G, Wang D, Trenberth K E, et al. 2017. The peak structure and future changes of the relationships between extreme precipitation and temperature. Nature Climate Change, 7 (4): 268-274.

Xue Y, Vasic R, Janjic Z, et al. 2007. Assessment of dynamic downscaling of the continental U.S. regional climate using the Eta/SSiB regional climate model. Journal of Climate, 20 (16): 4172-4193.

Zorita E, Frankignoul C. 2010. Modes of north Atlantic decadal variability in the ECHAM1/LSG coupled ocean-atmosphere general circulation model. Journal of Climate, 10 (2): 183-200.

Zorita E, Storch H V. 1997. The analog method as a simple statistical downscaling technique: comparison with more complicated methods. Journal of Climate, 12 (8): 2474-2489.

第8章 黄淮海典型流域非点源污染特征及其对气候变化的响应

8.1 引　言

农业氮素流失对环境的影响可分为对水环境和大气环境的影响。以有机和无机氮形式随地表径流向水体的氮素流失会造成严重的非点源氮污染问题，造成河流水质恶化，进而引发一系列水环境和水生态问题（Kumar et al., 2021；高海鹰等，2011）。以氧化亚氮形式向大气的氮素流失将会增强温室效应，加剧全球变暖的现象，对粮食安全和生物多样性等造成显著影响（Tian et al., 2020）。然而，当前研究一般只针对某个单独的流失途径进行分析。因此，建立一套综合考虑农业氮素流失对大气和水环境影响的评估框架迫在眉睫。

当前，环境变化日益加剧，对变化环境下的农业氮素流失模拟提出了新的挑战。首先，气候变化与土地利用变化是最主要的两个环境变化因子，也是绝大多数模拟模型的重要输入和驱动数据（Qian et al., 2021；Yang et al., 2019）。因此，获取高精度的环境变化数据是准确模拟农业氮素流失的前提。其次，模型自身参数是对真实物理过程的表征。环境变化对农业氮素流失的过程将产生不可忽视的影响。因此，使用动态变化的参数是提高模型对变化环境下农业氮素流失模拟精度的关键。然而，在当前研究中，环境变化数据往往准确度较低，模型参数也为静态参数，限制了模型对变化环境下农业氮素流失模拟的能力。

本章选取黄淮海流域典型农业区渭河中上游流域作为研究区，在实地调研的基础上，利用 SWAT 模型和校正后的 SWAT-N_2O coupler 分别进行非点源氮的迁移转化以及 N_2O 排放的模拟。结合多种优化算法，机器学习算法和机理模型，研发高精度环境变化数据，改进非点源污染模拟模型，构建变化环境下的非点源污染模拟与控制框架，分析非点源污染特征及对气候变化的响应。

8.2 黄淮海典型流域非点源污染模拟及分析

8.2.1 非点源氮污染模拟及时间分布特征

渭河上游流域夏季炎热多雨，冬季寒冷干燥，高温和充沛的降水主要在每年的 5~9 月［图 8-2-1（a）］（Zhao et al., 2019；Zhou et al., 2020），受此影响，非点源氮的流失也主要在这段时间内。7 月，在降水量达到顶峰的影响下，地表径流和产沙量也都达到最高值［图 8-2-1（b）~（d）］。在前期土壤水饱和的情况下，过多的降水会以地表径流的形式排出，因而地表径流在 7 月达到年内的最大值（$5.46\times10^8\,\mathrm{m}^3$）（表 8-2-1）。由于降水具有冲刷作用，因此过多的降水会造成土壤侵蚀，从而使产沙量增加，在 7 月达到年内的最大值（$9.63\times10^6\,\mathrm{t}$）（表 8-2-1）。与地表径流和产沙量不同的是，产水量在年内会产生两个峰值，分别发生在 7 月（$5.05\times10^7\,\mathrm{m}^3$）和 9 月（$5.31\times10^7\,\mathrm{m}^3$）[图 8-2-1（c），表 8-2-1]。这可能是由于 9 月是降水的次高峰（90.90mm），在此情况下，前期过多的降水还未完全排入河道，新的降水使该地产水量增加，总产水量甚至超过 7 月（表 8-2-1）。通过对气候因子和水文因子的在年内分布的分析可以得知，降水是水文因子在年内分布的重要驱动力（刘鸣彦等，2021）。

对于非点源氮的迁移，随地表径流流失的硝酸盐量在每次施肥后都会增加，但是每次施肥后当月流失总量都不一样，第一次最高，为 $1.89\times10^5\,\mathrm{kg}$，第三次最低，为 $6.31\times10^4\,\mathrm{kg}$ [图 8-2-1（e），表 8-2-1]。但是到了 7 月，单日随地表径流流失的硝酸盐量又达到一个峰值，这是 7 月的强降水所导致的。到了 9 月，由于降水的又一次增强，随地表径流流失的硝酸盐量又一次升高。流失的硝酸盐总量在第二次施肥后最高，为 $1.59\times10^6\,\mathrm{kg}$，在第一次施肥后最低，为 $2.89\times10^5\,\mathrm{kg}$ [图 8-2-1（f），表 8-2-1]。这是因为相比于第一次施肥，

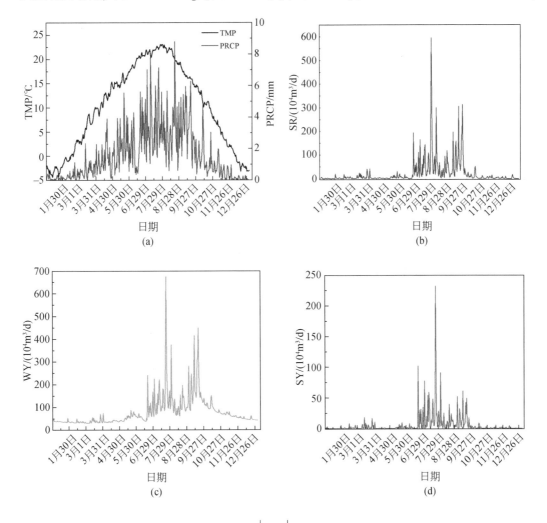

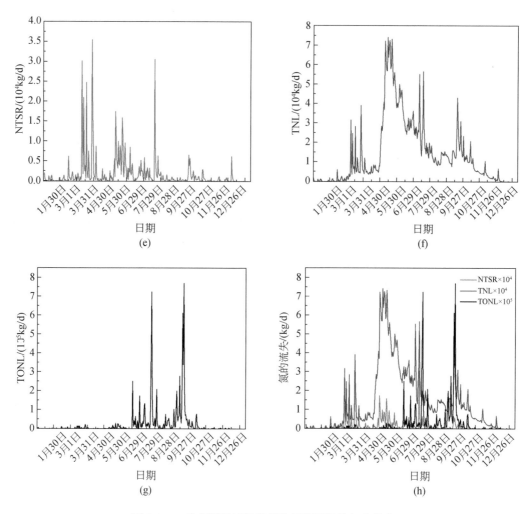

图 8-2-1 非点源氮迁移及相关环境因子的年内分布

第二次施肥后降水量更足，导致流失量也更大。此外，由于第一次施肥后土壤中氮的流失量较低（施肥开始与结束时土壤中硝酸盐浓度分别为 29.33mg/kg 和 20.56mg/kg），残留在土壤中的含氮化合物在第二次施肥后降水充足的情况下也一并流失，同样造成第二次施肥后土壤中流失的硝酸盐总量很大。相比于第二次施肥，第三次施肥后硝酸盐流失总量稍低。在第二次施肥前一天，土壤中硝酸盐的浓度为 23.72mg/kg，在施肥周期的最后一天，土壤中硝酸盐的浓度为 25.30mg/kg。这说明第二次施肥后并没有多余的硝酸盐进入第三次施肥周期，造成第三次施肥硝酸盐流失总量比第二次低。但是在 7 月和 9 月，流失的硝酸盐总量又出现几次小高峰，这与这两个月降水的增加有关。流失的有机氮总量受到施肥的影响不大，但是会受到产水量的影响，其峰值分别与产水量的峰值对应 [图 8-2-1（g）]。流失的有机氮总量在年内于 7 月（2.56×10⁶kg）和 9 月（3.81×10⁶kg）分别达到峰值 [图 8-2-1（g），表 8-2-1]。流失的有机氮总量在施肥周期内是第三次最大（5.64×10⁵kg），第一次最小（1.30×10⁵kg）（表 8-2-1），这与降水和地面产水量的逐渐增加有关。通过对非点源氮的迁移在年内分布的分析可以得知，降水同样是非点源氮迁移在年内分布的重要驱动力（Wang et al., 2018）。

表 8-2-1　各个变量的月平均值

月份	PRCP/mm	TMP/℃	SR/m³	WY/m³	SY/t	NTSR/kg	TNL/kg	TONL/kg
1	4.28	−2.90	2.05×10^7	1.12×10^7	1.38×10^5	1.05×10^4	1.10×10^4	2.01×10^4
2	7.80	0.62	3.74×10^7	9.20×10^6	2.70×10^5	2.24×10^4	2.82×10^4	4.68×10^4
3	2.23×10	6.44	1.07×10^8	1.16×10^7	9.22×10^5	1.89×10^5	2.89×10^5	1.30×10^5
4	3.83×10	1.18×10	1.84×10^8	1.08×10^7	7.74×10^4	2.82×10^4	1.92×10^5	1.57×10^4
5	6.64×10	1.56×10	3.18×10^8	1.69×10^7	4.48×10^5	1.53×10^5	1.59×10^6	1.96×10^5
6	6.96×10	1.99×10	3.34×10^8	2.07×10^7	2.42×10^6	6.31×10^4	1.03×10^6	5.64×10^5
7	1.14×10^2	2.20×10	5.46×10^8	5.05×10^7	9.63×10^6	8.38×10^4	7.19×10^5	2.56×10^6
8	9.74×10	2.09×10	4.68×10^8	3.35×10^7	2.82×10^6	1.01×10^4	3.74×10^5	6.38×10^5
9	9.09×10	1.59×10	4.36×10^8	5.31×10^7	3.35×10^6	3.67×10^4	4.99×10^5	3.81×10^6
10	3.93×10	1.06×10	1.88×10^8	2.79×10^7	3.13×10^5	1.39×10^4	2.62×10^5	3.18×10^5
11	1.70×10	3.95	8.16×10^7	1.85×10^7	1.93×10^5	1.32×10^4	9.14×10^4	4.17×10^4
12	2.81	−1.59	1.35×10^7	1.43×10^7	4.88×10^4	3.78×10^3	7.71×10^3	9.62×10^3

8.2.2　非点源氮污染模拟及空间分布特征

以渭河流域武山-咸阳段为研究区开展非点源氮污染模拟及空间分布特征研究，并划分为 4 个子区域，分别为武山（Wushan）、拓石（Tuoshi）、魏家堡（Weijiabao）和咸阳（Xianyang）区域。结果发现，非点源氮的迁移随地表径流流失的硝酸盐量、流失的硝酸盐总量以及流失的有机氮总量与降水在空间上的分布保持一致性（图 8-2-2）。这是由于非点源氮的迁移受到水文循环参数的强烈影响，而降水会直接影响水文循环参数在空间上的分布（Wang et al., 2018）。流失的有机氮总量分布与产沙量分布基本保持一致。这是因为有机氮通常附着在泥沙颗粒上，地表径流造成土壤侵蚀发生时，会将土壤颗粒连同有机氮一起冲刷进入河道内（Kiani et al., 2018）。此外，这三种类型的非点源氮还呈现出西南大部分较低的特点。西南大部分主要是海拔较高的山地，以林地和草地为主，因而农业氮肥的施用较少，非点源氮的流失较低。2 号子流域的流失的硝酸盐总量较高，但是随地表径流流失的硝酸盐量和流失的有机氮总量较低。原因是其土地利用类型超过一半是农田，有着较高的氮肥施用量，因而流失的硝酸盐总量较高。但是由于该地降水较少，地表径流较少，因此随地表径流流失的硝酸盐量和流失的有机氮总量较低。对于 20 号子流域和 21 号子流域，尽管它们有着相似的气候和水文条件，但是由于 20 号子流域以农田为主，21 号子流域以林地为主，它们的非点源氮流失有着很大的差异。

通过对渭河上游流域非点源氮的迁移及相关环境因子的空间分布特征的分析，可以发现，降水依然是导致非点源氮在空间分布上的重要驱动力。此外，不同土地利用类型之间的氮肥输入有着很大的差异，因此土地利用类型也是影响非点源氮在空间分布上的重要影响因素。

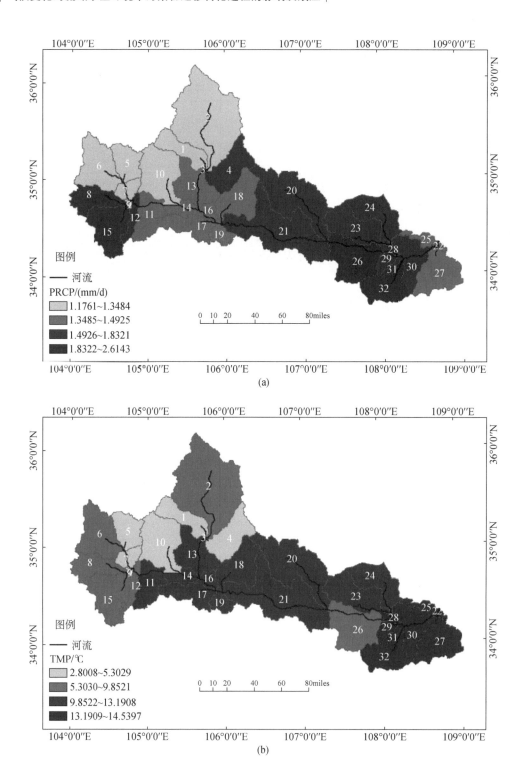

(a)

(b)

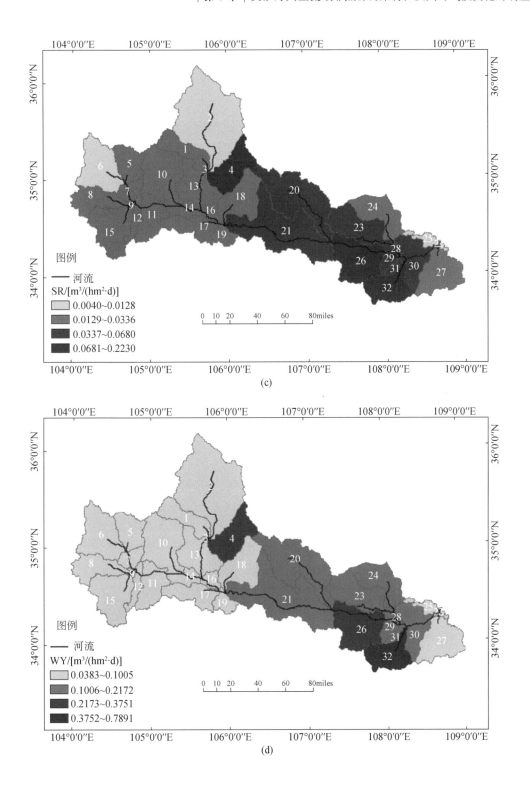

(c)

(d)

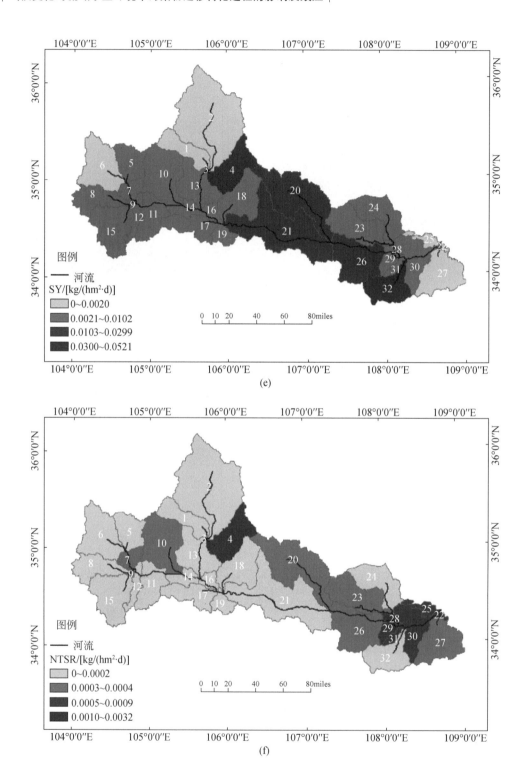

(e)

(f)

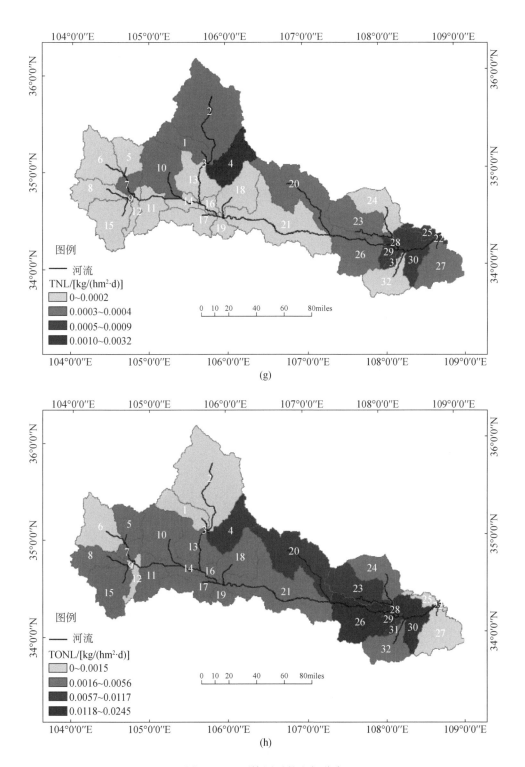

图 8-2-2 环境因子的空间分布

8.2.3 非点源氮的迁移与环境因子的相关性分析

将三种类型的非点源氮的迁移与环境因子之间进行相关性分析（表 8-2-2），结果表明，随地表径流流失的硝酸盐量与降水和地表径流密切相关。流失的硝酸盐总量也与降水和地表径流密切相关，虽然也和气温呈现密切相关的关系，这可能是渭河上游流域水热同期，降水量大的时候气温也高（Wang et al., 2018），从而造成流失的硝酸盐总量与气温的相关性很高。流失的有机氮总量与产水量和产沙量的关系最为密切，但这其中最根本的原因还是降水。对于以上相关性强的变量，它们在空间上的分布也基本上保持着一致性。总的来说，降水是非点源氮迁移的源动力。

表 8-2-2 非点源氮的迁移与环境因子之间的相关性

非点源氮	SR	WY	SY	PRCP	TMP
NTSR	0.222 **	0.080	0.168 **	0.221 **	0.122 *
TNL	0.488 **	0.204 **	0.170 **	0.488 **	0.601 **
TONL	0.500 **	0.866 **	0.755 **	0.500 **	0.263 **

* 在 0.05 水平（双侧）上显著相关。

** 在 0.01 水平（双侧）上显著相关。

8.3 黄淮海流域非点源污染对气候变化的响应

8.3.1 农业非点源氮素流失的时间变化特征

基于年尺度分析，渭河流域中上游未来整体农业非点源氮素流失呈下降趋势（图 8-3-1）。硝酸盐氮流失量在 2020～2070 年减少 90% 以上，有机氮流失总量减少约 57%。在所有土地利用变化情景中，退耕还林措施对农业非点源氮素流失具有最显著的影响。实施退耕还林措施情景下的硝酸盐氮流失量相比于未实施退耕还林措施情景下的硝酸盐氮流失量减少约 24%，有机氮流失减少约 11%。气候变化情景对农业非点源氮素流失同样具有极大的影响。RCP8.5 情景下硝酸盐氮与有机氮平均流失量分别比 RCP2.6 情景下的流失量多约 63% 和 30%。由上述分析结果可知，硝酸盐氮相比于有机氮更容易受到变化环境的影响。这是由于农田化肥过量施用是非点源氮素流失的最重要原因，而硝态氮又是氮肥的主要组成物质。农田面积的减少有效降低氮肥的施用量，进而减少硝酸盐氮的流失。

月尺度分析结果显示，硝酸盐氮在 3 月和 5 月流失量最大，不同情景下的平均流失量分别达到 595t 和 294t（图 8-3-2）。有机氮在 2 月、3 月和 6～8 月流失量最大。不同环境变化情景对非点源氮素的月尺度流失特征有显著影响。在实施退耕还林措施的情景下，硝酸盐氮与有机氮的流失量相比于未实施退耕还林措施情景下的流失量均减少超过 10%。气候变化对非点源氮素流失最高的月份造成的影响最大。RCP8.5 情景下硝酸盐氮在 3 月和 5

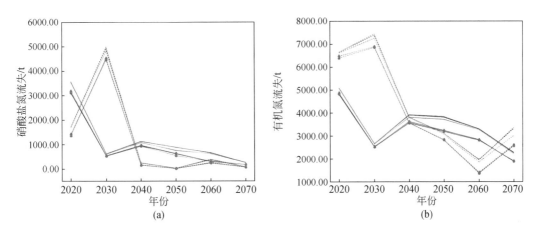

图 8-3-1　渭河流域中上游农业非点源氮素流失年尺度变化趋势图：(a) 硝酸盐氮流失；(b) 有机氮流失

月的流失总量比 RCP2.6 情景下的流失总量多约 220t。有机氮在 RCP8.5 情景下 2 月、3 月和 6~8 月的流失总量比 RCP2.6 情景下的流失总量多 776t 左右。

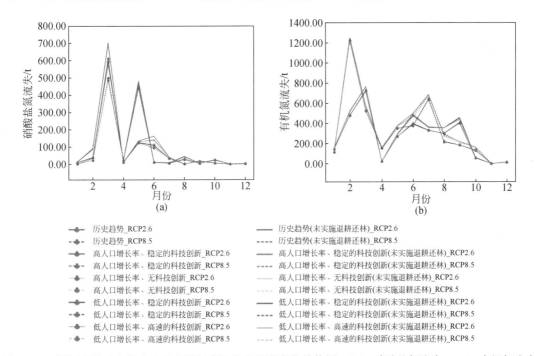

图 8-3-2　渭河流域中上游农业非点源氮素流失月尺度变化趋势图：(a) 硝酸盐氮流失；(b) 有机氮流失

　　硝酸盐氮在 3 月和 5 月流失量最大的原因主要是渭河流域武山—咸阳段的化肥施用时间为 3 月和 5 月。而有机氮的月尺度分布特征与气候变化显著相关。月尺度的分析结果阐明硝酸盐氮流失受化肥施用的影响更为明显，而有机氮流失对气候变化的响应更为突出。因此，对硝酸盐氮流失的控制应更关注化肥施用的量以及施用时间，而对于有机氮流失，应当针对气候变化特征合理制定控制措施。

环境变化对渭河流域武山—咸阳段农业非点源氮素流失空间分布特征影响显著（图 8-3-3）。硝酸盐氮在流域上游武山区域流失最为严重。首先，这是由于武山区域农田面积较大，化肥施用量大，因此土壤中的硝酸盐氮总量比较多。此外，武山区域 CANMX 参数值在四个区域中较小，CN2 参数在四个区域中最大，使得该区域降雨产流能力最强，水土流失量最大，因此硝酸盐氮随地表径流流失的量也最多。

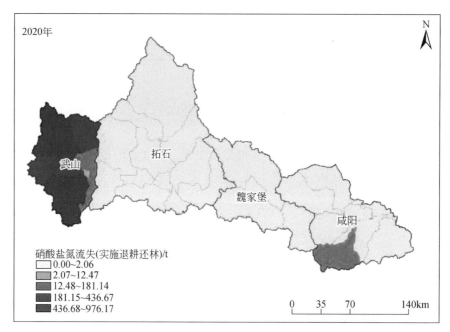

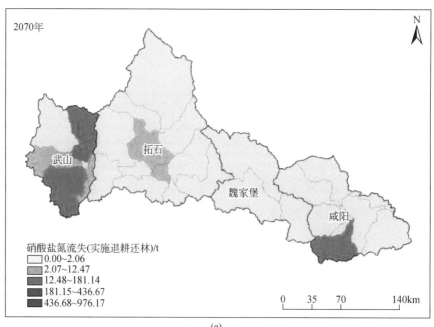

(a)

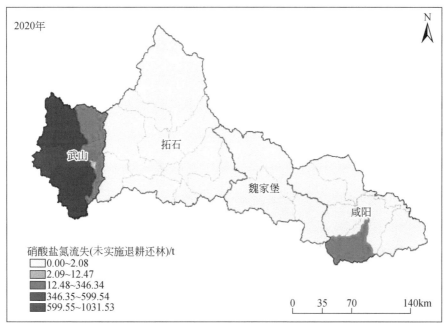

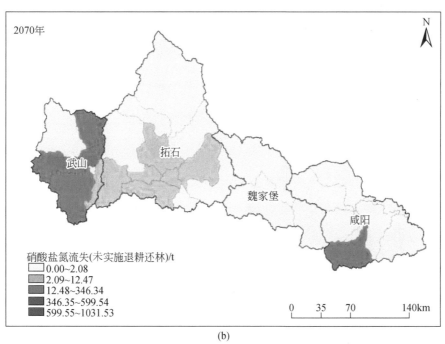

(b)

图 8-3-3　渭河流域中上游非点源硝酸盐氮流失空间分布图：（a）实施退耕还林措施情景下空间分布；（b）未实施退耕还林措施情景下空间分布

　　在实施退耕还林措施的情景下，武山区域 2020~2070 年硝酸盐氮流失减少量比没有实施退耕还林措施情景下的减少量多 2% 左右。此外，如果不实施退耕还林措施，2070 年拓石区域将有 6 个子流域发生更严重的硝酸盐氮流失，而在实施退耕还林的情景下，仅有 2 个子流域流失量会增加。

相比于硝酸盐氮，有机氮在武山和拓石区域均出现较严重的流失情况（图 8-3-4）。这是由于这两个区域泥沙流失比较严重，而有机氮的主要流失途径正是随泥沙流失（王云强等，2008）。因此退耕还林在这两个区域就显得尤为重要。如果不实施退耕还林措施，拓石区域所有子流域的有机氮流失量都将显著增加。而实施退耕还林措施后，拓石接近一半的子流域有机氮流失都将得到有效控制。

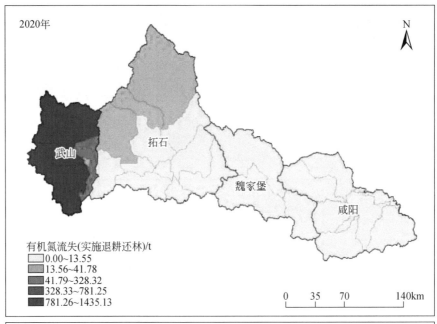

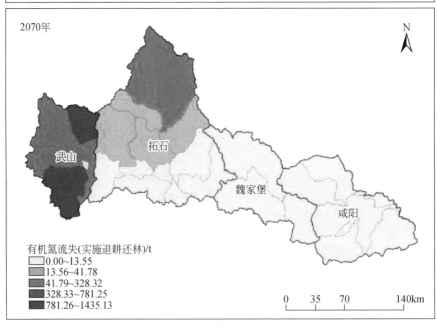

(a)

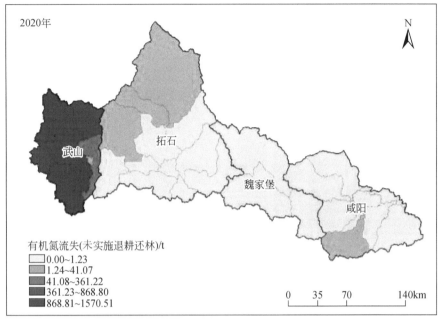

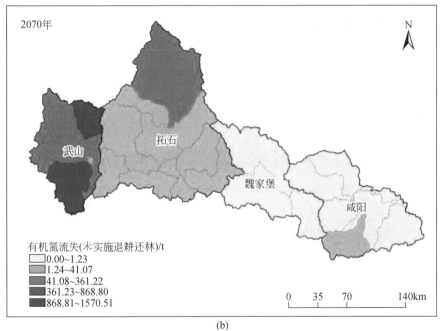

(b)

图 8-3-4 渭河流域中上游非点源有机氮流失空间分布图：（a）实施退耕还林措施
情景下空间分布；（b）未实施退耕还林措施情景下空间分布

　　渭河流域武山—咸阳段内 90% 以上的硝酸盐氮流失来自农田（图 8-3-5）。不同环境变化情景对硝酸盐氮流失来源具有一定的影响。实施退耕还林措施情景下的农田硝酸盐氮流失量占总流失量的比例比未实施退耕还林情景下的比例低约 1%。RCP2.6 情景下农田硝酸盐氮流失比例较为平稳，保持在90%以上。而RCP8.5情景下，农田硝酸盐氮流失比例呈现先下降后上升的趋势。

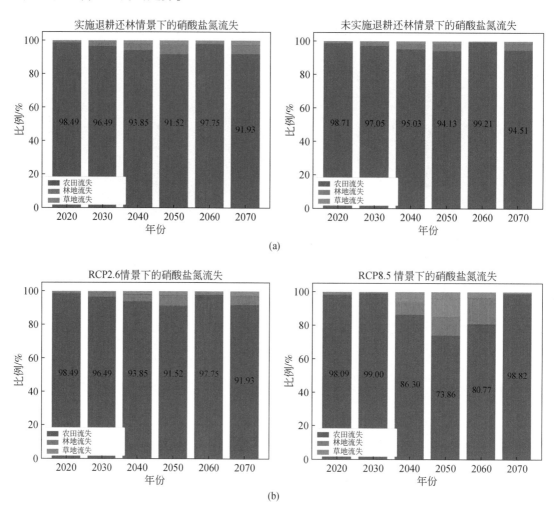

图8-3-5　渭河流域武山—咸阳段非点源硝酸盐氮流失来源比例图：
(a) 退耕还林措施的影响；(b) 气候变化的影响

　　有机氮流失50%左右来自农田，15%左右来自林地，约35%来自草地（图8-3-6）。实施退耕还林措施下农田有机氮流失比例比未实施退耕还林措施下的比例低约10%，而林地与草地的流失比例分别增加5%左右。RCP8.5情景下的农田有机氮流失比例比RCP2.6情景下的流失比例高约7%，草地有机氮流失比例低约7%。

　　变化环境下非点源农业氮素流失特征的改变对河流水质的影响显著（图8-3-7）。分析结果表明，渭河流域武山—咸阳段河道平均总氮浓度在2020～2070年发生了较大的变化，且不同土地利用与气候变化情景下的水质变化特征具有较大差异。其中，气候变化对水质的影响最为明显。在RCP2.6情景下，流域内河道平均总氮浓度2020～2070年下降约64%，而在RCP8.5情景下，平均总氮浓度上升超过一倍。这主要是因为RCP8.5情景下

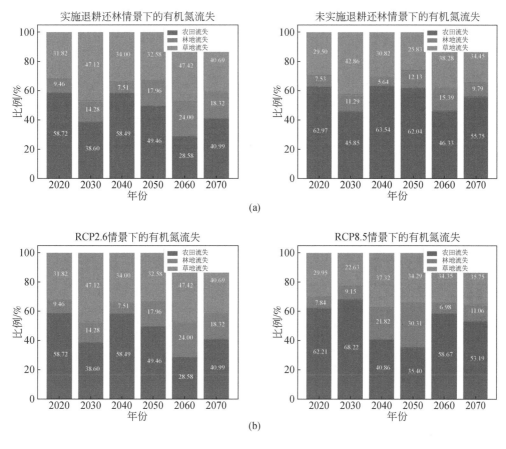

图 8-3-6 渭河流域武山—咸阳段非点源有机氮流失来源比例图：（a）退耕还林
措施的影响；（b）气候变化的影响

的气候变化更为显著，降水和气温增加幅度更大，水土流失更为严重，使得随地表径流和
泥沙进入河道的氮素更多。退耕还林措施的实施明显降低河道中总氮的浓度。在实施退耕
还林措施的情景下，河道总氮浓度相比于未实施退耕还林措施情景下的浓度下降约 8%，
且在 RCP8.5 情景下对总氮浓度的控制更为明显。退耕还林可以有效减少农田面积，使其
转变为水土保持能力更强的林地，从而控制水土流失的发生，减少氮素流失的风险（陈鸿
等，2020）。

不同形态氮在河道中的浓度分析结果显示，河道中氨氮的浓度在 2020～2060 年较为
平稳，保持在 0.05mg/L 左右，而在 2070 年，RCP8.5 情景下，浓度突然上升，超过
0.3mg/L ［图 8-3-8（a）］。这主要是因为 RCP8.5 情景下 2070 年降水量发生了突然的下
降，导致流域产流量降低，河道流量大幅减少。这使得河道对主要由点源排放的氨氮污染
物的稀释自净能力减弱，进而导致氨氮浓度的上升。硝酸盐氮的年尺度分布特征与总氮相
似，是河道内含氮污染物的主要组成部分，RCP8.5 情景下的硝酸盐氮浓度有较大幅度的
上升 ［图 8-3-8（b）］。值得注意的是，第 6 章中分析结果表明即使在 RCP8.5 情景下，
2020～2070 年，流域内硝酸盐氮的流失量也呈现下降趋势。而河道内硝酸盐浓度上升的主

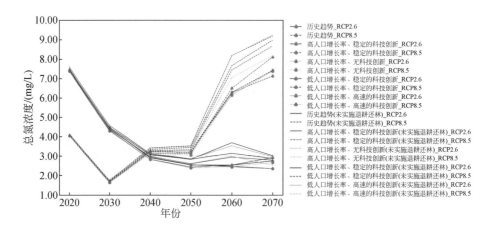

图 8-3-7　渭河流域武山—咸阳段非点源氮素流失对河道总氮浓度的影响

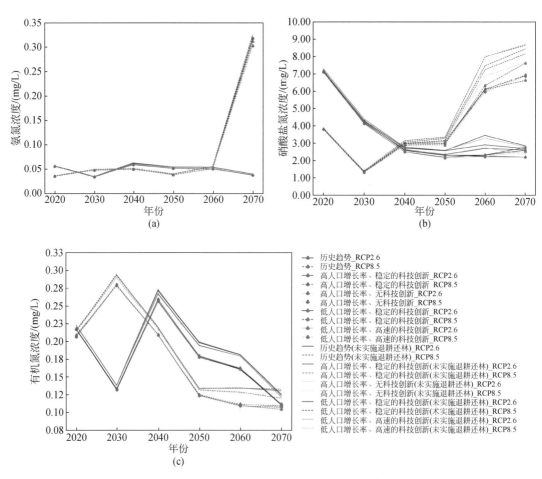

图 8-3-8　不同形态氮在河道中浓度变化趋势图：（a）氨氮；（b）硝酸盐氮；（c）有机氮

要原因是硝酸盐氮 5 月的流失量在 RCP8.5 情景下大幅增加,而 5 月正是施肥的月份。因此,施肥月份的气候变化特征对硝酸盐氮的流失及其在河道中的浓度具有决定性影响。有机氮的浓度在 2020~2070 年呈下降趋势,RCP8.5 情景下的浓度比 RCP2.6 情景下的浓度高约 5%,实施退耕还林措施情景下的浓度比未实施退耕还林措施情景下的浓度低约 8%〔图 8-3-8(c)〕。

月尺度分析结果表明,渭河流域武山—咸阳段河道平均总氮浓度在 5~8 月相对较高(图 8-3-9),最高浓度出现在 5 月,超过 20mg/L。RCP8.5 情景下的浓度比 RCP2.6 情景下的浓度平均高约 14%,在 5 月高出 49%。实施退耕还林措施可以将河道总氮浓度降低约 7%。

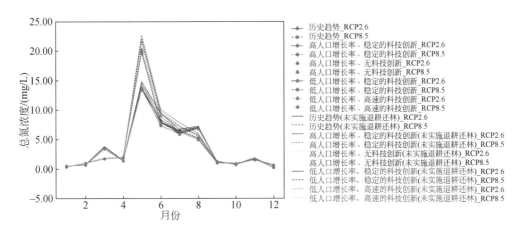

图 8-3-9 渭河流域武山—咸阳段非点源氮素流失对河道总氮浓度的月尺度影响

不同形态氮污染物月尺度分布具有较大差异(图 8-3-10)。氨氮在 2 月和 12 月浓度最高,这是由于冬季河道流量较小,点源排放的大量氨氮无法被有效稀释。此外,氨氮通过硝化作用向硝酸盐氮转化的过程受温度影响显著。冬季水温较低,氨氮转化速率慢,因此河道中氨氮浓度较高(胡敏鹏,2019)。硝酸盐氮高浓度主要出现在春夏季,且 5 月浓度最高。这主要是因为春、夏季降水量较大,导致流失进入河道的硝酸盐氮负荷较高。此外,由于 5 月正好是施肥的月份,因此土壤中硝酸盐氮含量最多,流失量也最大,最终造成河道硝酸盐氮浓度最高。有机氮在 2 月、3 月和 6~8 月浓度最高,与其在流域中的流失特征一致。

渭河流域中上游未来经农田氧化亚氮排放流失的氮素量整体呈下降趋势(图 8-3-11)。2020~2070 年,平均流失量由约 5970Mg N 下降至 4550Mg N 左右,减少约 24%。不同环境变化情景对流失量影响显著,且不同情景下的流失量差异 2020~2070 年逐渐增大,标准差由 423Mg N 上升至 748Mg N。土地利用变化对由氧化亚氮排放导致的氮素流失影响最大,且实施退耕还林是控制流失量最有效的手段。实施退耕还林情景下的流失量相比未实施退耕还林情景下的平均流失量减少约 14%。气候变化对流失量同样具有明显的影响。RCP8.5 情景下的流失量比 RCP2.6 情景下的流失量平均多约 6%。其他社会经济发展因子通过影响农田面积的变化进而对流失量具有一定的影响。

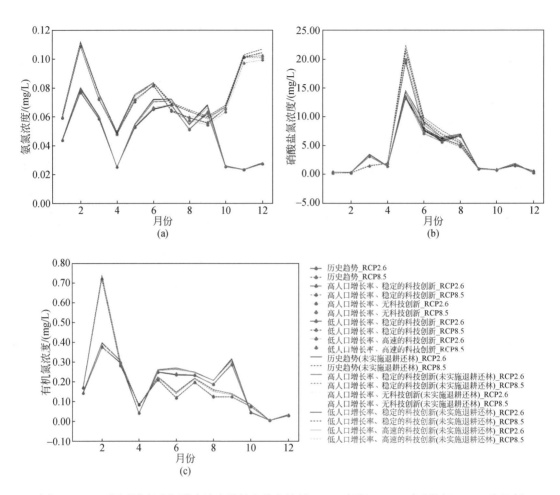

图 8-3-10　不同形态氮在河道中浓度月尺度分布特征：（a）氨氮；（b）硝酸盐氮；（c）有机氮

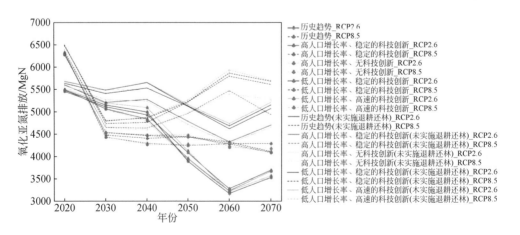

图 8-3-11　渭河流域中上游农田氧化亚氮排放氮素流失趋势

农田土壤是氧化亚氮排放的直接来源，因此土地利用变化直接影响到由氧化亚氮排放导致的氮素流失，在未来流失量变化中起主导作用（Xia et al.，2020）。而气候变化，主要是降水和气温的变化，通过改变氧化亚氮排放的环境条件对流失速率造成影响，进而影响流失量（Li et al.，2019）。退耕还林措施可以有效降低由气候变化导致的流失风险。例如，2060 年在 RCP8.5 情景下，由于降水和气温相比于 2050 年显著增加，在未实施退耕还林的情况下流失量大幅上升。而在实施退耕还林措施后，流失量被有效控制，甚至有所下降。因此，实施退耕还林措施是控制由氧化亚氮排放导致的氮素流失的关键。

渭河流域武山—咸阳段由氧化亚氮排放导致的氮素流失速率在 2020~2070 年整体呈下降趋势，从 3.12kg/hm² 减少至 2.81kg/hm²，减少约 10%（图 8-3-12）。流失速率的变化主要与气候变化相关。虽然 RCP2.6 与 RCP8.5 情景下的流失速率具有较大的波动性，但 RCP8.5 情景下的平均流失速率比 RCP2.6 情景下的流失速率要高 2% 左右。

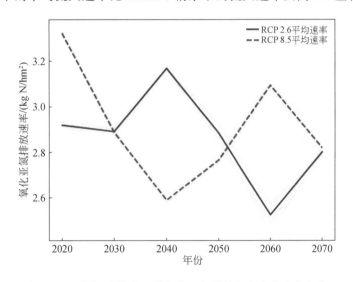

图 8-3-12　渭河流域中上游氧化亚氮排放氮素流失速率变化

8.3.2　农业非点源氮素流失的空间变化特征

渭河流域中上游河道总氮浓度空间分布结果表明，流域上游武山区域和下游咸阳区域河道总氮浓度最高（图 8-3-13）。武山区域由于其产流能力最强，其耕地面积较多，导致该区域水土流失较为严重。而咸阳区域位于流域下游，不仅受到自身子流域氮素流失的影响，同时还受到上游随径流而来的氮素的影响。此外，该区域点源较多，也在一定程度上增加了河道内总氮的浓度。

不同形态氮污染物空间分布结果显示，氨氮在干流浓度较高，咸阳区域最高，主要受到魏家堡和咸阳区域点源污染的影响［图 8-3-14（a）］。硝酸盐氮在咸阳区域浓度最高，而咸阳区域硝酸盐氮流失并非最大，因此，咸阳区域的高硝酸盐氮浓度很有可能是受到上

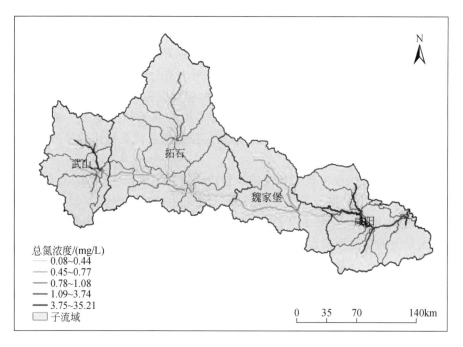

图8-3-13　渭河流域中上游河道总氮浓度空间分布

游来水中硝酸盐氮的影响 [图8-3-14（b）]。有机氮在武山区域河道中浓度最高，主要是因为该区域水土流失严重，随泥沙流失的有机氮量最多 [图8-3-14（c）]。

　　渭河流域中上游氧化亚氮排放导致的氮素流失空间分布特征与耕地分布较为一致，高流失量主要发生在流域上游和下游区域（图8-3-15）。退耕还林对流失量有明显的控制效果。在实施退耕还林的情景下，武山、拓石、魏家堡和咸阳区域2020～2070年流失量分别下降约28%、14%、53%和54%。而在未实施退耕还林的情景下，魏家堡和咸阳区域

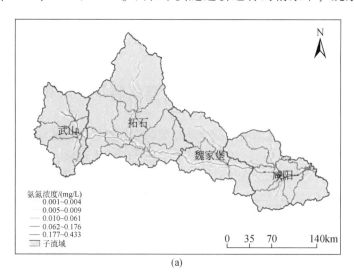

(a)

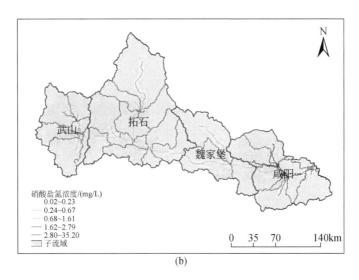

(b)

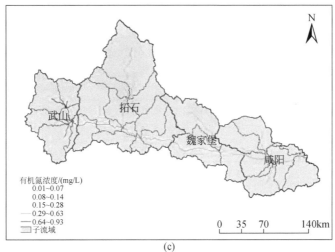

(c)

图 8-3-14 渭河流域中上游不同形态氮浓度空间分布：（a）氨氮；（b）硝酸盐氮；（c）有机氮

流失量减少仅 10% 与 47%。而武山和拓石区域流失量甚至出现上升，分别增加约 2% 和 12%。在实施退耕还林措施的情景下，武山、拓石、魏家堡和咸阳区域耕地面积分别减少约 31%、16%、54% 和 38%。而在未实施退耕还林措施的情景下，武山、魏家堡和咸阳区域耕地面积分别仅减少约 2%、11% 和 26%，拓石区域耕地面积则增加约 8%。流失量与耕地面积呈显著正相关关系。气候变化情景对不同区域的影响不同。RCP8.5 情景下武山和拓石区域流失量的减少比例比 RCP2.6 情景下的减少比例分别多约 65 个百分点与 165 个百分点，而魏家堡和咸阳区域则分别少约 3 个百分点与 56 个百分点。这种现象主要与气候变化的区域差异性有关。

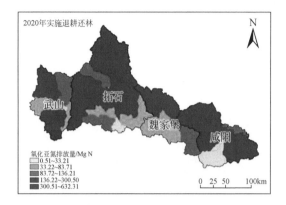

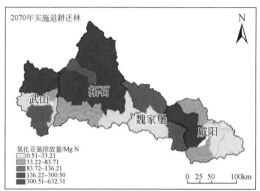

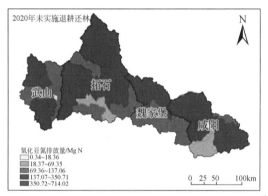

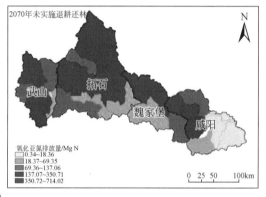

(a)

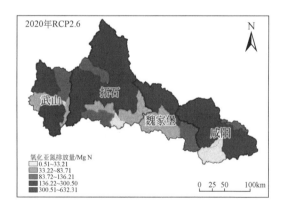

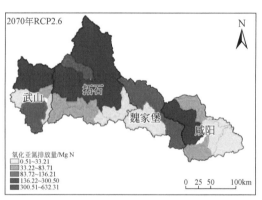

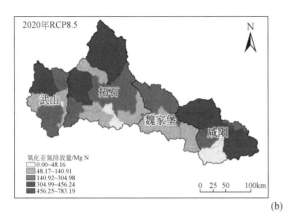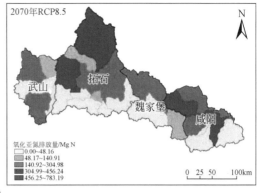

(b)

图 8-3-15 渭河流域中上游环境变化对氧化亚氮排放氮素流失的影响：（a）实施退耕还林
措施的影响；（b）气候变化的影响

8.3.3 农业非点源氮素流失时空变化特征分析

基于农业非点源氮素流失以及农田氧化亚氮排放导致的氮素流失模拟结果，分析了渭河流域武山—咸阳段 2020～2070 年农业氮素流失的变化特征以及不同流失途径所占比例。结果表明，2020～2070 年，渭河流域武山—咸阳段农业氮素流失量整体呈下降趋势，从 2020 年约 14 190t 减少至 2070 年 7193t 左右，减少幅度约 49%（图 8-3-16）。耕地面积的减少是流失量下降的主要原因。不同流失途径对总流失量的贡献在 2020～2070 年也发生了较为明显的变化。由农田氧化亚氮排放流失的氮素比例由 40% 左右上升至超过 60%，而由于农业非点源流失的氮素比例从约 58% 下降至约 37%。气候变化是氮素流失来源发

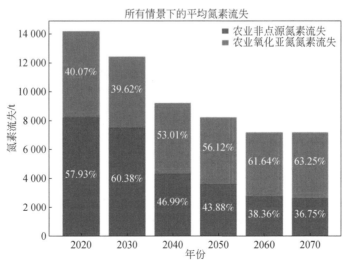

图 8-3-16 渭河流域中上游农业氮素流失及来源比例变化趋势图

生变化的主要原因。流域范围内气温的显著增高，直接增加农田氧化亚氮的排放。但农业非点源氮素流失受气温变化的间接影响，因此相比于农田氧化亚氮排放导致的氮素流失，变化程度相对较低。

退耕还林措施对农业氮素流失量具有削减效果，退耕还林措施情景下的流失量比未实施退耕还林措施情景下的流失量减少约 14%（图 8-3-17）。氮素流失来源所占比例同样受到一定的影响。在实施退耕还林的情景下，由氧化亚氮排放导致的氮素流失量下降更为明显，这说明农田氧化亚氮排放导致的氮素流失相比于农业非点源氮素流失更容易受到土地利用变化的影响，对土地利用变化响应更快。这可能是因为农田氧化亚氮排放直接受到农田面积的影响，而非点源氮素流失过程更为复杂，受影响因素更多，所以对环境变化的响应具有一定的滞后性。

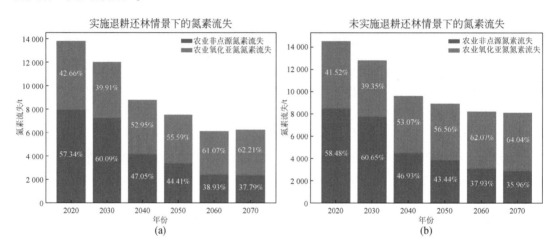

图 8-3-17　退耕还林对农业氮素流失来源比例的影响：（a）实施退耕还林；（b）未实施退耕还林

不同气候变化情景下的氮素流失来源比例变化特征主要受气象因子变化的影响（图 8-3-18）。且农田氧化亚氮排放导致的氮素流失所占比例与降水和气温的变化呈正相关。这同样是因为农田氧化亚氮排放更容易受到环境变化的影响，因此在降水量增加和气温升高的情况下，排放量增加幅度比农业非点源污染流失量增加幅度更大，从而导致其氮素流失量所占比例增加。

农业氮素流失来源的空间分布特征结果表明，流域上游武山区域农业氮素流失主要来源于农业非点源，而其他区域农田氧化亚氮排放是氮素流失的主要途径（图 8-3-19）。出现此种现象的主要原因是武山区域 CN2 参数值在所有区域中最高，而 CANMX 参数值相对较低，因此武山区域的降雨产流能力最强，从而导致水土流失情况较为严重。所以该区域随地表径流流失的氮素含量最高。2070 年武山区域由于农业非点源流失的氮素量所占比例有所下降，这是由于受环境变化的影响，武山区域 CN2 参数值呈下降趋势，产流能力下降，一定程度上控制了水土流失的发生，从而减少了随地表径流流失的氮素量。

土地利用变化对氮素流失来源比例的空间分布特征影响不大，而气候变化的影响较为显著。RCP8.5 情景下拓石区域由农业非点源氮素流失为主要来源的子流域数量多于

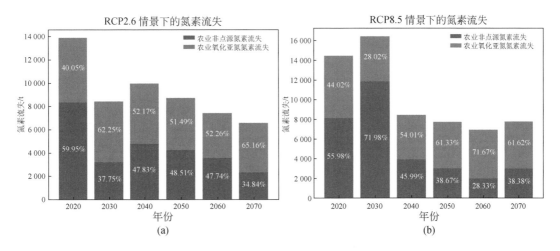

图 8-3-18 气候变化对农业氮素流失来源比例的影响：（a）RCP2.6 情景；（b）RCP8.5 情景

RCP2.6 情景下的子流域数量。这是由拓石区域内不同子流域气候变化特征差异导致的。但此种差异在 2070 年变得并不显著，揭示耕地面积的减少可以在一定程度上减少气候变化对农业氮素流失的影响。

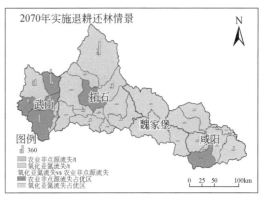

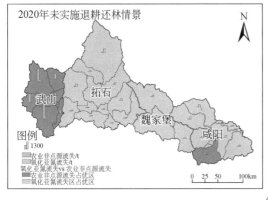

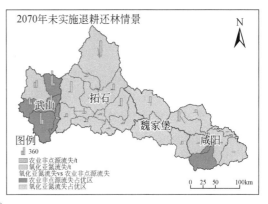

(a)

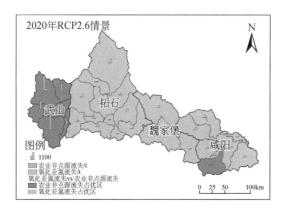
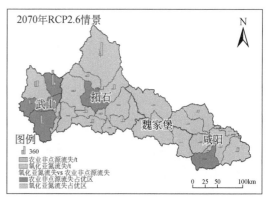
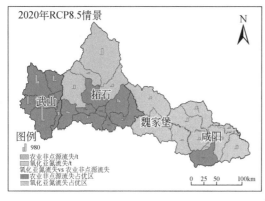
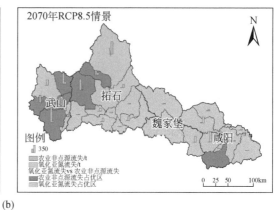

(b)

图 8-3-19　环境变化对农业氮素流失来源空间分布的影响：（a）退耕还林措施的影响；
（b）气候变化的影响

8.4　黄淮海流域水环境对气候变化的响应

8.4.1　非点源污染中氮素流失总量对气候变化的响应

渭河流域中上游2020～2070年理想水环境容量呈下降趋势，总氮理想水环境容量从
13 468t 下降至5050t，下降约63%（图8-4-1）。有机氮、氨氮和硝酸盐氮各占三分之一左
右。理想水环境容量表征河道对污染物的稀释与降解能力。容量下降，代表河道的自净能
力降低，容纳污染物的总量减少。

不同气候变化情景下的理想水环境容量差异显著（图8-4-2），在 RCP8.5 情景下的理
想水环境容量比 RCP2.6 情景下的容量平均高约 8%。但 RCP8.5 情景下的容量在2020～
2070 年明显减少，而 RCP2.6 情景下的容量基本保持平稳。这主要是在 RCP8.5 情景下，
气温持续上升，导致流域内蒸散发量显著增加，径流量明显降低，进而使得河道对污染物

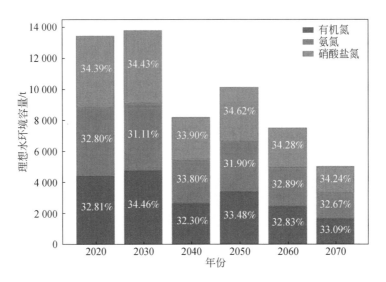

图 8-4-1　渭河流域中上游理想水环境容量变化趋势

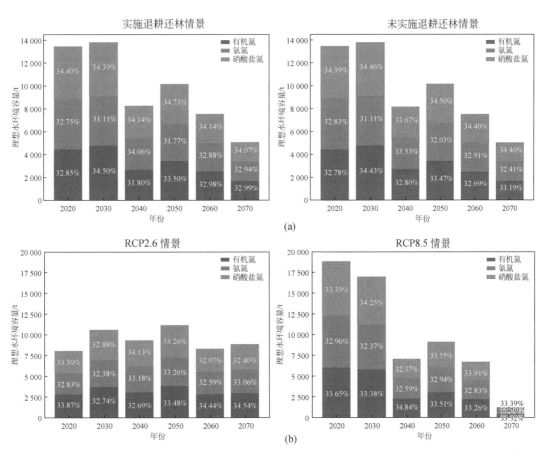

图 8-4-2　环境变化对理想水环境容量影响：（a）退耕还林措施的影响；（b）气候变化的影响

的稀释能力下降，容量减少。

理想水环境容量的空间分布结果显示，有机氮、氨氮和硝酸盐氮的容量空间分布一致，均在干流理想容量最大，支流相对较小（图8-4-3）。这是因为干流径流量大，对污染

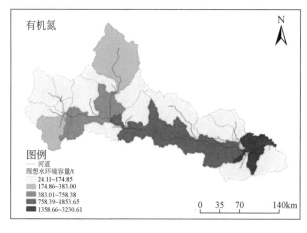

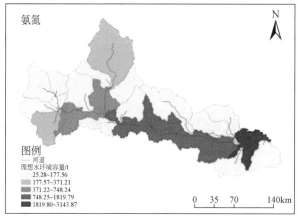

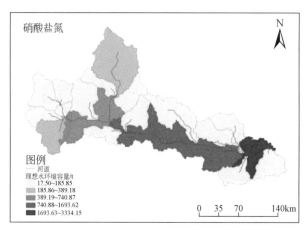

图 8-4-3 渭河流域中上游理想水环境容量空间分布图

物的稀释能力强，所以能容纳更多的污染物。然而，理想水环境容量仅仅是在不考虑污染物输入的情况下的河道自净能力，需进一步对流域内河道的实际和剩余水环境容量进行分析，阐明环境变化对河道纳污能力的影响。

渭河流域中上游实际水环境容量约900t，远低于理想水环境容量。这表明，流域内各河道受上游污染物的影响显著（图8-4-4）。其中，硝酸盐氮受影响最为明显。硝酸盐氮的理想水环境容量约3000t，而实际水环境容量却出现负值，约−27t，表明流域内部分河道即使所在子流域不排放硝酸盐氮，河道污染物仍然会超出河道的容纳能力。实际水环境容量在2020~2070年呈下降趋势，硝酸盐氮最为显著。

环境变化对实际水环境容量有显著影响。实施退耕还林措施情景下河道各形态氮污染物的实际容量均大于未实施退耕还林情景下的实际容量。其中硝酸盐氮的实际容量在实施退耕还林情景下约是未实施退耕还林情景下的6倍。不同气候变化情景下的实际水环境容量差异较为明显，且波动较大，但整体趋势与理想水环境容量较为一致。

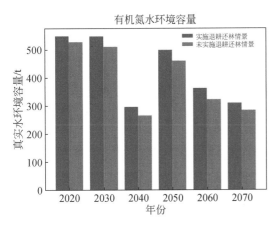

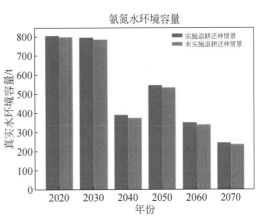

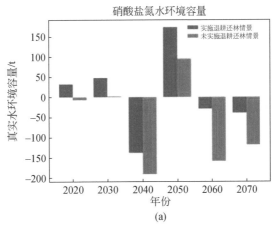

(a)

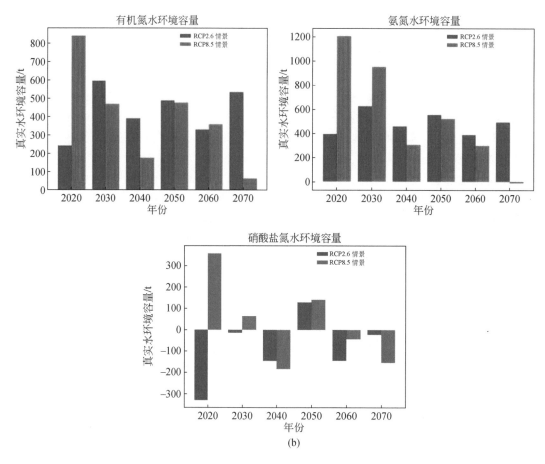

图 8-4-4　实际水环境容量变化趋势：（a）退耕还林措施的影响；（b）气候变化的影响

　　实际水环境容量的空间分布结果显示，氨氮在所有河道实际容量均大于零，表明河道氨氮的污染受上游污染物的影响较小（图 8-4-5）。而有机氮和硝酸盐氮均有部分河道实际水环境容量小于零。有机氮负容量主要出现在上游拓石区域，主要因为武山区域是有机氮流失的主要区域，武山区域流失的大量有机氮无法在自身河道得到充分稀释与降解，从而随径流进入下游河道，造成下游河道的有机氮含量超标。硝酸盐氮的实际水环境容量出现负值主要发生在拓石和咸阳区域，与硝酸盐氮的流失空间分布较为一致。

　　剩余水环境容量是综合考虑上游污染物以及河道所在子流域排放污染物影响下的河道纳污能力，其结果代表河道在现有情况下还能容纳的或者需要削减的污染物量。渭河流域中上游剩余水环境容量分析结果表明有机氮与氨氮仍存在剩余容量，分别约为 291t 和 514t，但剩余容量在 2020～2070 年逐渐下降（图 8-4-6）。硝酸盐氮的剩余容量除 2050 年外均为负值，表明流域内硝酸盐氮的流失量已经超过河道的稀释自净能力，且此种现象正不断加剧。2020～2070 年，应削减的硝酸盐流失量从约 100t 上升至超过 200t。

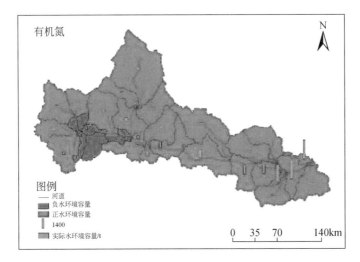

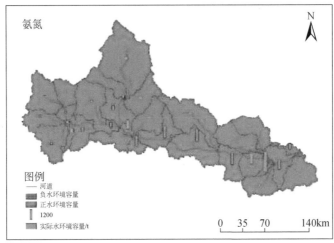

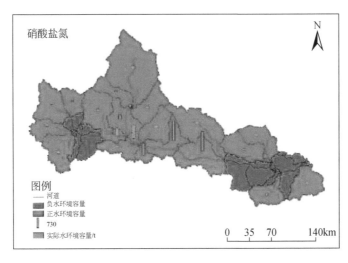

图 8-4-5 实际水环境容量空间分布特征

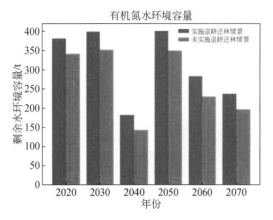

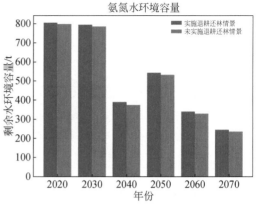

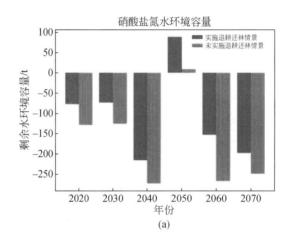

(a)

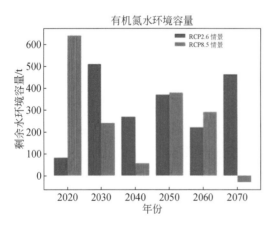

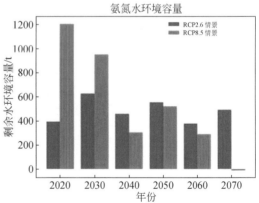

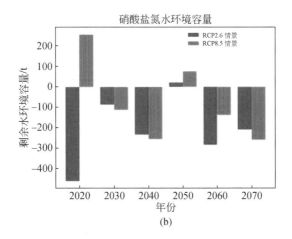

(b)

图 8-4-6　剩余水环境容量变化趋势：（a）退耕还林措施的影响；（b）气候变化的影响

　　不同环境变化情景下的剩余水环境容量具有明显的差异。实施退耕还林措施可以显著增加河道的剩余水环境容量。实施退耕还林后，渭河流域中上游河道的有机氮、氨氮和硝酸盐氮剩余水环境容量将分别增加约 18%、2% 和 176%。退耕还林可以有效控制水土流失，同时减少由化肥施用导致的氮素流失。由于硝酸盐氮是渭河流域中上游化肥的主要成分，因此硝酸盐氮的剩余水环境容量受退耕还林措施的影响最为明显。气候变化同样对剩余水环境容量具有较大的影响。RCP8.5 情景下的剩余水环境容量在 2020 年和 2030 年高于 RCP2.6 情景下的容量，然而随着时间推移，RCP8.5 情景下的剩余容量逐渐低于 RCP2.6 情景下的容量，表明虽然气候变化具有较大的波动性，但 RCP8.5 情景从长远来看对河道氮污染的影响更为显著。

　　渭河流域中上游不同形态氮的剩余水环境容量空间分布具有较大的差异。有机氮在流域下游仍然具有较大的剩余容量，部分河道超过 1000t［图 8-4-7（a）］。然而，在上游武山区域，有机氮流失量已经超过河道的纳污能力，需减少约 666t 有机氮流失才能使水质达

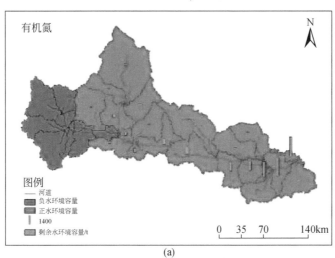

(a)

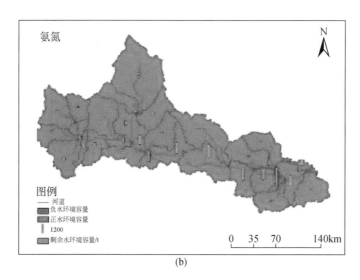

(b)

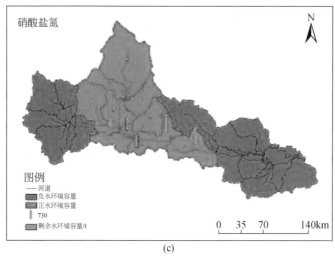

(c)

图 8-4-7　不同形态氮剩余水环境容量空分分布特征：（a）有机氮；（b）氨氮；（c）硝酸盐氮

标。氨氮在所有子流域均有剩余的水环境容量，且干流容量剩余最多 [图 8-4-7 （b）]。这主要是因为氨氮不是渭河流域中上游主要的污染物质，且点源污染已经被较为有效的控制，所以河道中氨氮的浓度较低。硝酸盐氮在武山和咸阳所有子流域以及魏家堡部分子流域流失量已经超过河道纳污能力，平均需削减 444t [图 8-4-7 （c）]。

　　综上所述，渭河流域中上游氮素流失对水环境具有显著影响。虽然氮素流失量因耕地面积减少而有所下降，河道径流量同样会由于受到气候变化以及土地利用变化的影响而减少，流域内河道纳污能力在未来会呈现下降的趋势。河道硝酸盐氮的剩余水环境容量已经不足，并且在未来这种现象可能会愈发严重。退耕还林措施是减少氮素流失、改善水质的重要手段，可以有效提高河道的剩余水环境容量。不同形态氮污染物的剩余容量空间分布各不相同，有机氮需着重关注上游区域的流失控制，而硝酸盐氮除上游区域外，下游流域出口区域的流失也需要进行削减。

8.4.2 非点源污染中氧化亚氮流失总量对气候变化的响应

虽然渭河流域中上游由农田氧化亚氮排放导致的氮素流失量整体呈下降趋势，但部分子流域排放量却出现一定程度的上升（图 8-4-8）。2020～2070 年，平均有 18 个子流域排放量超过 2015 年的水平，约占总子流域数量的 56%。拓石和咸阳区域超标排放子流域数量最多。不过，超标排放的子流域数量在未来将逐渐减少，2020～2070 年，约 42% 的超标排放子流域将恢复 2015 年的排放水平。

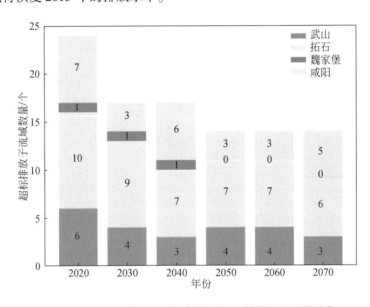

图 8-4-8　渭河流域中上游超标排放子流域数量的变化趋势

不同环境变化情景下的超标排放子流域数量具有较大差异（图 8-4-9）。实施退耕还林措施情景下的平均超标排放子流域数量相比于未实施退耕还林情景下减少约 35%，且 2020～2070 年减少幅度不断增加。到 2070 年，在实施退耕还林措施的情景下，仅有约 28% 的子流域排放仍然高于 2015 年的水平，而在未实施退耕还林措施的情景下，仍有 53% 的子流域排放超标。退耕还林措施可以将不适合耕种的农田转变为林地，在控制水土流失的同时，也减少氮素向土壤的输入，从而有效控制氧化亚氮的排放。气候变化对超标子流域数量的影响并不明显。RCP2.6 与 RCP8.5 情景下的超标子流域数量波动较大，主要受降水和气温波动的影响。

上述结果表明，渭河流域中上游还有很大一部分区域需要对氧化亚氮排放进行削减与控制，以将流失量控制在 2015 年的水平。退耕还林措施对削减量的影响尤为显著（图 8-4-10）。在未实施退耕还林措施的情景下，平均每年需削减 903t 流失量。而在实施退耕还林措施的情景下，2050 之前平均每年仅需削减 761t 流失量，而 2050 年之后则无须再进行削减，每年平均还有约 424t 的剩余排放空间。气候变化对削减目标也有一定的影响。

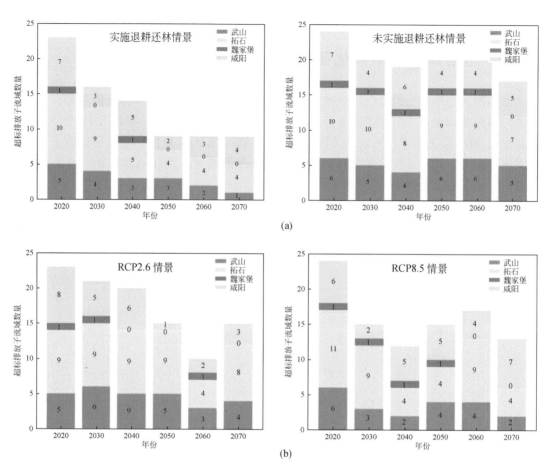

图 8-4-9 不同环境变化情景下超标排放子流域数量变化：（a）退耕还林措施的影响；
（b）气候变化的影响

RCP8.5 情景下所需削减量比 RCP2.6 情景下所需削减量多约 55%。

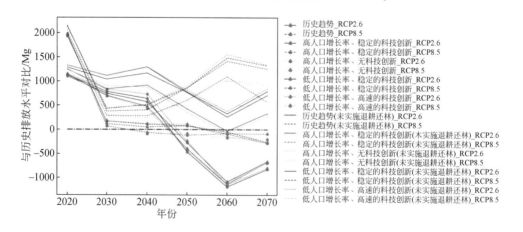

图 8-4-10 渭河流域中上游不同环境变化情景下氧化亚氮排放氮素流失削减量

　　削减量的空间分布结果表明，整个流域平均约有56%的子流域需要对氧化亚氮排放采取控制措施，主要在武山、拓石和咸阳区域（图8-4-11）。退耕还林措施对削减量的空间分布具有显著影响。在未实施退耕还林措施的情景下，有约72%的子流域需要削减流失量，而在实施退耕还林措施的情景下，仅有约47%的子流域需要进行削减。且实施退耕还林可以将这些子流域的流失削减量减少约34%。退耕还林措施对削减量空间分布的影响在武山和拓石区域最为显著，因为退耕还林主要发生在这些具有较高坡度的区域。气候变化对削减量的空间分布特征影响不大。RCP8.5情景下咸阳区域需要进行流失量削减的子流域数量增多，而拓石区域需要进行削减的子流域数量减少。这主要是因为不同气候变化情景下降水和气温变化的时空分布具有较大差异。

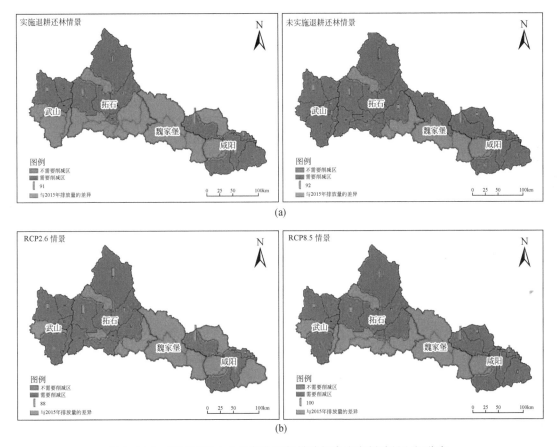

图 8-4-11　渭河流域中上游氧化亚氮排放氮素流失削减量空间分布：
（a）退耕还林措施的影响；（b）气候变化的影响

8.5　小　　结

　　从时间分布上来看，渭河上游流域三种类型的非点源氮的迁移以及相关环境变量的年际变化趋势只有气温和降水表现为显著增加，其余变量均没有显著性变化；年内变化呈现受气候因子尤其是受降水影响较大的特点。一般来说，夏季高温多雨，容易造成非点源氮的流失，降水在时间分布上对非点源氮的流失起到重要的作用。从空间分布上来看，受到降水的驱动，渭河上游流域三种类型的非点源氮的流失与降水在空间分布上保持一致。此外，非点源氮的流失受到土地利用类型的影响较大。农田分布比例越高的地区，其非点源氮的流失也较多。相关性分析表明降水是非点源氮迁移的源动力。

通过耦合农业非点源污染模型 SWAT 模型与农田氧化亚氮排放模拟模型，构建农业氮素流失模拟框架。在此框架的基础上，以开发的高精度环境变化数据驱动模型，并在模拟过程中动态调整模型参数，实现对渭河流域中上游 2020~2070 年变化环境下的农业氮素流失模拟与预测。结果表明，渭河流域中上游 2020~2070 年农业氮素流失量呈下降趋势，气候变化对氮素流失来源的比例具有较大影响。此外，模型参数的变化改变流域产流的过程，进而影响流域农业氮素的流失。结果表明农业氮素在变化环境下的流失特征发生巨大变化，其对环境的影响以及总量控制目标需进一步深入研究。

参 考 文 献

陈鸿, 刘刚, 刘普灵, 等. 2020. 退耕还林背景下的小流域侵蚀产沙研究. 泥沙研究, 45 (2)：55-61.

高海鹰, 庄霞, 张奇. 2011. 鄱阳湖乐安江流域非点源氮污染时空变化特征分析. 长江流域资源与环境, 20 (5)：597-602.

胡敏鹏. 2019. 流域非点源氮污染的滞后效应定量研究. 杭州：浙江大学.

刘鸣彦, 房一禾, 孙凤华, 等. 2021. 气候变化和人类活动对太子河流域径流变化的贡献. 干旱气象, 39 (2)：244-251.

王云强, 张兴昌, 韩凤朋. 2008. 黄土高原淤地坝土壤性质剖面变化规律及其功能探讨. 环境科学, 29 (4)：1020-1026.

Kiani F, Behtarinejad B, Najafinejad A, et al. 2018. Simulation of nitrogen and phosphorus losses in loess landforms of northern Iran. Eurasian Soil Science, 51 (2)：176-182.

Kumar D, Patel R A, Ramani V P, et al. 2021. Evaluating precision nitrogen management practices in terms of yield, nitrogen use efficiency and nitrogen loss reduction in maize crop under Indian conditions. International Journal of Plant Production, 15 (2)：243-260.

Li L, Zheng Z, Wang W, ct al. 2019. Terrestrial N_2O emissions and related functional genes under climate change: a global meta - analysis. Global Change Biology, 26 (2)：931-943.

Qian Y, Sun L, Chen D, et al. 2021. The response of the migration of non-point source pollution to land use change in a typical small watershed in a semi-urbanized area. Science of the Total Environment, 785 (3)：147387.

Tian H, Xu R, Canadell J G, et al. 2020. A comprehensive quantification of global nitrous oxide sources and sinks. Nature, 586 (7828)：248-256.

Wang Y, Bian J, Zhao Y, et al. 2018. Assessment of future climate change impacts on nonpoint source pollution in snowmelt period for a cold area using SWAT. Scientific Reports, 8 (1)：2402.

Xia F, Mei K, Xu Y, et al. 2020. Response of N_2O emission to manure application in field trials of agricultural soils across the globe. Science of the Total Environment, 733, 139390.

Yang Q, Zhang X, Almendinger J E, et al. 2019. Climate change will pose challenges to water quality management in the st. Croix River basin. Environmental Pollution, 251：302-311.

Zhao P, Lv H, Yang H, et al. 2019. Impacts of climate change on hydrological droughts at basin scale：a case study of the Weihe River Basin, China. Quaternary International, 513：37-46.

Zhou Q, Zhang H, Ren Y. 2020. Extreme precipitation events in the Weihe River Basin from 1961 to 2016. Scientia Geographica Sinica, 40（5）：833-841.

第9章 | 增温对水体典型有毒有机污染物生物有效性的影响机制及效应

9.1 引　言

据政府间气候变化专门委员会（Intergovernmental Panel on Climate Change，IPCC）研究，到2100年，全球平均温度将比1960~2000年高1.5~4.8℃（IPCC，2013）。气候变化对水体有毒有机污染物的环境行为和生物效应的影响也成为当前全球关注的焦点与研究的热点（Schiedek et al.，2007；Martins et al.，2013；Ma et al.，2016）。溶解性有机质（dissolved organic matter，DOM）普遍存在于水环境中，而污染物与有机质的结合作用与温度有关，因此升温可能影响污染物与溶解性有机质的结合能力及其在环境介质中的赋存形态（Tremblay et al.，2005；Capkin et al.，2006；Ma et al.，2016；Wang et al.，2016；Alice et al.，2020）；另外，由于水生生物多为变温动物，因此水生生物的生理状态也与环境温度密切相关（Heugens et al.，2003；Hoefnagel et al.，2018；Bae et al.，2016）。因此，升温可能同时通过影响污染物在水体中的赋存形态以及影响生物体本身，来影响污染物的潜在毒性及生物有效性。

本章选取亲脂类物质疏水性有机污染物和亲蛋白类物质全氟烷基酸为代表性水体典型有毒有机污染物，以在环境中浓度较高的多环芳烃——芘以及三种长链全氟烷基羧酸——全氟辛酸（PFOA，8C）、全氟癸酸（PFDA，10C）和全氟十二酸（PFDoA，12C）为目标污染物，以大型溞为受试生物，探究增温对自然水体中典型有毒有机污染物生物有效性的影响及相关机制。通过分析不同温度条件下（16℃、20℃、24℃）大型溞的运动抑制率和大型溞体内目标污染物的生物富集量来表征有毒有机污染物对大型溞的生物有效性，并进一步探究污染物在水–溶解性有机质体系中的分配作用、有毒有机污染物的联合毒性效应模式，最后从升温影响有机污染物在水体中的赋存形态、与有机质的结合能力以及生物体的代谢速率等方面探究升温对有毒有机污染物生物有效性的影响机制。

9.2 不同温度条件下水–溶解性有机质体系中芘对大型溞的生物有效性

9.2.1 研究方法

本节选取多环芳烃——芘为目标污染物，富里酸为溶解性有机质的代表物质，以大型溞为受试生物,研究升温（16℃、20℃、24℃）对水–溶解性有机质体系中芘在大型溞体内的生物富集和毒性的影响。大型溞置于人工气候培养箱中培养,仪器条件设置如下:温度为23℃±0.5℃、光强度为2300lx、光周期为16：8（亮：暗）。将高浓度富里酸储备溶液稀释得到具有不同富里酸浓度（5mg-C/L 和 10mg-C/L）的水–溶解性有机质暴露体系。为了避免由于环境条件突变对大型溞的不利影响,在暴露实验开始前48h,将人工气候培养箱温度从23℃逐渐变化到目标温度（16℃、20℃、24℃）。

为探究芘在溶解性有机质和水之间的分配作用,将添加了芘（60μg/L）的水–溶解性有机质暴露体系用石蜡膜密封,在指定温度（16℃、20℃和24℃）下以90r/min的速度振荡72h,然后取样以测定暴露体系中自由溶解态芘和总溶解态芘的浓度,据此计算芘在水–溶解性有机质相间的分配系数。水–溶解性有机质体系中芘的总溶解态浓度通过液–液萃取技术测定,芘的自由溶解态浓度通过固相微萃取（SPME）技术测定（Lin et al.,2018a）,溶解性有机质结合态芘的浓度等于体系中芘的总溶解态浓度与自由溶解态浓度的差值。

为探究温度对大型溞运动抑制率的影响,将30只大型溞幼溞（6～24h）放入上述振荡平衡后的水–溶解性有机质体系中,分别置于16℃、20℃和24℃的三个人工气候培养箱中暴露72h,每种处理设置3个平行。每12h测定一次大型溞的运动抑制率（运动抑制率定义为大型溞在15s内处于静止状态的比例）。

为探究温度对大型溞组织中芘及其代谢产物1-羟基芘含量的影响,将20只无卵且大小几乎相同的成年大型溞（14天）放入上述振荡平衡后的水–溶解性有机质体系中暴露48h。暴露结束后,将存活大型溞的肠道剔除,通过有机溶液萃取后的芘和1-羟基芘,分别用气相色谱–质谱（GC-MS）和高效液相色谱法（HPLC）进行定量。

9.2.2 温度对大型溞运动抑制率的影响

如图9-2-1（a）、（b）所示,当水–溶解性有机质暴露体系中不添加芘时,大型溞的运动抑制率随温度的升高而增加（$p<0.05$）,但大型溞在暴露72h后运动抑制率仅为10%～20%,这表明升温对大型溞的运动抑制率有轻微影响。然而,在添加芘后,大型溞在72h的运动抑制率比不添加芘时提高10.0%～70.0%（图9-2-1）,这表明芘对大型溞产生毒性作用。另外,该毒性作用随温度的升高而增强[$p<0.05$,图9-2-1（c）、（d）]。以富里酸浓度为5mg-C/L的水–溶解性有机质暴露体系为例,在20℃和24℃下,大型溞的72h运动抑制率比16℃分别提高164%和391%。

9.2.3 温度对大型溞体内芘的生物富集的影响

与大型溞的运动抑制率随温度的变化规律一致,大型溞组织内（除肠道）芘的浓度也随温度的升高而增加[$p<0.05$,图9-2-2（a）]。例如,在20℃和24℃时,大型溞组织内芘的浓度比16℃时分别增加36.7%～41.5%和62.2%～67.5%。此外,统计学分析显示,本研究中大型溞的运动抑制率与大型溞组织内芘的浓度呈显著正相关关系（$p<0.01$）。这

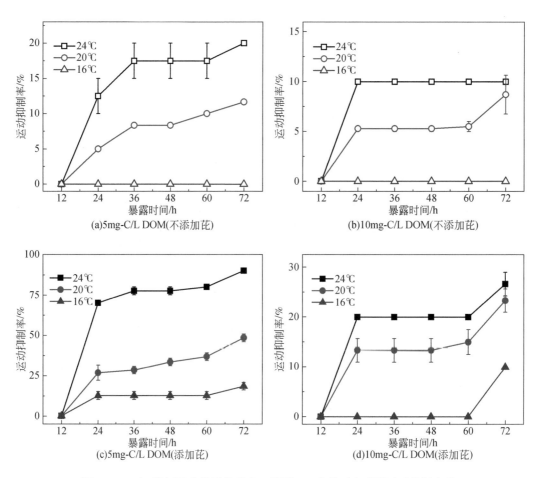

图 9-2-1　水-溶解性有机质体系中，暴露 72h 内芘对大型溞运动抑制率的
影响（平均值±标准偏差，$n=3$）

表明，随着温度的升高，大型溞组织内（除肠道）芘浓度的增加是大型溞所受毒性作用增强的主要原因。

9.2.4　升温对芘对大型溞的生物有效性的影响机制

1）温度影响芘在溶解性有机质和水之间的分配

如表 9-2-1 所示，当芘的总溶解态浓度保持在 $60\mu g/L$ 时，在暴露实验开始前，随着温度的升高，芘的自由溶解态浓度呈现升高的趋势，但其随温度变化的差异经统计分析不显著（$p>0.05$）。这主要是由于 8℃ 的温差对芘在溶解性有机质和水之间的分配未产生显著影响，其他研究也观察到了类似结果（Luers and ten Hulscher，1996；Tremblay et al.，2005）。

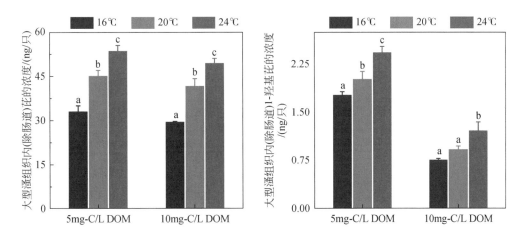

图 9-2-2 添加 60μg/L 芘的水-溶解性有机质体系中，暴露 48h 后，大型溞组织内（除肠道）
芘和 1-羟基芘的含量（平均值±标准偏差，$n=3$）

不同字母表示具有显著性差异

表 9-2-1 温度对芘在溶解性有机质和水之间分配作用的影响（K_{DOC}：结合常数；ΔG：吉布斯自由能）

溶解性有机质浓度	温度	芘的自由溶解态浓度/（μg/L）	K_{DOC} /（10^4 L/Kg）	lgK_{DOC}	ΔG/（kJ/mol）
	16℃（289.15K）	29.30±1.62	20.96±2.03	5.32±0.05	−29.4349
5mg-C/L	20℃（293.15K）	29.90±0.22	20.13±0.30	5.30±0.01	−29.7660
	24℃（297.15K）	30.32±0.83	19.58±3.89	5.29±0.02	−30.0971
	16℃（289.15K）	26.93±0.06	12.28±0.05	5.09±0.00	−28.1701
10mg-C/L	20℃（293.15K）	27.55±0.20	11.78±0.16	5.07±0.01	−28.4571
	24℃（297.15K）	28.98±3.11	10.95±2.25	5.03±0.09	−28.7440

一般来说，自由溶解态多环芳烃一直被认为是水体中多环芳烃对生物体产生毒性的主要生物有效成分（Escher and Hermens，2004；Smith et al.，2009；Xia et al.，2012，2013；Zhang et al.，2014）。然而，随着温度的升高（4℃），微量增加的芘的自由溶解态浓度（1.39%~5.17%）可能无法解释大型溞运动抑制率（50.0%~167%）及其体内芘浓度（18.4%~41.5%）的显著增加（图 9-2-3）。

2）温度影响芘在大型溞体内的生物转化

对于大型溞运动抑制率及其体内芘浓度随温度升高显著增加的合理解释可能是升温增强大型溞的代谢速率（Cherkasov et al.，2007；Nardi et al.，2017）。如图 9-2-2（b）所示，在富里酸浓度为 5mg-C/L 的暴露体系中，在 16~20℃ 和 20~24℃ 的温度区间内，1-羟基芘的生物富集浓度分别增加 13.9% 和 20.8%，而芘的生物富集浓度却分别增加 36.7% 和 18.7%（图 9-2-3）。一般而言，代谢物浓度的变化应与母体化合物的浓度变化相一致。但是在本节中，1-羟基芘生物富集浓度随温度升高的比例却与芘呈现相反的趋势，这可能是升温增强大型溞的代谢速率，进而提高其生物转化速率，使得更多的芘被转化成 1-羟基芘。大量研究也证实了温度会通过改变水生生物的代谢速率和生物转化速率来影响污染物的潜在毒性（Heugens et al., 2003；Muyssen et al., 2010；Wang and Ezemaduka，2014；Navarro et al.，2016；James and Kleinow，2014）。

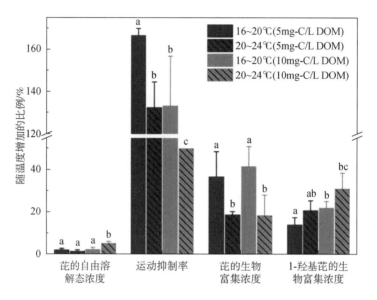

图 9-2-3　暴露 48h 后，温度每升高 4℃，芘的自由溶解态浓度、大型溞的运动抑制率、大型溞组织内（除肠道）芘和 1-羟基芘的含量随温度增加的比例（平均值±标准偏差，$n=3$）

由此可知，升温可能通过提高大型溞的代谢速率来增强其对芘的吸收速率，进而增加芘的生物富集浓度。主要吸收途径如下：①升温提高大型溞对自由溶解态芘的水相吸收速率以及溶解性有机质结合态芘的摄食速率（Lin et al., 2018a，2018b）；②升温可能通过增强肠道内消化酶活性，促进芘从溶解性有机质结合态芘上解吸，这进一步增加游离态芘的浓度（Akkanen and Kukkonen，2003；Nardi et al.，2002；Tan et al.，2016）。

3）大型溞代谢速率的变化对提高的芘的生物有效性的贡献

为了量化升温引起的大型溞代谢速率的变化对增加的芘的生物有效性的贡献，将不同温度条件下芘对大型溞的毒性归一化为可造成相同毒性效应的自由溶解态浓度（C_{free}，μg/L），将其定义为“芘的有效浓度”（$C_{effective}$，μg/L）。根据大型溞的运动抑制率和 C_{free} 的关系（图 9-2-4），计算导致与暴露体系中相同运动抑制率的 $C_{effective}$。升温导致的大型溞代谢速率的变化对增加的芘的生物有效性的贡献率通过以下方程式定量：

$$贡献率 = \frac{(C_{effective-HT} - C_{effective-LT}) - (C_{free-HT} - C_{free-LT})}{C_{effective-HT} - C_{effective-LT}} \times 100\% \qquad (9-2-1)$$

式中，$C_{effective-HT}$ 和 $C_{effective-LT}$ 分别为在较高温度和较低温度下芘的有效浓度，μg/L；$C_{free-HT}$ 和 $C_{free-LT}$ 分别为暴露开始前在较高温度和较低温度下的自由溶解态芘的浓度，μg/L。

以溶解性有机质浓度为 5mg-C/L 的暴露体系为例，温度每升高 4℃，大型溞代谢速率的变化为芘生物有效性的增加贡献 98.1%~98.7%（表 9-2-2）。这表明，尽管升温 4℃ 略

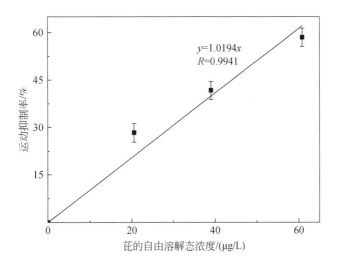

图 9-2-4　不添加溶解性有机质的暴露条件下，48h 后芘的自由溶解态浓度和
大型溞运动抑制率的关系（平均值±标准偏差，$n=3$）

微增加水–溶解性有机质体系中的生物有效态浓度（自由溶解态芘浓度），但生物体代谢速率的提高放大升温对芘生物有效性的影响。

表 9-2-2　大型溞代谢速率的变化对增加的芘的生物有效性的贡献率

溶解性有机质的浓度	温度	$\Delta C_{\text{free}}^{a}$ /（μg/L）	$\Delta C_{\text{effective}}^{b}$ /（μg/L）	贡献率/%
5mg-C/L	16～20℃	0.602	31.9	98.1
	20～24℃	0.416	31.9	98.7
10mg-C/L	16～20℃	0.620	9.81	93.7
	20～24℃	1.42	9.81	85.5

a. $\Delta C_{\text{free}} = C_{\text{effective-HT}} - C_{\text{effective-LT}}$。

b. $\Delta C_{\text{effective}} = C_{\text{free-HT}} - C_{\text{free-LT}}$。

9.3　不同温度条件下长链全氟烷基酸（PFAAs）复合暴露对大型溞的联合毒性作用

9.3.1　研究方法

本节选取长链全氟烷基酸——全氟辛酸（PFOA）、全氟癸酸（PFDA）和全氟十二酸（PFDoA）为目标污染物，以大型溞为受试生物，研究长链全氟烷基酸（PFAAs）复合暴露对大型溞的联合毒性作用，并探究温度（16℃、24℃）的影响。大型溞的培养条件同9.2.1 节。

为了探究长链全氟烷基酸复合暴露对大型溞的联合毒性效应，根据 OECD202 标准方法对大型溞进行 48h 急性毒性暴露实验。实验设置 5 个处理组：①不添加全氟烷基酸的空白组；②PFOA 单独暴露组（60μg/L、120μg/L）；③PFDA 单独暴露组（60μg/L、120μg/L）；④PFDoA 单独暴露组（60μg/L、120μg/L）；⑤PFOA、PFDA、PFDoA 复合暴露组（60μg/L+60μg/L+60μg/L、120μg/L+120μg/L+120μg/L）。将数只大型溞幼溞（6～24h）放入暴露溶液，分别置于 16℃ 和 24℃ 的人工气候培养箱中暴露 48h，每个处理设置 3 个平行。每 12h 测定一次大型溞的运动抑制率。暴露结束后收集每个处理组中存活的大型溞，用去离子水冲洗后，吸干表面水分，称重、匀浆后待萃取。采用离子对萃取法萃取大型溞体内的长链全氟烷基酸，用液相色谱串联质谱仪（HPLC-MS-MS）进行测定。

9.3.2　长链全氟烷基酸（PFAAs）复合暴露对大型溞的联合毒性作用

在不同温度条件下，当水相暴露浓度相同时，全氟烷基酸的链长越长，对大型溞的运动抑制率越高。如图 9-3-1 所示，PFDoA 对大型溞的运动抑制率分别比 PFDA 和 PFOA 高 61.5% 和 250%，PFDA 对大型溞的运动抑制率分别比 PFOA 高 117%。这表明，较长链全氟烷基酸对大型溞的毒性强于较短链全氟烷基酸。

为了探究全氟烷基酸复合物对大型溞的联合毒性效应，采用"毒性当量因子（TEF）"来量化不同暴露条件下各种全氟烷基酸的毒性效应。以大型溞的运动抑制率来表征目标污染物对大型溞的毒性，由于在所有单独暴露体系中，24℃、120μg/L 条件下 PFDoA 对大型溞的运动抑制率最高，因此将该条件下大型溞所受毒性当量定为 1，将三种目标污染物（PFOA、PFDA 和 PFDoA）单独暴露时的毒性当量因子之和用 TEF_{total} 表示，复合暴露时的毒性当量因子用 $TEF_{mixture}$ 表示。某种全氟烷基酸的 TEF 计算公式如下：

$$TEF = \frac{Im(PFAAs)}{Im(PFDoA, 24℃, 120μg/L)} \tag{9-3-1}$$

$$TEF_{total} = TEF(PFOA) + TEF(PFDA) + TEF(PFDoA) \tag{9-3-2}$$

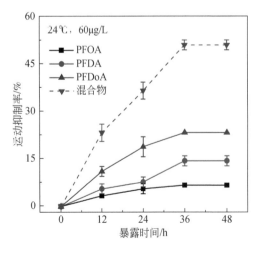
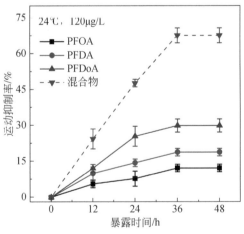

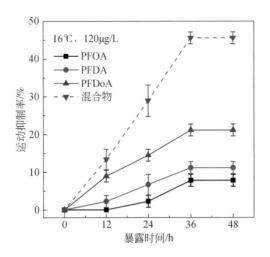

图 9-3-1　不同暴露条件下，48h 内全氟烷基酸及其复合物对大型溞运动
抑制率的影响（平均值±标准偏差，$n=3$）

式中，Im（PFAAs）是不同温度、不同浓度条件下，目标污染物（PFOA、PFDA、PFDoA、Mixture）对大型溞的运动抑制率；Im（PFDoA）是 24℃、120μg/L 暴露条件下，PFDoA 对大型溞的运动抑制率。据此计算得到的各目标污染物在不同暴露条件下对应的毒性当量因子见表 9-3-1。通过比较 $TEF_{mixture}$ 与 TEF_{total} 的关系，确定三种长链全氟烷基酸的联合作用模式，判断方法如下：

（1）若 $TEF_{mixture}=TEF_{total}$，则混合物的联合毒性为相加作用；

（2）若 $TEF_{mixture}>TEF_{total}$，则混合物的联合毒性为协同作用；

（3）若 $TEF_{mixture}<TEF_{total}$，则混合物的联合毒性为拮抗作用。

表 9-3-1　长链全氟烷基酸及其复合物在不同暴露条件下的毒性当量因子（TEF）

TEF	24℃，120μg/L	24℃，60μg/L	16℃，120μg/L
TEF（PFDoA）	1.00	0.778	0.704
TEF（PFDA）	0.630	0.481	0.370
TEF（PFOA）	0.407	0.222	0.259
$TEF_{mixture}$	2.26	1.70	1.52
TEF_{total}	2.04	1.48	1.33

如表 9-3-1 所示，在不同温度条件下，当水相暴露浓度相同时，全氟烷基酸复合物的毒性当量因子 $TEF_{mixture}$ 在误差允许范围内高于三种全氟烷基酸单独暴露时的毒性当量因子之和 TEF_{total}，符合判断条件 2，表明长链全氟烷基酸复合暴露对大型溞的联合毒性为协同作用。

9.3.3　长链全氟烷基酸（PFAAs）在大型溞体内体外的浓度分配差异

本节通过绘制全氟烷基酸复合物在大型溞体内体外的浓度分配差异曲线，探究全氟烷基酸复合物在大型溞体内的生物富集规律。如图 9-3-2 所示，当大型溞体外的三种全氟烷基酸浓度均为 60μg/L 时，复合暴露后，PFOA 和 PFDA 在大型溞体内的生物富集浓度较单独暴露时分别降低 46.7% 和 44.4%；而 PFDoA 复合暴露后的生物富集浓度却较单独暴露时提高 169%。当体外浓度增加为 120μg/L 时，PFOA 和 PFDA 生物富集浓度的降低比例则达到 62.6%~63.9%。这表明较长链的 PFDoA 对较短链的 PFOA、PFDA 在大型溞体内的富集具有抑制作用，该作用随暴露浓度的增加而增强。

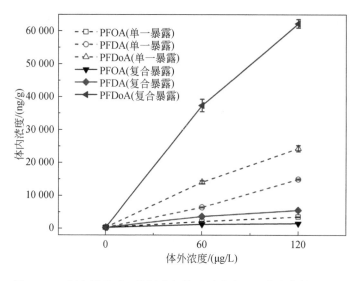

图 9-3-2　复合暴露时，长链全氟烷基酸在大型溞体内体外的浓度
分配差异（24℃，平均值±标准偏差，$n=3$）

众多研究表明，全氟烷基酸在生物体内的富集与全氟烷基酸–蛋白质间的相互作用有关（Zhang et al.，2013；Wen et al.，2017，2019）。在本研究中，复合暴露后的三种全氟烷基酸在大型溞体内的总富集量较单独暴露时增加 $1.10×10^4 ~ 2.65×10^4$ng/g，增加的比例是 PFOA 和 PFDA 降低比例之和的 1.14 ~ 1.85 倍，这表明复合暴露后，大型溞生物体内可与全氟烷基酸结合的蛋白质点位多于相同浓度下单独暴露时的蛋白质点位，即复合暴露使得大型溞体内蛋白质的含量增多。这可能是由于复合暴露时更高的污染物浓度诱导大型溞体内蛋白质含量的增加。de Coen 和 Janssen（1997）及 Zhang 等（2015）也相继发现低浓度范围内的林丹或芘可以使大型溞体内蛋白质含量显著增加，这可能是由于大型溞通过提高蛋白质含量来抵抗低浓度有毒污染物的胁迫。

9.3.4　长链全氟烷基酸（PFAAs）复合暴露对大型溞的联合毒性作用机理

为进一步探究长链全氟烷基酸（PFAAs）复合暴露对大型溞的联合毒性作用机理，用大型溞的运动抑制率表征生物体所受毒性，以 24℃、120μg/L PFDoA 暴露条件下大型溞所受毒性与大型溞体内 PFDoA 含量的比值为基准，对单独暴露时大型溞体内全氟烷基酸的浓度进行毒性当量校正，然后计算复合暴露时每种污染物简单相加的体内毒性当量浓度（TEQ_{total}，ng/g）以及复合暴露时全氟烷基酸复合物的体内毒性当量浓度（$TEQ_{mixture}$，ng/g）。相关计算公式如下：

$$TEF_{corrected} = \frac{Im(PFAAs)}{C_{PFAAs}} \bigg/ \frac{Im(PFDoA)}{C_{PFDoA}} \tag{9-3-3}$$

$$TEQ_{total} = \sum_{i=1}^{3}(TEF_{corrected} \times C_{PFAAs}) \tag{9-3-4}$$

$$TEQ_{mixture} = \sum_{i=1}^{3}(TEF_{corrected} \times C_{mixture-PFAAs}) \tag{9-3-5}$$

式中，$Im(PFAAs)$ 为不同温度、不同浓度条件下目标污染物（PFOA、PFDA、PFDoA、mixture）对大型溞的运动抑制率；$Im(PFDoA)$ 为 24℃、120μg/L 暴露条件下，PFDoA 对大型溞的运动抑制率；i 为三种全氟烷基酸（PFOA、PFDA、PFDoA）；C_{PFAAs} 为单独暴露时三种全氟烷基酸在大型溞体内的浓度，μg/L；$C_{mixture-PFAAs}$ 为复合暴露时三种全氟烷基酸在大型溞体内的浓度，μg/L。

如图 9-3-3 所示，在不同暴露浓度和温度下，复合暴露时较短链 PFOA 和 PFDA 的毒性当量浓度比单独暴露均呈现显著降低的趋势，降低比例为 44.6%~63.9%；而 PFDoA 的当量浓度比单独暴露时显著增加 119.8%~168.8%。相应地，复合暴露时全氟烷基酸复合

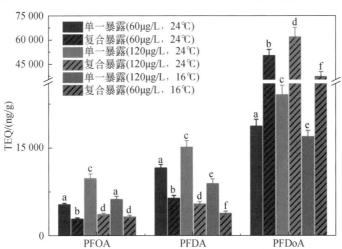

图 9-3-3　不同暴露条件下，长链全氟烷基酸的毒性当量浓度（平均值±标准偏差，
$n=3$；TEQ：毒性当量浓度）

物的毒性当量浓度是单独暴露时三种污染物简单相加的 1.38 ~ 1.67 倍（表 9-3-2）。这表明，虽然 PFDoA 抑制 PFOA 和 PFDA 在生物体内的富集，但这并不意味着该复合体系对大型溞的毒性降低，这是由于更高浓度的 PFDoA 所致毒性大于 PFOA 和 PFDA 被降低的毒性作用，使得复合体系总毒性增加，由此形成复合污染物的协同作用。

表 9-3-2　体内浓度校正后全氟烷基酸复合物的毒性当量浓度（TEQ）

TEQ/（ng/g）	24℃,60μg/L	24℃,120μg/L	16℃,120μg/L
TEQ$_{total}$	3.57×10^4	4.91×10^4	3.21×10^4
TEQ$_{mixture}$	5.97×10^4	7.12×10^4	4.43×10^4

9.3.5　升温对长链全氟烷基酸（PFAAs）生物有效性的影响

当污染物暴露浓度相同时，长链全氟烷基酸对大型溞的运动抑制作用随温度的升高而增强，且链长越长，增强效果越明显。其中，当温度从 16℃增加到 24℃时，单独暴露时，PFDoA 造成的运动抑制率的增加量比 PFDA 和 PFOA 分别高 14.3% 和 100%（图 9-3-4），这表明，温度对较长链 PFAAs 的毒性作用影响更显著。

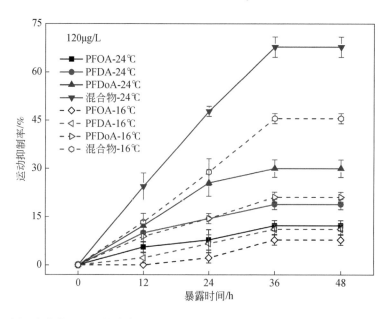

图 9-3-4　不同温度条件下，长链全氟烷基酸对大型溞的运动抑制作用（平均值±标准偏差，$n=3$）

同样地，当温度从 16℃增加到 24℃时，在单独暴露和复合暴露条件下，全氟烷基酸在大型溞体内的生物富集量增加 32.6 ~ 3.12×10^4 ng/g，增加幅度达 2.72% ~ 101%，且增加量呈现如下规律：PFDoA>PFDA>PFOA（图 9-3-5）。这表明升温促进全氟烷基酸在大型溞体内的生物富集，且影响程度随链长增加而增大。复合暴露时，随着温度增加，PFOA

和 PFDA 生物富集浓度的增加比例（分别是 41.38% 和 80.26%）显著低于单独暴露组（增加比例分别是 2.72% 和 51.53%）（$p<0.01$）；而 PFDoA 生物富集浓度的增加量比单独暴露组高 210%。这表明复合暴露条件下，升温促进较长链 PFDoA 在大型溞体内的生物富集，同时增强其对较短链 PFOA 和 PFDA 生物富集能力的抑制作用。

目前已有研究表明，在生物耐受范围内，升温会促进水生生物的摄食速率和摄食量（Haque et al.，2020；Alice et al.，2020），升温也会通过增加 RNA 或核糖体的活性而促进生物体内蛋白质的合成（Katersky and Carter，2007）。在本节中，升温一方面促进大型溞对全氟烷基酸的摄食速率，增加污染物的摄入量，进而增加全氟烷基酸的生物富集浓度；另一方面，升温促进大型溞体内蛋白质的合成，增加全氟烷基酸在大型溞体内的结合位点，使得全氟烷基酸的生物富集浓度进一步增强。

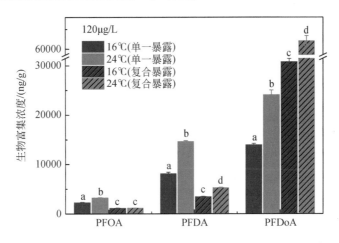

图 9-3-5　不同温度条件下，长链全氟烷基酸在大型溞体内的生物富集浓度（平均值±标准偏差，$n=3$）

9.4　小　　结

本章以水体典型有毒有机污染物——多环芳烃和长链全氟烷基酸为例，研究了增温对水体典型有毒有机污染物生物有效性的影响机制及效应。主要研究结论如下。

（1）建立水-溶解性有机质暴露体系，研究增温对芘的生物有效性的影响，结果表明：升温增强芘对大型溞的运动抑制作用及其在大型溞体内的生物富集。温度每升高 4℃，大型溞的运动抑制率和体内芘的含量分别增加 50.0%~167% 和 18.4%~41.5%。另外，当总溶解态芘的浓度保持恒定时，温度每升高 4℃，暴露体系中自由溶解态芘（有效态芘）的浓度随温度的升高略有增加（29.30~30.32μg/L）；同时，大型溞体内 1-羟基芘（芘的主要代谢产物）浓度随温度的增加比例提高，而芘的增加比例呈现相反的趋势，这是由于升温可能会增强大型溞的代谢速率，进而提高其生物转化速率。

（2）揭示在含有溶解性有机质的自然水体中，升温增强芘对大型溞的生物有效性的相关机制：一方面，升温略微增加水-溶解性有机质体系中芘的自由溶解浓度；另一方面，升温加速生物体的代谢活动，导致其对自由溶解态芘和溶解性有机质结合态芘的吸收速率（水相吸收和摄食性吸收）提高，最终导致芘在大型溞体内生物富集浓度和毒性的增强。其中，生物体代谢速率的变化对增加的生物有效性的贡献为 85.5%~93.7%。

（3）通过绘制长链全氟烷基酸复合物的体内体外浓度分配差异曲线以及计算全氟烷基酸复合物的毒性当量浓度（TEQ），研究长链全氟烷基酸对大型溞的联合毒性作用模式及相关机制。结果表明：较长链全氟烷基酸对大型溞的毒性作用强于较短链全氟烷基酸，且长链全氟烷基酸对大型溞的联合毒性为协同作用。这是由于虽然较长链 PFDoA 抑制较短链 PFOA 和 PFDA 在大型溞体内的富集，但其自身在大型溞体内的富集程度增强，更高浓度的 PFDoA 所致毒性大于 PFOA 和 PFDA 被降低的毒性作用，使得复合体系总毒性增加，由此形成复合污染物的协同作用。

（4）研究增温对长链全氟烷基酸联合毒性作用及生物有效性的影响，结果表明：升温提高长链全氟烷基酸对大型溞的运动抑制率及其在大型溞体内的生物富集浓度，且该作用随全氟烷基酸链长的增加而增强。温度每升高 8℃，全氟烷基酸在大型溞体内的富集浓度和大型溞的运动抑制率分别增加 4.44%~22.2% 和 2.72%~101%。这是由于升温可能通过增强生物体内蛋白质的合成能力和生物体对污染物的摄食速率来增加长链全氟烷基在大型溞体内的富集浓度和对大型溞的毒性效应。

总体来说，升温主要通过增强复合污染物在生物体内的竞争富集作用、增加水-溶解性有机质体系中污染物的自由溶解浓度以及生物体对污染物的吸收速率等途径增加有毒有机污染物在生物体内的生物富集浓度或毒性当量浓度，进而增强污染物对生物体的毒性作用及生物有效性。

参 考 文 献

Alice V，Marc B，Jeanne G，et al. 2020. Temperature effect on perfluorooctane sulfonate toxicokinetics in rainbow trout（*Oncorhynchus mykiss*）：exploration via a physiologically based toxicokinetic model. Aquatic Toxicology，225：105545.

Akkanen J，Kukkonen J V K. 2003. Measuring the bioavailability of two hydrophobic organic compounds in the presence of dissolved organic matter. Environmental Toxicology and Chemistry，22：518-524.

Bae E，Samanta P，Yoo J，et al. 2016. Effects of multigenerational exposure to elevated temperature on reproduction，oxidative stress，and Cu toxicity in *Daphnia magna*. Ecotoxicology and Environmental Safety，132：366-371.

Capkin E，Altinok I，Karahan S. 2006. Water quality and fish size affect toxicity of endosulfan，an organochlorine pesticide，to rainbow trout. Chemosphere，64：1793-1800.

Cherkasov A S，Grewal S，Sokolova I M. 2007. Combined effects of temperature and cadmium exposure on haemocyte apoptosis and cadmium accumulation in the eastern oyster Crassostrea virginica（Gmelin）. Journal of Thermal Biology，32：162-170.

de Coen W M，Janssen C R. 1997. The use of biomarkers in *Daphnia magna* toxicity testing. IV. Cellular Energy Allocation：a new methodology to assess the energy budget of toxicant-stressed *Daphnia populations*. Journal of Aquatic Ecosystem Stress and Recovery，6（1）：43-45.

Escher B I，Hermens J L M. 2004. Internal exposure：linking bioavailability to effects. Environmental Science & Technology，38，455A-462A.

Haquea M d N, Nama S E, Kimc B M, et al. 2020. Temperature elevation stage-specifically increases metal toxicity through bioconcentration and impairment of antioxidant defense systems in juvenile and adult marine mysids. Comparative Biochemistry and Physiology, Part C Toxicology & Pharmacology, 237: 108831.

Heugens E H W, Jager T, Creyghton R, et al. 2003. Temperature-dependent effects of cadmium on Daphnia magna: accumulation versus sensitivity. Environmental Science & Technology, 37: 2145-2151.

Hoefnagel K N, de Vries E H J, Jongejans E, et al. 2018. The temperature-size rule in *Daphnia magna* across different genetic lines and ontogenetic stages: multiple patterns and mechanisms. Ecology & Evolution, 8: 3828-3841.

IPCC W J I W A M. 2013. Climate Change 2013: The physical science basis: working group Ⅰ contribution to the fifth assessment report of the Intergovernmental Panel on Climate Change, 14.

James M O, Kleinow K M. 2014. Seasonal influences on PCB retention and biotransformation in fish. Environmental Science and Pollution Research, 21: 6324-6333.

Katersky R S, Carter C G. 2007. A preliminary study on growth and protein synthesis of Juvenile barramundi, Lates calcarifer at different temperatures. Aquaculture, 267 (1-4): 157-164.

Lin H, Xia X, Bi S, et al. 2018a. Quantifying bioavailability of pyrene associated with dissolved organic matter of various molecular weights to Daphnia magna. Environmental Science & Technology, 52: 644-653.

Lin H, Xia X, Jiang X, et al. 2018b. Bioavailability of pyrene associated with different types of protein compounds: direct evidence for its uptake by Daphnia magna. Environmental Science & Technology, 52: 9851-9860.

Luers F, ten Hulscher T E M. 1996. Temperature effect on the partitioning of polycyclic aromatic hydrocarbons between natural organic carbon and water. Chemosphere, 33: 643-657.

Ma J, Hung H, Macdonald R W. 2016. The influence of global climate change on the environmental fate of persistent organic pollutants: a review with emphasis on the Northern Hemisphere and the Arctic as a receptor. Global & Planetary Change, 146: 89-108.

Martins A, Guimaraes L. Guilhermino L. 2013. Chronic toxicity of the veterinary antibiotic florfenicol to *Daphnia magna* assessed at two temperatures. Environmental Toxicology & Pharmacology, 36: 1022-1032.

Muyssen B T A, Messiaen M, Janssen C R. 2010. Combined cadmium and temperature acclimation in *Daphnia magna*: physiological and sub-cellular effects. Ecotoxicology and Environmental Safety, 73: 735-742.

Nardi S, Pizzeghello D, Muscolo A, et al. 2002. Physiological effects of humic substances on higher plants. Soil Biology & Biochemistry, 34: 1527-1536.

Nardi A, Mincarelli L F, Benedetti M, et al. 2017. Indirect effects of climate changes on cadmium bioavailability and biological effects in the Mediterranean mussel *Mytilus galloprovincialis*. Chemosphere, 169: 493-502.

Navarro J M, Duarte C, Manriquez P H, et al. 2016. Ocean warming and elevated carbon dioxide: multiple stressor impacts on juvenile mussels from southern Chile. Ices Journal of Marine Science, 73: 764-771.

Schiedek D, Sundelin B, Readman J W, et al. 2007. Interactions between climate change and contaminants. Marine Pollution Bulletin, 54: 1845-1856.

Smith K E C, Thullner M, Wick L Y, et al. 2009. Sorption to humic acids enhances polycyclic aromatic hydrocarbon biodegradation. Environmental Science & Technology, 43: 7205-7211.

Tan L Y, Huang B, Xu S, et al. 2016. TiO$_2$ nanoparticle uptake by the water flea *Daphnia magna* via different routes is calcium-dependent. Environmental Science & Technology, 50: 7799-7807.

Tremblay L, Kohl S D, Rice J A, et al. 2005. Effects of temperature, salinity, and dissolved humic substances on the sorption of polycyclic aromatic hydrocarbons to estuarine particles. Marine Chemistry, 96: 21-34.

Wang Y, Ezemaduka A N. 2014. Combined effect of temperature and zinc on Caenorhabditis elegans wild type and daf-21 mutant strains. Journal of Thermal Biology, 41: 16-20.

Wang X, Sun D, Yao T. 2016. Climate change and global cycling of persistent organic pollutants: a critical review. Science China-Earth Sciences, 59: 1899-1911.

Wen W, Xia X H, Hu D X, et al. 2017. Long-chain perfluoroalkyl acids (PFAAs) affect the bioconcentration and tissue distribution of short-chain PFAAs in zebrafish (*Danio rerio*). Environmental Science & Technology, 51: 12358-12368.

Wen W, Xia X H, Zhou D, et al. 2019. Bioconcentration and tissue distribution of shorter and longer chain perfluoroalkyl acids (PFAAs) in zebrafish (*Danio rerio*), effects of perfluorinated carbon chain length and zebrafish protein content. Environmental Pollution, 249: 277-285.

Xia X, Chen X, Zhao X, et al. 2012. Effects of carbon nanotubes, chars, and ash on bioaccumulation of perfluorochemicals by *Chironomus plumosus* larvae in sediment. Environmental Science & Technology, 46: 12467-12475.

Xia X H, Rabearisoa A H, Jiang X, et al. 2013. Bioaccumulation of perfluoroalkyl substances by *Daphnia magna* in water with different types and concentrations of protein. Environmental Science & Technology, 47: 10955-10963.

Zhang L, Ren X M, Guo L H. 2013. Structure-based investigation on the interaction of perfluorinated compounds with human liver fatty acid binding protein. Environmental Science & Technology, 47: 11293-11301.

Zhang X, Xia X, Dong J, et al. 2014. Enhancement of toxic effects of phenanthrene to *Daphnia magna* due to the presence of suspended sediment. Chemosphere, 104: 162-169.

Zhang X T, Xia X H, Li H S, et al. 2015. Bioavailability of pyrene associated with suspended sediment of different grain sizes to *Daphnia magna* as investigated by passive dosing devices. Environmental Science & Technology, 49: 10127-10135.

第 10 章　光照对水中纳米/微塑料 ROS 的产生及老化的影响机制

10.1　引　言

《欧洲塑料概况（2020 年）》的数据显示，目前全球塑料需求量约为 0.5 亿 t，其中聚乙烯（PE，29.8%）、聚丙烯（PP，19.4%）、聚氯乙烯（PVC，10%）、聚对苯二甲酸乙二醇酯（PET，7.9%）、聚苯乙烯（PS，6.2%）和聚碳酸酯（PC，<7.5%）塑料的需求量较高，常用于电子、个人保健、食品包装和医疗设备等行业（PlasticsEurope，2020）。这些塑料制品因生物降解、机械磨损、水解、紫外辐射降解和热降解等作用破碎成微塑料（MPs，粒径小于 5mm）和纳米塑料（NPs，粒径小于 100nm）（Alimi et al.，2018；Cincinelli et al.，2017；Liu et al.，2018）。研究表明，MPs 和 NPs 在淡水、海洋环境中均广泛分布（Horton et al.，2017；Shahul Hamid et al.，2018）。MPs/NPs 很容易富集在水生生物体内影响其生长发育（Liu et al.，2018；Wagner and Reemtsma，2019）。此外，MPs 能够吸附重金属（如铬和铅等）和有机污染物（如有机氯农药和多环芳烃等），以及释放邻苯二甲酸盐、双酚 A、有机锡等有毒物质，加剧其产生的生态风险（Godoy et al.，2019；Guo et al.，2020）。

水环境中的 MPs 在迁移扩散过程中不可避免地受到紫外线照射，发生光老化。含有发色团的 MPs 在吸收紫外线能量后，可能通过一系列抽氢、加氧、断链和交联等光化学反应产生 ROS（Zhu et al.，2020a）。光照下 NPs/MPs 产生的 ROS 能够影响 MPs 在水环境中的迁移分布。据报道，光致 ·OH 会导致氨基修饰的聚苯乙烯（PS-NH$_2$）NPs 的表面涂层发生降解，降低 NPs 间的静电斥力，从而促进 NPs 聚集（Wang et al.，2020b）。同时，ROS 会导致 MPs 表面出现裂纹和沟壑等缺陷结构，加速各种化学物质的渗出，进一步加剧 MPs 在水体中的二次污染（Shi et al.，2021）。深入研究水体中广泛存在的 MPs 在光照下产生的 ROS，能够为减轻其对生态系统和人类健康的毒性效应提供基础数据，对理解 MPs 的分布迁移和环境效应具有重要意义。此外，MPs 自身理化性质可能会影响 MPs 对光子的吸收率、激发三重态产率和能量转移效率等，从而影响 MPs 的光化学行为。因此，研究 MPs 的理化性质对 MPs 光致 ROS 和光老化的影响，有利于全面准确地了解天然水体中 MPs 的光化学行为。

为了全面客观地评价 NPs/MPs 在水环境中的光化学行为，本章以天然水体中广泛存在的 NPs/MPs 为研究对象，分析紫外光照下塑料颗粒自身不同理化性质（表面涂层、粒径和化学结构）对原始和老化 NPs/MPs 产生 ROS 的影响，探究 ROS 的产生机理和 ROS 攻击 NPs/MPs 光老化的作用途径。具体将解析 NPs/MPs 光化学行为的关键影响因子；对比光老化前后 NPs/MPs 产生 ROS 的异同，评估老化前后 NPs/MPs 表面理化性质的变化对其产生 ROS 的影响；识别光照下 NPs/MPs 产生 ROS 的种类和相对强度，揭示不同化学结构和涂层（氨基和羧基）修饰的 NPs/MPs 在纯水中 ROS 的产生机制；明确老化后 NPs/MPs 产生的氧化中间体，阐明 ROS 作用下 NPs/MPs 的光老化途径。

10.2 研究方法

10.2.1 纳米/微塑料悬浮液的制备和表征

本章所使用的塑料颗粒性质如表 10-2-1 所示。将 100mg 的 MPs 加入含有 100mL 去离子水的石英结晶皿中。用移液枪移取 3.8mL 的 NPs 原液于 100mL 的玻璃容量瓶中，用去离子水定容，并转移到石英结晶皿中。分别将 MPs 和 NPs 悬浮液进行超声 15min 保证颗粒分散，配置成为 1g/L 的 NPs/MPs 悬浮液。使用动态光散射（DLS）和激光粒度仪分析 NPs/MPs 的流体力学直径分布情况与平均直径（d）；通过扫描电子显微镜（SEM）观察 NPs/MPs 的表面形貌；采用 Zeta 电位分析仪测量纯水中 NPs/MPs 表面电荷分布情况。

表 10-2-1 实验所使用的塑料颗粒

塑料颗粒	平均直径	化学结构	规格	生产厂家
PS	100nm	$—[CH(C_6H_5)CH_2]_n—$	优级纯	Polyscience Inc.
PS-COOH	100nm	$—[CH(C_6H_5)CH(COOH)]_n—$	优级纯	Polyscience Inc.
PS-NH$_2$	100nm	$—[CH(C_6H_4COONHC_2H_4NH_2)CH_2]_n—$	优级纯	Polyscience Inc.
PP	105μm	$—[CH(CH_3)CH_2]_n—$	分析纯	Sigma-Aldrich
PE	107μm	$—[CH_2CH_2]_n—$	分析纯	Cospheric Inc.
PVC	49μm	$—[CH(Cl)CH_2]_n—$	分析纯	上海冠步机电科技有限公司
PS	107μm	$—[CH(C_6H_5)CH_2]_n—$	分析纯	上海冠步机电科技有限公司
PET	72μm	$—[COOC_6H_4COOC_2H_4]_n—$	分析纯	中诚塑料包装有限公司
PC	42μm	$—[COC_6H_4CH(CH_3)C_6H_4OOC]_n—$	分析纯	上海冠步机电科技有限公司

10.2.2 纳米/微塑料光老化实验

图 10-2-1 是本章所搭建的光化学实验装置。在光照前，将 1g/L 的 NPs/MPs 悬浮液放入石英结晶皿并在磁力搅拌器上以 1000r/min 速度搅拌 15min。实验开始时，将搅拌器转

速降为 300r/min 连续搅拌，保证颗粒最大限度地分散在溶液中。将光照波长为 365nm 的紫外灯（UV$_{365}$）垂直放置在悬浮液上方，反应溶液表面光强为 12.3W/m^2。为了减少溶液挥发对实验的影响，每天加入适当去离子水，以保证 NPs/MPs 悬浮液的体积维持在 100mL。在不同 UV 暴露时间（0h、1000h 和 2000h）取 20mL 表面悬浮液，将样品在恒温恒湿箱（温度 50℃，湿度 10%）放置 36h 进行干燥，并对干燥后的样品进行表面理化性质分析。

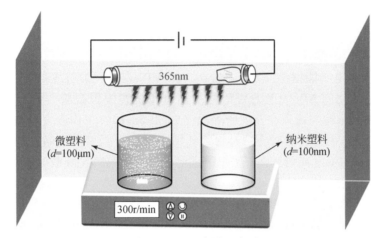

图 10-2-1　反应器示意图

10.2.3　活性氧自由基的检测方法

利用 ESR 定性检测 UV$_{365}$ 照射下原始和老化后 NPs/MPs 水悬浮液（1g/L）中产生 ROS（·OH、·O$_2^-$ 和 ^{1}O$_2$）的种类和相对强度。使用 DMPO（50mmol/L）作为 ·OH 的自旋捕获剂，其自旋加成物为 DMPO- ·OH。BMPO（50mmol/L）可以同时与 ·OH 和 ·O$_2^-$ 反应，并生成 BMPO- ·OH 和 BMPO- ·O$_2^-$ 自旋加成物。因此，BMPO 被广泛用于捕获 ·OH 和 ·O$_2^-$。使用 SOD（25U/mL）作为 BMPO 和反应体系中 ·O$_2^-$ 的猝灭剂，用于判断反应体系是否产生 ·O$_2^-$。将 TEMP（5mmol/L）用作 ^{1}O$_2$ 的自旋捕获剂，TEMP 被 ^{1}O$_2$ 氧化生成 2,2,6,6-四甲基哌啶酮-1-氧基（TEMPO）。实验开始时，将含有捕获剂的原始或老化 NPs/MPs 水悬浮液虹吸到石英毛细管中（0.5mm×100mm，50μL）。将石英毛细管放置在 UV$_{365}$ 下照射 10min，随即将其插入 ESR 谐振腔进行实验。对照实验设置为黑暗条件下检测原始或老化 NPs/MPs 悬浮液产生 ROS 情况，或者检测仅含捕获剂的水溶液 [或 20mg/L 富里酸/腐殖酸（FA/HA）溶液] 产生 ROS 的情况。

10.2.4　原始和老化微塑料的表征方法

1）扫描电子显微镜

采用 SEM 表征 NPs/MPs 的表面形貌。观察前，将含有 NPs/MPs 的乙醇悬浮液进行超声分散 10min，随即用滴管将其滴在铝箔表面风干。将负载样品的铝箔条粘贴在碳带表面，并为样品镀金后进行观察。使用 Image J 软件随机选取 SEM 图像中的 100 个颗粒，并对 NPs 的粒径分布进行统计（MPs 覆盖颗粒较少，没有进行粒径统计）。

2）傅里叶变换红外光谱

采用傅里叶变换红外光谱（FTIR）表征 NPs/MPs 表面官能团信息。测量前，将原始和老化的 NPs/MPs 悬浮液样品在 50℃ 的恒温恒湿箱中烘干成干燥的粉末。以 KBr 固体粉末压片为空白背景光谱，取一定质量的样品粉末与无水 KBr 按照一定比例进行研磨和压片，将制得的样品进行 FTIR 测量。

3）X 射线光电子能谱

采用 X 射线光电子能谱法（XPS）分析 NPs/MPs 表面元素组成和化学结合态。在测试前，将原始和老化的 NPs/MPs 悬浮液样品在 50℃ 的恒温恒湿箱中烘干成干燥的粉末，将干燥后的样品粉末均匀覆盖在双面胶表面（5mm×5mm）。工作激发源是束斑 500μm 的单色 Al Ka 射线源，C1s 标准峰是 284.8eV，用于对所有元素分峰进行电荷校准。使用 CasaXPS 分峰软件对 C1s 高分辨率扫描窄谱进行拟合，并根据 XPS 数据库对元素的化学结合态进行分析。

4）X 射线衍射

采用 X 射线衍射（XRD）表征 NPs/MPs 的结晶度。在测试前，将原始和老化的 NPs/MPs 悬浮液样品在 50℃ 的恒温恒湿箱中烘干成干燥的粉末，取干燥后的样品粉末并制成平整的试片。仪器扫描速度是 5°/min，扫描范围在 10° ~ 80°，阳极靶材为 Cu 靶 Ka 射线（45kV），操作电流是 40mA，电压是 35kV。将样品的 XRD 图谱用 Jade 6.0 软件处理并计算样品结晶度，计算方法如下：

$$结晶度 = \frac{晶体衍射峰强度}{总衍射峰强度} \tag{10-2-1}$$

10.3 光照下纳米塑料产生 ROS 及其对光老化的影响

10.3.1 光照下纳米塑料产生 ROS 的种类

本部分以直径是 100nm 无涂层的聚苯乙烯（PS）、羧基修饰的聚苯乙烯（PS-COOH）和 PS-NH$_2$ NPs 为研究对象，考察 UV$_{365}$ 照射下对原始和老化 2000h 后 NPs 悬浮液产生 ROS 的种类与相对强度的影响。

图 10-3-1（a）显示 UV$_{365}$ 照射下原始 NPs 悬浮液产生 ROS 的种类和相对强度。发现如下主要结论：①在原始 PS NPs 悬浮液产生 DMPO- ·OH 加成物。然而，原始 PS-COOH 和 PS-NH$_2$ NPs 悬浮液中 DMPO- ·OH 加成物的信号峰并不明显，表明这两种涂层修饰的 PS NPs 均不产生 ·OH。对于表面涂层修饰的 PS NPs，羧基和氨基涂层一方面可能屏蔽 PS NPs 表面上光子的接收位点（Li et al.，2013），有效地抑制 PS NPs 吸收紫外线能量；另一方面产生的 ·OH 可能优先被表面涂层消耗（Qu et al.，2013），导致 NPs 悬浮液体系中与

DMPO 反应的 ·OH 浓度较低，无法被检测到。②在原始 PS NPs 悬浮液也产生 BMPO- ·O_2^-/ ·OH 加成物的信号峰。SOD 为 ·O_2^-猝灭剂，加入 SOD 后，PS NPs 悬浮液的 BMPO 加成物信号峰强度不变，表明 PS NPs 不产生 ·O_2^-。此外，原始 PS-COOH 和 PS-NH$_2$ NPs 悬浮液中没有检测到 BMPO- ·O_2^-/·OH 特征峰，表明这两种涂层修饰的 PS NPs 不产生 ·O_2^-。·O_2^-是通过电子供体传递电子给 O_2形成的阴离子自由基，表明 PS、PS-COOH 和 PS-NH$_2$ NPs 悬浮液中缺少充足的电子供体。③在原始 PS NPs 悬浮液有 TEMPO 特征峰的生成。然而，PS-COOH NPs 悬浮液中的 TEMPO 信号峰的强度远低于 PS NPs 悬浮液，表明 PS-COOH 产生$^1O_2$浓度较低；原始 PS-NH$_2$ NPs 悬浮液中 TEMPO 的信号峰并不明显，表明 PS-NH$_2$不产生$^1O_2$。对于 PS NPs 和 PS-COOH NPs 悬浮液，表面涂层可能充当$^1O_2$的猝灭剂。

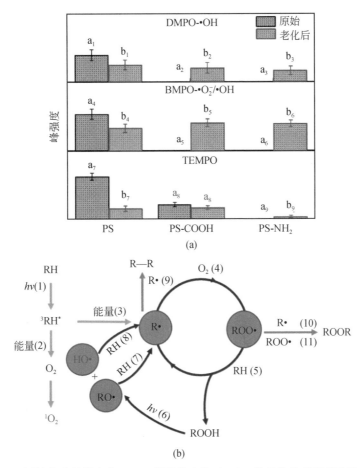

图 10-3-1 （a）原始和紫外线老化 2000h 的聚苯乙烯（PS）、羧基修饰的聚苯乙烯（PS-COOH）和氨基修饰的聚苯乙烯（PS-NH$_2$）纳米塑料的水悬浮液中三种自由基特异性加合物的 ESR 光谱强度；（b）光照下 PS 纳米塑料产生 ROS 的途径

不同字母表示样品间具有显著差异（$p<0.05$）。绿线、蓝线和橘线分别表示引发、传播和终止步骤

图 10-3-1 （a）显示 UV$_{365}$照射下老化 NPs 悬浮液产生 ROS 的种类和相对强度。发现如下主要结论：①在老化 PS NPs、PS-COOH 和 PS-NH$_2$ NPs 悬浮液中均检测到 DMPO- ·OH

加成物峰，表明有·OH 生成。②在老化 PS、PS-COOH 和 PS-NH$_2$ NPs 悬浮液的 ESR 谱图中观察到 BMPO- ·O$_2^-$/·OH 加成物的特征峰。但是加入 SOD 后，三种老化 NPs 悬浮液中 BMPO 加成物的信号峰强度不变，表明这三种老化 NPs 悬浮液不产生·O$_2^-$，光老化反应不能促进 NPs 产生·O$_2^-$。③在老化 PS、PS-COOH 和 PS-NH$_2$ NPs 悬浮液的 ESR 谱图中发现 TEMPO 特征峰，表明这三种老化 NPs 可以产生^{1}O$_2$。相对于原始 PS NPs 悬浮液产生 TEMPO 的相对强度，老化 PS NPs 的 TEMPO 特征峰强度明显下降，表明老化 PS NPs 悬浮液产生^{1}O$_2$ 的浓度降低。悬浮液体系产生的激发三重态 PS（^{3}PS*）是^{1}O$_2$ 形成的前提条件。老化过程中 PS NPs 可能发生一定程度的团聚，导致反应中间体^{3}PS* 被周围基态的 PS NPs 猝灭，或者与周围^{3}PS* 发生三重态—三重态湮灭而失活，进一步阻碍^{3}PS* 与 O$_2$ 的能量传递过程，降低体系中^{1}O$_2$ 的浓度。此外，老化后 PS-NH$_2$ NPs 悬浮液观察到 TEMPO 的相对强度很低，表明 PS-NH$_2$ NPs 产生^{1}O$_2$ 的能力弱，归因于不完全降解的氨基涂层对^{1}O$_2$ 的猝灭作用。在对照实验中，黑暗条件下仅含有捕获剂的老化 NPs 悬浮液没有检测到任何 ROS。

基于以上结果，PS NPs 可能的光致 ROS 产生途径如图 10-3-1（b）所示，可分为引发、传播和终止三个步骤。引发阶段（路径 1～路径 3）是光致 ROS 的关键反应。PS NPs 的不饱和发色团（如苯环）吸收光子后从激发单重态通过系间窜跃反应（ISC）转变为 ^{3}PS*，三重态能量传递给 O$_2$ 形成^{1}O$_2$。PS-COOH 和 PS-NH$_2$ NPs 表面涂层对^{1}O$_2$ 的猝灭效应导致^{1}O$_2$ 在产生的过程中被消耗。另外，^{3}PS* 能量传递给 NPs 中最近的 C—C/C—H 键，导致化学键断裂生成高活性的 R·。一般而言，除 PS NPs 结构中含有的苯环充当发色团外，在加工合成或者光老化过程中产生的羰基和氢过氧化物也可以充当发色团，引发 ROS 的产生。在传播过程中（路径 4～路径 8），R·与 O$_2$ 反应形成 ROO·，ROO·夺取 PS NPs 中 C—H 键上的氢原子生成氢过氧化物（ROOH）。ROOH 不稳定，在 UV$_{365}$ 照射下 RO—OH 键（176kJ/mol）极易断裂生成 RO·和·OH。·OH 和 RO·进一步夺取 NPs 中 C—H 键上的氢原子，再次生成 R·，并引发光老化自催化反应，最终导致聚合物断链和老化。在终止阶段（路径 9～路径 11），两个自由基通过碰撞形成惰性产物，导致聚合物光老化过程中链式自氧化反应中断（Gewert et al., 2015）。

10.3.2 纳米塑料光老化理化性质的变化

利用 SEM 观察原始 PS、PS-COOH、PS-NH$_2$ 的粒径大小和表面形貌。图 10-3-2（a）～（c）表明，原始 PS、PS-COOH 和 PS-NH$_2$ 的表面光滑，呈规则的球状，大部分 NPs 分布均匀，只有部分颗粒发生轻微团聚。原始 PS、PS-COOH 和 PS-NH$_2$ 的平均直径分别为 88.41nm、112.9nm 和 130.9nm。紫外光照射 2000h 后，NPs 的表面形貌发生显著变化，如图 10-3-2（d）～（f）所示。老化后的 PS、PS-COOH 和 PS-NH$_2$ NPs 均发生不同程度的聚集，聚集体直径扩大 25～40 倍。NPs 具有较高的表面能，通过聚集有利于体系吉布斯自由能最小化，并达到稳定状态（Enfrin et al., 2020）。PS NPs 悬浮液中形成的聚集体可能导致^{3}PS* 的失活，抑制老化 NPs 悬浮液中^{1}O$_2$ 的产生，证实了 ESR 分析中的猜想 ［图 10-

3-1（a）]。尽管 PS-COOH 和 PS-NH$_2$悬浮液中也产生聚集体，但是对^{1}O$_2$产生的影响较小 [图 10-3-1（a）]，可能是因为涂层降解导致生成^{3}PS*的能力抵消聚集体猝灭^{3}PS*的能力，导致 PS-COOH 和 PS-NH$_2$中^{3}PS*能量传递给 O$_2$生成^{1}O$_2$的效率改变很小。

紫外光照射 2000h 后，老化 PS、PS-COOH 和 PS-NH$_2$的 Zeta 电位分别是-36.3mV$\pm$1.2mV、-45.3mV$\pm$1.6mV 和-27.2mV$\pm$0.5mV。与原始 NPs 相比，老化后的 NPs 表面携带的负电荷更多，主要归因于光氧化过程中 NPs 表面形成的含氧官能团降低 NPs 表面电位（Zhu et al.，2020a）。

利用 XRD 分析 NPs 老化前后晶体结构的变化，结晶度高的样品有尖锐的衍射峰（Xue et al.，2021）。如图 10-3-2（g）~（i）所示，原始的 PS、PS-COOH 和 PS-NH$_2$ NPs 在 2θ（19°~21°）处显示出明显的无定型峰，表明三种原始 NPs 以无定型结构为主，属于非晶态聚合物（结晶度为 0）。紫外光照射 2000h 后，PS、PS-COOH 和 PS-NH$_2$ NPs 分别在 11.37°、10.48°和 12.88°处出现微弱的结晶峰，这表明老化后 NPs 的结晶度增加，三种 NPs 的结晶度分别增加至 4.9%、6.4%和 6.1%。结晶度的增加使 NPs 脆化，在外力作用下更容易产生小粒径的颗粒（Xue et al.，2021）。

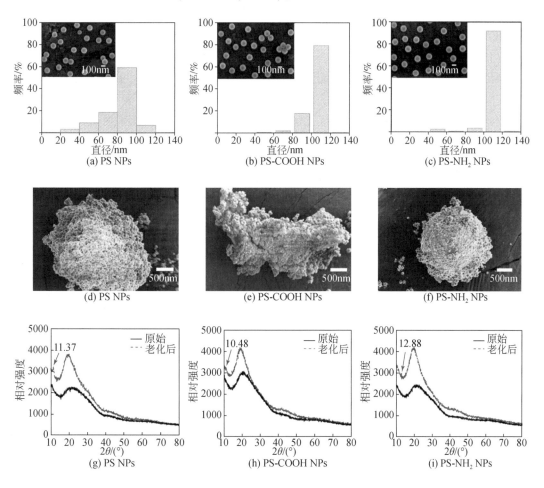

图 10-3-2　原始和老化 2000h 的纳米塑料的 SEM 图 [（a）~（f）] 和 XRD 图 [（g）~（i）]

10.3.3 基于 ROS 的纳米塑料光老化机理

本部分首先考察了紫外光照下 PS、PS-COOH 和 PS-NH$_2$ NPs 表面含氧官能团与表面化学结合态的变化情况。在紫外光照射 1000h 后，PS NPs 的 FTIR 图谱在 1800～1600cm^{-1} 处形成一个宽峰，是由多个氧化基团重叠引起的 [图 10-3-3（a）]。对于 PS-COOH NPs，在 3440cm^{-1} 处 O—H 的吸收峰逐渐消失。同时，1697cm^{-1} 处 C =O 吸收峰减弱 [图 10-3-3（b）]，表明羧基表面涂层发生降解。对于 PS-NH$_2$ NPs，3436cm^{-1} 和 1704cm^{-1} 处的吸收峰强度减小 [图 10-3-3（c）]，表明部分氨基涂层发生降解。在紫外光照射 2000h 后，三种 NPs 表面含氧官能团吸收峰更加明显。3684～3274cm^{-1} 范围内的吸收峰强度明显增加，归属于醇、苯酚或者氢过氧化物的吸收谱带（Arráez et al.，2019）。

图 10-3-3（d）~（f）显示羰基区域（2000～1500cm^{-1}）的具体信息，发现 PS NPs 光谱在 1683cm^{-1}、1716cm^{-1}、1722cm^{-1} 和 1731cm^{-1} 处出现新峰，分别对应于芳香族酮、苯甲醛、脂肪酮和脂肪酯的 C =O 拉伸振动（Arráez et al.，2019；Wong et al.，2020）。PS-COOH 在 1715cm^{-1} 和 1777cm^{-1} 处新增加两个吸收峰，分别来源于苯甲醛和过酸（O =C—O—OH）中的 C =O 基团（Li et al.，2014）。同时，PS-NH$_2$ 表面也检测到微弱的 C =O 吸收峰（1725cm^{-1}）。

利用 XPS 分析紫外线对 NPs 表面元素含量和化学结合态的影响。利用高分辨 C1s 扫描图确定紫外光照射前后 NPs 表面含氧官能团的种类和相对比例，如表 10-3-1 所示，紫外光照 2000h 后，三种 NPs 表面含氧官能团种类和数量增多。在 PS NPs 表面观察到新生成的 C =O（酮或醛）和 O =C—O（酯或羧酸）。在 PS-COOH NPs 表面观察到 C =O（酮或醛）的生成。在 PS-NH$_2$ NPs 表面尽管没有新的含氧官能团生成，但含氧官能团的相对比例有所提高，这表明 PS、PS-COOH 和 PS-NH$_2$ 发生老化。总之，光照前后三种 PS NPs 表面含氧官能团的变化趋势和 FTIR 结果一致。

表 10-3-1 原始和老化纳米塑料 C1s 高分辨 XPS 谱图中含氧官能团的相对比例

（单位：%）

结合能 /eV	官能团位置	PS		PS-COOH		PS-NH$_2$	
		0h	2000h	0h	2000h	0h	2000h
286.2	C—O/C—N	1.89	8.52	4.03	5.31	5.04	3.94
287.3	C =O	N. D.	2.70	N. D.	3.08	1.01	3.30
289.3	O =C—O	N. D.	1.45	0.67	2.23	0.87	1.94

注：N. D. 表示没有检测到。

基于 ESR、FTIR 和 XPS 的研究结果和文献报道的 PS 降解路径，提出基于 ROS 的 PS、PS-COOH 和 PS-NH$_2$ NPs 的光老化途径，主要包括苯环加成反应、抽氢反应、C—C 断裂、苯环开环、脱羧和脱氨反应，其光老化途径如图 10-3-4 所示。

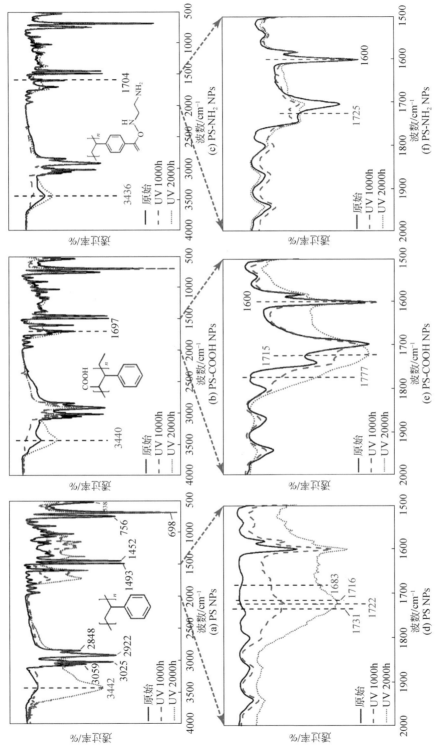

图10-3-3 原始、老化1000h和2000h纳米塑料在4000~500cm^{-1}[(a)~(c)]和2000~1500cm^{-1}[(d)~(f)]的FTIR图谱

红色字体表示NPs老化2000 h后新增加的峰

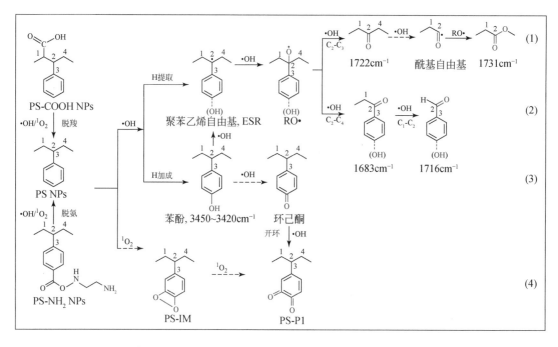

图 10-3-4　·OH 和 $^1O_2$ 攻击聚苯乙烯（PS）、羧基修饰的聚苯乙烯（PS-COOH）和氨基修饰的
聚苯乙烯（PS-NH$_2$）纳米塑料的光老化途径

实线箭头表示已经检测到的产物，虚线箭头表示推测产物

　　·OH 具有强氧化电位（2.8V），在反应体系中非常活跃，可以和底物立即发生反应（Wang et al.，2017）。·OH 具有很强的亲电性，容易优先攻击 PS NPs 中电子云密度大的区域（苯环）（Xiao et al.，2014）。因此，在 PS NPs 悬浮液中，当 ·OH 接近苯环时，会优先发生加成反应生成酚类化合物（路径 3）。同时，·OH 从聚合物中提取氢的动力学速率非常快（$10^8 \sim 10^{10}M^{-1}s^{-1}$）。·OH 通过从生成的酚类化合物或者 PS 主链的 C2—H 上提取叔氢原子生成聚苯乙烯自由基（tertiary polystyryl radicals），然后进一步被 ·OH 氧化为聚苯乙烯烷氧自由基（RO·）。在 ·OH 作用下，RO· 通过断裂 C2—C3 键形成脂肪酮（$1722cm^{-1}$）。据报道，脂肪酮会被 ·OH 攻击并进一步断裂 C2—C4 键形成酰基自由基（acyl radicals）和 R·（Xiao et al.，2014）。酰基自由基与 RO· 结合生成脂肪酯（$1731cm^{-1}$）（路径 1）。另外，RO· 在 ·OH 攻击下断裂 C2—C4 键形成芳香酮（$1683cm^{-1}$），并进一步断裂 C1—C2 键形成苯甲醛（$1716cm^{-1}$）（路径 2）。此外，本研究在 PS NPs 表面检测到苯环含量下降的现象，表明苯环发生开环。虽然未确定最终的产物，但前人研究表明，苯环开环副产物为醛类物质（PS-P1）（Yang P and Yang W，2013），主要源于 ·OH 夺取苯酚上羟基的氢原子形成环己酮（cyclohexa-2,4-dien-1-one）（路径 3），在 ·OH 的连续作用下，酮开环生成醛（PS-P1）。此外，$^1O_2$ 在苯环开环中也扮演着重要角色。据报道，$^1O_2$ 和苯环反应形成一个四元环中间产物（PS-IM），随后在 $^1O_2$ 攻击下断链形成醛（途径 4）（Rånby，1993；Yang P and Yang W，2013）。

与无涂层修饰的 PS NPs 相比，PS-COOH 和 PS-NH$_2$ 的羧基或氨基表面涂层会优先被 ·OH 或 ^{1}O$_2$ 攻击而降解，过量的 ROS 会继续攻击失去涂层的 PS NPs，随后发生路径 1～路径 4 的反应，FTIR 结果证实了紫外光照射 2000h 后 PS-COOH 和 PS-NH$_2$ 的表面涂层部分或者全部被降解（图 10-3-3）。在 ROS 作用下，PS-COOH 中羧基涂层首先被 ROS 氧化成过酸（O＝C—O—OH），过酸不稳定并发生光解产生 CO$_2$ 和 H$_2$O，完成脱羧反应（Das et al.，2018）。XPS 结果显示，老化后 PS-NH$_2$ 的脱氮率达到 45.1%，表明 PS-NH$_2$ 发生脱氨反应。

10.4 光照下微塑料产生 ROS 及其对光老化的影响

10.4.1 光照下微塑料产生 ROS 的种类

本节以直径为 100μm 的 PP、PE、PVC、PS、PET 和 PC MPs 为研究目标，探讨 UV$_{365}$ 照射下 MPs 的光化学行为。首先考察 UV$_{365}$ 照射下化学结构对原始和老化 MPs 悬浮液产生 ROS 的种类与相对强度的影响。发现在对照实验中，UV$_{365}$ 照射下的捕获剂水溶液或者黑暗条件下含捕获剂的原始或老化 MPs 悬浮液均没有检测到任何 ROS。对于原始 MPs 悬浮液，在 UV$_{365}$ 照射下均未检测到任何捕获剂和自由基的加成物信号峰，表明原始 MPs 悬浮液不产生任何 ROS。相对于 NPs，MPs 由于小的比表面积，光子接收位点较少且与氧气的接触面积有限，初始光照阶段可能不利于 ROS 的产生。

对于老化 MPs 悬浮液，如图 10-4-1（a）所示，在 UV$_{365}$ 照射下发现所有老化 MPs 悬浮液的 ESR 谱图中均可以观察到相对强度比为 1∶2∶2∶1 的 DMPO-·OH 加成物的特征峰，表明老化 MPs 均产生 ·OH。同时，在 PP、PE 和 PVC MPs 悬浮液中观察到 DMPO-R· 的六重特征峰，表明有 R· 产生。R· 可能促进 ·OH 的生成。老化后 MPs 悬浮液均产生 ·OH，可能归因于以下几个方面：①老化后 MPs 的比表面积和孔径增加，导致光子吸收位点和自由基攻击位点增多（Ter Halle et al.，2016）。②羧基官能团等氧化产物和氧化中间体（如多烯和氢过氧化物）使得 MPs 更易吸收近紫外线辐射，有利于 ·OH 的生成（Atiqullah et al.，2012；Liu et al.，2020；Wang et al.，2021）。

如图 10-4-1（b）所示，在 UV$_{365}$ 照射下，在所有老化 MPs 悬浮液的 ESR 谱图中观察到相对强度比为 1∶2∶2∶1 的 BMPO-·O$_2^-$/·OH 加成物的特征峰。加入 SOD 猝灭 ·O$_2^-$ 后，该信号峰强度几乎没有降低，表明老化 MPs 悬浮液不产生 ·O$_2^-$。本研究体系中不产生 ·O$_2^-$ 的原因可能是 UV$_{365}$ 的辐射能量低，导致聚合物分子断链形成的持久性自由基数量较少，电子向 O$_2$ 转移效率低，因此在老化 MPs 悬浮液中没有检测到 ·O$_2^-$。

如图 10-4-1（c）所示，在 UV$_{365}$ 照射下，在所有老化 MPs 悬浮液中均未检测到相对强度比为 1∶1∶1 的 TEMPO 的特征峰，表明老化 MPs 悬浮液不产生 ^{1}O$_2$。与 NPs 悬浮液产生的 ^{1}O$_2$ 相比，MPs 由于比表面积小，氧气接触面积和光子接收位点较少，^{3}PS* 的量子产率和能量转移效率较低，不利于 ^{1}O$_2$ 生成。

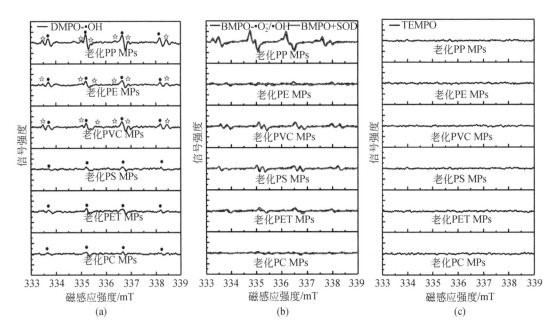

图 10-4-1　UV_{365} 照射下老化微塑料悬浮液产生的 DMPO- ·OH（a）、BMPO- ·O_2^-/ ·OH（b）

和 TEMPO（c）加成物的 ESR 谱图

MPs 浓度为 1g/L，● 表示 DMPO- ·OH 加成物，☆ 表示 DMPO-R ·

如图 10-4-2（a）所示，通过对比老化后 MPs 悬浮液光致 ·OH 的相对强度发现，老化 PP MPs 悬浮液紫外光照后产生的 DMPO- ·OH 信号最强，表明 PP MPs 产生的 ·OH 浓度最高。这主要是因为 PP 结构中含有大量不稳定的叔氢，极易被其他自由基夺走，形成叔烷基自由基，并进一步引发 ·OH 的形成（Min et al.，2020）。芳香族 MPs（PS、PET 和 PC）产生的 ·OH 浓度低于脂肪族 MPs（PP、PE 和 PVC），这可能归因于 MPs 化学结构的差异。图 10-4-2（b）显示不同化学结构 MPs 产生 ·OH 的机理。脂肪族 MPs 本身结构不含发色团，主要通过老化过程中形成的 C＝O 发色团吸收光子，跃迁成为激发三重态（途径 1），并将能量传递给聚合物最近的 C—C 或者 C—H 键，通过断裂化学键形成 R ·（途径 2）；同时，羰基发生 Norrish Ⅰ 反应，经过 α-裂解，形成酰基自由基（RC＝O ·）和 R ·（途径 3）（Atiqullah et al.，2012）。这些 R ·会继续发生夺氢和氧化反应生成 ROOH（途径 4），ROOH 光解产生 ·OH（途径 5）。

图 10-4-2（b）所示，芳香族 MPs 主体结构（R_3-C-Ph）中含有苯环发色团，主要通过苯环吸收紫外线光子跃迁成为激发三重态（途径 6）（Shi et al.，2021），并将激发态能量传递给 C—C/C—H 键，使得化学键断链产生 R ·（途径 7），并经过途径 8 生成 ROOH，光解产生 ·OH。但是在光反应的过程中，PS MPs 侧链中的苯基和 PET/PC 主链上的芳香族结构可能会降低化学链的可旋转性。一方面，芳香族 MPs 的刚性结构可能阻碍自由基供体（如 ROOH 和 C＝O）和受体（C—H）的接触（Lomonaco et al.，2020；Zhang and Julian，2012）；另一方面，限制自由基（如 R ·和 RO ·）在聚合物中的迁移，从而导致芳

香族 MPs 产生的 ·OH 浓度低。

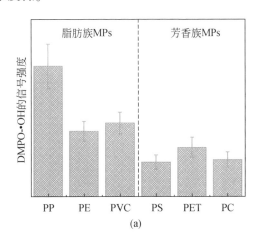

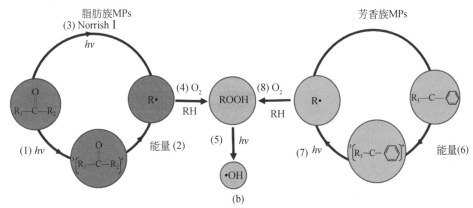

图 10-4-2　老化 MPs 悬浮液产生 DMPO- ·OH 加成物的 ESR 信号强度（a）和 ·OH 产生途径（b）

10.4.2　微塑料光老化后理化性质的变化

利用 SEM 观察原始 PP、PE、PVC、PS、PET 和 PC MPs 的表面形貌。从图 10-4-3 看出，原始 PE MPs 表面光滑，呈规则球形，其他种类 MPs 呈不规则的碎片状，表面存在凸起、凹陷和棱角等缺陷结构。紫外光照射 2000h 后，老化 PP、PE 和 PVC MPs 表面结构改变最为明显，均变得粗糙。PP MPs 表面有小颗粒黏附，PE MPs 表面出现凹坑，PVC 表面出现微裂纹和沟壑，这些缺陷结构可能是由于搅拌过程中颗粒相互碰撞摩擦和破碎所致；或者紫外光照射过程中悬浮液体系中产生的 R·、ROO·、RO·或 ·OH 对 MPs 的攻击所致。相反，PS、PET 和 PC MPs 表面相对比较光滑，可能是这些芳香族聚合物在紫外光照射过程中产生较少的 ·OH，导致表面氧化程度较弱。此外，由于 PS（5000～7200psi）、PET（7000～10 500psi）和 PC（9096psi）机械拉伸强度强于 PP（4500～5500psi）和 PE（600～2300psi）的拉伸强度（Andrady，2017），PS、PET 和 PC 的抗机械冲击力也较强，因此这几种塑料颗粒的表面缺陷结构不明显。尽管 PVC 的机械拉伸强度（7500～12 000psi）也较强，但是光照过程中产生较多的 ·OH，对表面的氧化作用可能对表面结构破坏更大。这些缺陷结构增加 MPs 比表面积，使得接收光子的位点变多，促进 ROS 的产生和 MPs 老化速率（Wang et al.，2021）。

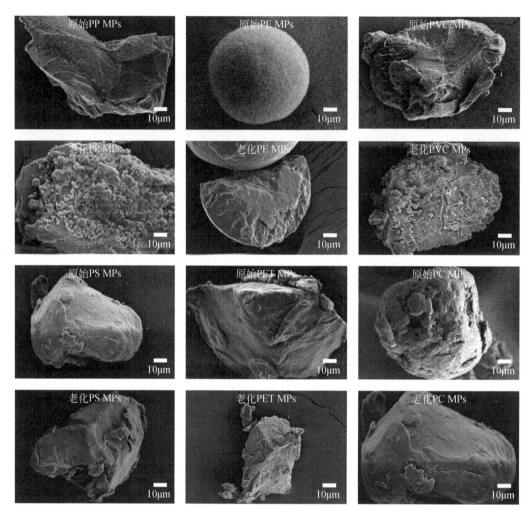

图 10-4-3　原始和老化微塑料的 SEM 图

紫外光照射 2000h 后，1mg/L 的 PP、PE、PVC、PS、PET 和 PC MPs 水悬浮液中颗粒的 Zeta 电位分别是 $-63.0\text{mV}\pm1.8\text{mV}$、$-59.2\text{mV}\pm2.5\text{mV}$、$-53.2\text{mV}\pm1.2\text{mV}$、$-50.4\text{mV}\pm0.7\text{mV}$、$-51.5\text{mV}\pm1.3\text{mV}$ 和 $-43.5\text{mV}\pm2.2\text{mV}$。与原始 MPs 相比，老化后的 MPs 表面携带的负电荷更多，主要归因于光氧化过程中产生的羰基等含氧官能团贡献了一部分负电荷（Zhu et al.，2020a）。前人文献也报道过老化后的 MPs 负电位更高。Wu 等（2020a）观察到过硫酸盐氧化后 PP MPs 的 Zeta 电位从 -8.9mV 上升到 -38.8mV。Zhu 等（2020a）发现氙灯老化后 PS MPs 的 Zeta 电位从 -10.8mV 上升到 -26.3mV。

利用 XRD 分析 MPs 光照前后结晶度的变化。如图 10-4-4 所示，原始的 PP、PE、PET 和 PC MPs 的 XRD 图谱出现明显的衍射峰（窄峰），表明这些 MPs 属于半晶态聚合物，其结构中既包含聚合物链排列规则的区域（结晶区），又存在无序排列的区域（非结晶区）。PS MPs 在 2θ（19°~21°）处显示出无定型峰，没有明显的尖锐衍射峰，表明原始 PS MPs 属于非晶态聚合物。PVC MPs 出现宽而平缓的衍射峰，且衍射峰强度较低，表明 PVC 的结晶度低。结晶度按照式（10-2-1）计算，这六种原始 MPs 的结晶度顺序依次是：PE（69.0%）>PP（55.7%）>PET（31.6%）>PC（14.4%）>PVC（5.8%）>PS（0%）。紫外光照 2000h 后，六种 MPs 的衍射峰强度均变大，表明老化 MPs 的结晶度增大。六种老化 PP、PE、PVC、PS、PET 和 PC MPs 的结晶度分别增加至 82.5%、85.3%、9.3%、1.2%、32.5% 和 22.2%。MPs 的光老化降解部分主要发生在无定型区，使得结晶区占整体的比例增加。此外，聚合物断链后形成的短链迁移率增加，有利于短链重结晶。这些因素均导致老化后 MPs 的结晶度增加，这与前人的研究结果一致（Wu et al.，2020a）。

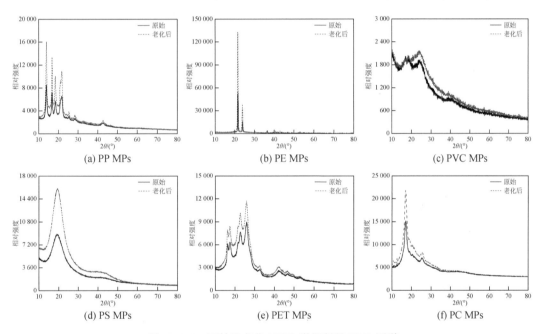

图 10-4-4　原始和老化 2000h 微塑料的 XRD 图谱

10.4.3　基于 ROS 的微塑料光老化机理

本部分考察紫外光照下 MPs 表面含氧官能团的变化情况。如图 10-4-5（a）~（c）和（g）~（i）所示，FTIR 图谱均显示出原始 PP、PE、PVC、PS、PET 和 PC MPs 典型的特征峰（Rjeb et al.，2000；Tiwari et al.，2019）。随着光照时间的延长（1000h 和 2000h），PP、PE 和 PVC MPs 表面的含氧官能团种类逐渐增加。紫外光照 2000h 后，在 3430~3420cm^{-1} 处 O—H 吸收峰的吸光度逐渐增大，表明光照使得 PP、PE 和 PVC 表面出现醇或氢过氧化物。图 10-4-5（d）~（f）和（j）~（l）显示羰基放大区域（2000~1500cm^{-1}）。紫外光照 2000h 后，老化的 PP MPs 在 1771cm^{-1}、1740cm^{-1} 和 1715cm^{-1} 处产生新吸收峰，分别归因于过酸、醛和酮中的 C═O（Rjeb et al.，2000），过酸不稳定，在光照下极容易光解成为 ·OH 和酰基（Das et al.，2018）。在本研究中，过酸的光解是 PP MPs 产生 ·OH 的重要来源之一。老化的 PE MPs 在 1720cm^{-1} 和 1715cm^{-1} 处出现新吸收峰，分别归因于酮和羧酸中的 C═O 吸收（Rjeb et al.，2000）。在老化 PVC MPs 的 FTIR 图谱中观察到 1725cm^{-1} 和 1735cm^{-1} 的吸收峰，分别归因于酮和醛中 C═O 的吸收（Zhou et al.，2016）。同时，在 PVC MPs 表面新增加 1617cm^{-1} 和 1638cm^{-1} 吸收峰，可能归因于 C═C 键的伸缩振动（Wu et al.，2020b）。据报道，PVC 在光老化过程中发生脱氯反应，形成 HCl 和碳碳双键（Wang et al.，2020a）。HCl 对 PVC 光降解有着催化加速的作用（管妮，2009）。Zhu 等（2020b）研究表明，这些新增的含氧官能团充当 MPs 光化学反应的光敏剂，加速光老化速率。这解释了为什么在老化的 PP、PE 和 PVC MPs 悬浮液中会检测到 ·OH。

相反，如图 10-4-5（j）~（l）所示，在 PS、PET 和 PC MPs 的 FTIR 图谱中没有观察到明显的 C═O 官能团。仅在 PS 的 3442cm^{-1} 和 PET 的 3548cm^{-1} 附近的羟基区域吸光度逐渐增加［图 10-4-5（g）~（h）］，可能主要归因于 ·OH 与苯环发生加成反应后形成的苯酚类物质，或者 PET 酯键断裂形成的羧酸类物质。老化 PS、PET 和 PC MPs 表面新增较少的含氧官能团，表明光老化对 PS、PET 和 PC MPs 的影响较小。在本研究中，大多数高密度 PET 和 PC MPs 在光老化过程中下沉，从而降低 MPs 对紫外线的吸收。据报道，PS MPs 老化过程中生成的苯酚可能清除 R· 和 RO·，从而降低光老化速率（Ceccarini et al.，2018）。与老化 PS NPs 相比，PS MPs 的老化程度很微弱，因为 PS MPs 含有较小的比表面积，接收光子的位点少，产生的自由基有限，导致光老化速率慢，这表明粒径对塑料颗粒的光老化起着十分重要的作用。

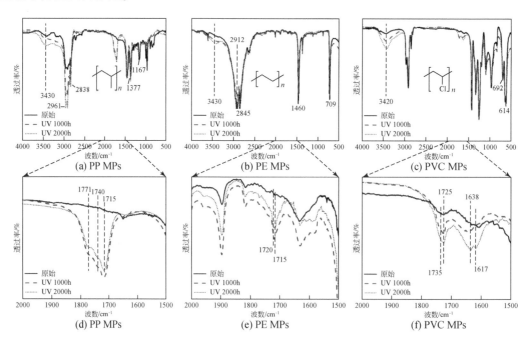

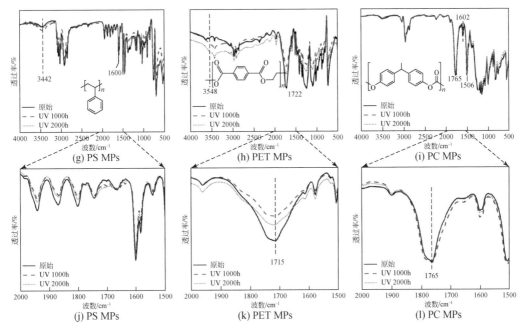

图 10-4-5 原始微塑料、老化 1000h 和 2000h 的微塑料在 4000~500cm⁻¹ [（a）~（c）、（g）~（i）] 和 2000~1500cm⁻¹ [（d）~（f）、（j）~（l）] 的 FTIR 图谱

红色波数表示 MPs 老化 2000h 后新增加的峰

利用 XPS 分析紫外线对 MPs 表面元素含量和化学结合态的影响。XPS 图谱拟合出老化后 MPs 表面新增加含氧官能团的种类和 FTIR 检测趋势一致。同时，表 10-4-1 和表 10-4-2 总结脂肪族和芳香族 MPs 表面官能团的相对比例（%）、元素含量和 O/C 比。六种 MPs 的脂肪族 C—C/C—H 相对比例降低，C—O 相对比例和 O/C 增加，表明在光照过程中，C—C/C—H 键被自由基攻击断链，并在氧气的参与下生成醇类物质或者 ROOH。此外，PET 的 O＝C—O 和 PC 的 O—C（O）—O 相对含量轻微下降，进一步表明部分酯键发生断裂。

表 10-4-1 原始和老化脂肪族微塑料 C1s 高分辨 XPS 谱图中官能团的相对比例、元素含量与 O/C 比

结合能/eV	官能团位置	PP		PE		PVC	
		0h	2000h	0h	2000h	0h	2000h
284.8	C—C/C—H/%	94.42	78.46	96.63	90.72	46.84	42.37
286.2	C—O/C—Cl/%	2.66	10.68	1.64	4.56	22.99	25.06
287.3	C＝O/%	N.D.	1.57	N.D.	0.94	N.D.	1.57
289.3	O＝C—O/%	N.D.	1.60	N.D.	0.75	1.57	1.57
	C/%	97.08	92.31	98.27	96.97	71.41	70.57
	O/%	2.92	7.69	1.73	3.03	2.53	5.41
	O/C	0.03	0.08	0.02	0.03	0.04	0.08

注：N.D. 表示没有数据。

表 10-4-2　原始和老化芳香族微塑料 C1s 高分辨 XPS 谱图中官能团的相对比例、元素含量与 O/C 比

结合能 /eV	官能团位置	PS		PET		PC	
		0h	2000h	0h	2000h	0h	2000h
285	芳香族 C—C/C—H/%	68.26	62.16	38.74	32.93	49.79	44.89
284.8	脂肪族 C—C/C—H/%	21.76	18.74	9.35	8.71	14.92	12.97
286.2	C—O/%	2.70	7.04	14.32	17.90	11.28	15.45
287.3	C＝O/%	N.D.	N.D.	N.D.	N.D.	N.D.	N.D.
289.3	O＝C—O/%	N.D.	N.D.	9.79	9.14	N.D.	N.D.
290.6	O—C（O）—O/%	N.D.	N.D.	N.D.	N.D.	4.93	3.16
291.4	π-π*/%	5.93	4.97	1.66	1.59	3.28	3.05
	C/%	98.65	92.92	73.87	70.27	84.21	81.40
	O/%	1.35	7.08	26.13	29.73	15.79	18.60
	O/C	0.01	0.08	0.35	0.42	0.19	0.23

注：N.D. 表示没有数据。

通过 ESR、FTIR 和 XPS 的分析结果与文献报道，发现 MPs 的光老化途径与聚合物的结构有关。根据 MPs 是否含有苯环，将 MPs 分为脂肪族 MPs（PP、PE 和 PVC）和芳香族 MPs（PS、PET 和 PC）。基于光照下 ·OH 的产生情况，本研究提出 ·OH 作用下 MPs 的光老化途径，主要包括苯环加成反应、抽氢反应、C—C 断裂和脱氯反应，其光老化途径如图 10-4-6 所示。

脂肪族 MPs 化学结构单一，主要组成结构为脂肪族 C—C 或者 C—H 键，·OH 会优先从聚合物的 C—H 上抽取氢原子，使得 C—H 键断裂形成 R·，并进一步被氧化成 RO·，这些碳中心自由基已经被 ESR 检测到［图 10-4-1（a）］。在 ·OH 的持续作用下，MPs 发生 C—C 键的断裂，并进一步被氧化成各种醛、酮、羧酸和过酸等氧化产物。具体来说，对于 PP MPs，·OH 首先夺取 C2—H 上的叔氢原子形成叔碳自由基（R·），后被氧化成为 RO·。RO· 发生 β-断裂，使得 C2—C3 断裂生成酮（1715cm^{-1}），随后在 ·OH 的攻击下，生成的酮进一步断裂 C1—C2 生成醛（1740cm^{-1}）和过酸（1771cm^{-1}）。过酸不稳定，在紫外光照下极易被分解为酰基（acyloxy radicals）和 ·OH（途径 1）。对于 PE MPs，途径 2 显示 ·OH 首先夺取 C2—H 上的 H 原子，并发生氧化反应生成 RO·，随后 RO· 经过 β-断裂生成酮（1720cm^{-1}）。酮被 ·OH 氧化并断裂 C1—C2 形成羧酸（1715cm^{-1}）。途径 3 和途径 4 显示 PVC MPs 被 ·OH 攻击的光老化过程。·OH 通过夺取 C2—H 上的 H 原子和氧化反应生成 RO·，并进一步断裂 RO· 上 C2—Cl 键，生成酮（1725cm^{-1}）和氯自由基（Cl·）。XPS 元素含量分析表明，老化 PVC 表面的脱氯率达 7.7%，证明 PVC 发生脱氯反应；同时，·OH 攻击新生成酮的 C1—C2 键生成醛（1735cm^{-1}）（途径 3）；Cl· 从 R· 中提取 H 生成烯烃（1617cm^{-1} 和 1638cm^{-1}）和 HCl（途径 4）。

·OH 攻击芳香族 MPs 的光老化途径与 PS NPs 类似（图 10-3-4）。由于 PS、PET 和 PC MPs 悬浮液仅产生少量的 ·OH，因此 ·OH 优先与电子云密度较大的苯环发生加成反应，生成苯酚和其他单羟基聚合物（途径 5 ~ 途径 7），这些 O—H 官能团在 FTIR 中被检测到

（图 10-4-5）。除此之外，本研究观察到脂肪族 C—H/C—C 和 π-π * 相对比例减少（表 10-4-2），表明芳香族 MPs 也可能发生脂肪族 C—C/C—H 键断裂和苯环开环过程，但未在老化后的 MPs 表面检测到含有 C ═O 基团的降解产物，可能是因为它们的浓度低于 FTIR 和 XPS 的检测限。

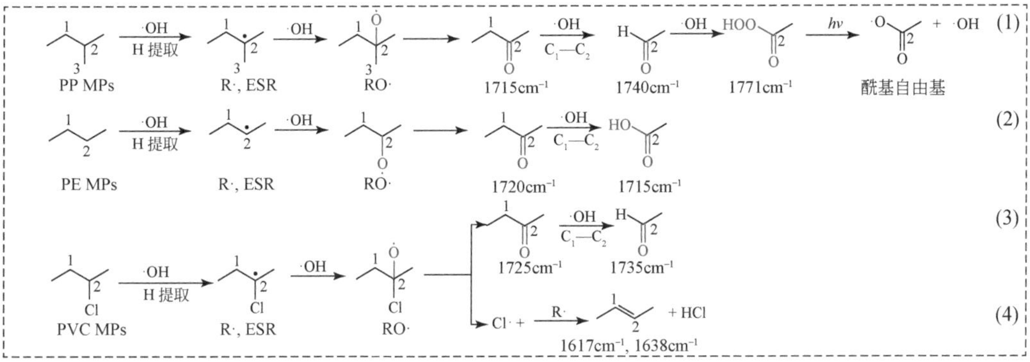

(a)脂肪族MPs

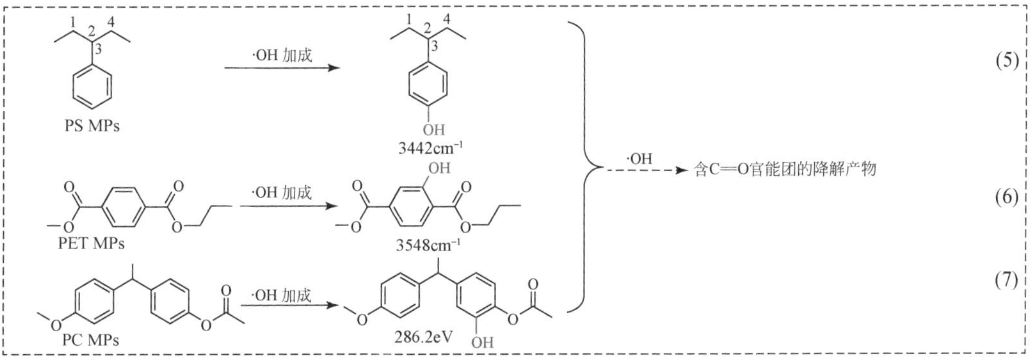

(b)芳香族MPs

图 10-4-6 ·OH 攻击脂肪族（a）和芳香族（b）微塑料的光老化途径

实线箭头表示已经检测到的产物，虚线箭头表示推测产物

10.5 小　　结

本章系统研究气象要素［紫外光（UV_{365}）］作用下 NPs/MPs 生成 ROS 和光老化前后理化性质的变化，考察 NPs/MPs 自身理化性质（涂层、粒径大小和化学结构）对原始和老化 NPs/MPs 光致 ROS 与光老化行为的影响，明确老化后 NPs/MPs 理化性质的改变与 ROS 产生的关系，探讨 ROS 的产生机理及 ROS 对 NPs/MPs 光老化的影响机制，主要研究结论如下。

（1）表面涂层影响 NPs 光致 ROS 的种类和浓度。在紫外光照射下，原始的 PS NPs 产生 ·OH 和$^1O_2$，PS-COOH NPs 和 PS-NH_2 NPs 仅产生$^1O_2$。表面涂层修饰的 NPs 产生的 ROS 较少，主要是因为羧基和氨基涂层对 ROS 的猝灭作用。经过 2000h 紫外光照射后，三种老化的 NPs 均可以产生 ·OH 和 $^1O_2$，主要归因于表面涂层的降解。PS NPs 光致 ROS 的机理主要通过能量转移和化学键断裂两种方式进行，NPs 不饱和发色团吸收光子从激发单重态转变为激发三重态，三重态能量一方面传递给 O_2 形成 $^1O_2$，另一方面为 C—C/C—H 断键提供能量，生成高活性的 R·，紧接着发生氧化反应生成 ROO·，并夺取 NPs 上的氢原子生成 ROOH，ROOH 不稳定，进一步光解生成 RO·和 ·OH。

（2）紫外光照改变 PS、PS-COOH 和 PS-NH_2 NPs 的表面理化性质。老化后 NPs 的结晶度上升、表面负电荷增多并生成聚集体。同时，NPs 表面 O/C 和含氧官能团种类与数量上升，脂肪族 C—C/C—H 键含量下降，表明 NPs 发生 C—C/C—H 化学键的断裂和氧化反应。·OH 和 $^1O_2$ 在 PS、PS-COOH 和 PS-NH_2 NPs 光老化的过程中起到关键作用。·OH 攻击 NPs 主要通过苯环加成、C—C 键断裂、抽氢反应和苯环开环反应生成脂肪酮、酯、醛、苯酚、芳香族酮或苯甲醛。$^1O_2$ 主要参与三种 NPs 苯环开环和表面涂层降解（脱羧和脱氨反应）过程。

（3）粒径大小和化学结构会影响 MPs 光致 ROS 的种类和浓度。在紫外光照射下，六种原始的 MPs（PP、PE、PVC、PS、PET 和 PC）均不产生任何 ROS。经过 2000h 紫外光照射后，六种老化的 MPs 产生 ·OH，主要归因于老化后 MPs 表面含氧官能团和比表面积的增加，增加了 MPs 吸光率和自由基攻击位点的数量。同时，研究发现芳香族 MPs（PS、PET 和 PC）产生 ·OH 的相对强度弱于脂肪族 MPs（PP、PE 和 PVC），这与它们化学结构的差异有关。芳香族 MPs 的苯环刚性结构限制 R·/RO· 的迁移速率，或者抑制自由基供体（如 ROOH 和 C=O）和受体位点（C—H）之间的相互作用。

（4）紫外光照改变 PP、PE、PVC、PS、PET 和 PC MPs 的表面理化性质，MPs 产生的 ·OH 会参与到 MPs 光老化过程中。老化后 MPs 的结晶度上升，表面负电荷增多。脂肪族 MPs（PP、PE、PVC）的光老化程度强于芳香族 MPs（PS、PET 和 PC），具体表现为脂肪族 MPs 表面出现明显的微裂纹、沟壑和凹坑等缺陷结构。同时，表面含氧官能团种类（C=O、O—C=O 和 O—H）或含量有显著增加；芳香族 MPs 表面比较光滑，表面含氧官能团仅产生 O—H。主要归因于芳香族 MPs 的刚性结构和产生少量的 ·OH 限制其光老化速率。MPs 产生的 ·OH 会参与到 MPs 老化过程。对于脂肪族 MPs，·OH 主要通过抽氢反应、C—C 键断裂和脱氯反应攻击 MPs 生成酮、醛、羧酸、过酸和醇等氧化中间体；对于芳香族 MPs，由于 ·OH 浓度较低，·OH 优先加成到苯环上生成单羟基化合物，继而攻击 MPs 进行抽氢和 C—C 键断裂反应。

参 考 文 献

管妮. 2009. 聚合物的老化与稳定化. 合成材料老化与应用, 38：47-53.

Alimi O S, Farner B J, Hernandez L M, et al. 2018. Microplastics and nanoplastics in aquatic environments: aggregation, deposition, and enhanced contaminant transport. Environmental Science & Technology, 52: 1704-1724.

Andrady A L. 2017. The plastic in microplastics: a review. Marine Pollution Bulletin, 119: 12-22.

Arráez F J, Arnal M L, Müller A J. 2019. Thermal degradation of high-impact polystyrene with pro-oxidant additives. Polymer Bulletin, 76: 1489-1515.

Atiqullah M, Winston M S, Bercaw J E, et al. 2012. Effects of a vanadium post-metallocene catalyst-induced polymer backbone inhomogeneity on UV oxidative degradation of the resulting polyethylene film. Polymer Degradation and Stability, 97: 1164-1177.

Ceccarini A, Corti A, Erba F, et al. 2018. The hidden microplastics: new insights and figures from the thorough separation and characterization of microplastics and of their degradation byproducts in coastal sediments. Environmental Science & Technology, 52: 5634-5643.

Cincinelli A, Scopetani C, Chelazzi D, et al. 2017. Microplastic in the surface waters of the Ross Sea (Antarctica): occurrence, distribution and characterization by FTIR. Chemosphere, 175: 391-400.

Das M, Chacko R, Varughese S. 2018. An efficient method of recycling of CFRP waste using peracetic acid. ACS Sustainable Chemistry & Engineering, 6: 1564-1571.

Enfrin M, Lee J, Gibert Y, et al. 2020. Release of hazardous nanoplastic contaminants due to microplastics fragmentation under shear stress forces. Journal of Hazardous Materials, 384: 121393.

Gewert B, Plassmann M M, MacLeod M. 2015. Pathways for degradation of plastic polymers floating in the marine environment. Environmental Science: Processes & Impacts, 17: 1513-1521.

Godoy V, Blazquez G, Calero M, et al. 2019. The potential of microplastics as carriers of metals. Environmental Pollution, 255: 113363.

Guo B, Meng J, Wang X, et al. 2020. Quantification of pesticide residues on plastic mulching films in typical farmlands of the North China. Frontiers of Environmental Science Engineering, 14: 1-10.

Horton A A, Walton A, Spurgeon D J, et al. 2017. Microplastics in freshwater and terrestrial environments: evaluating the current understanding to identify the knowledge gaps and future research priorities. Science of the Total Environment, 586: 127-141.

Li Y, Niu J, Shang E, et al. 2014. Photochemical transformation and photoinduced toxicity reduction of silver nanoparticles in the presence of perfluorocarboxylic acids under UV irradiation. Environmental Science & Technology, 48: 4946-4953.

Li Y, Zhang W, Niu J, et al. 2013. Surface-coating-dependent dissolution, aggregation, and reactive oxygen species (ROS) generation of silver nanoparticles under different irradiation conditions. Environmental Science & Technology, 47: 10293-10301.

Liu J, Ma Y, Zhu D, et al. 2018. Polystyrene nanoplastics-enhanced contaminant transport: role of irreversible adsorption in glassy polymeric domain. Environmental Science & Technology, 52: 2677-2685.

Liu P, Zhan X, Wu X, et al. 2020. Effect of weathering on environmental behavior of microplastics: properties, sorption and potential risks. Chemosphere, 242: 125193.

Lomonaco T, Manco E, Corti A, et al. 2020. Release of harmful volatile organic compounds (VOCs) from photo-degraded plastic debris: a neglected source of environmental pollution. Journal of Hazardous Materials, 394: 122596.

Min K, Cuiffi J D, Mathers R T. 2020. Ranking environmental degradation trends of plastic marine debris based on physical properties and molecular structure. Nature Communications, 11: 727.

Qu X, Alvarez P J J, Li Q. 2013. Photochemical transformation of carboxylated multiwalled carbon nanotubes: role of reactive oxygen species. Environmental Science & Technology, 47: 14080-14088.

Rjeb A, Tajounte L, El Idrissi M C, et al. 2000. IR spectroscopy study of polypropylene natural aging. Journal of Applied Polymer Science, 77: 1742-1748.

Rånby B. 1993. Basic reactions in the photodegradation of some important polymers. Journal of Macromolecular Science, 30: 583-594.

Shahul H F, Bhatti M S, Anuar N, et al. 2018. Worldwide distribution and abundance of microplastic: how dire is the situation? Waste Management & Research, 36: 873-897.

Shi Y, Liu P, Wu X, et al. 2021. Insight into chain scission and release profiles from photodegradation of polycarbonate microplastics. Water Research, 195: 116980.

Ter Halle A, Ladirat L, Gendre X, et al. 2016. Understanding the fragmentation pattern of marine plastic debris. Environmental Science & Technology, 50: 5668-5675.

Tiwari M, Rathod T D, Ajmal P Y, et al. 2019. Distribution and characterization of microplastics in beach sand from three different Indian coastal environments. Marine Pollution Bulletin, 140: 262-273.

Wagner S, Reemtsma T. 2019. Things we know and don't know about nanoplastic in the environment. Nature Nanotechnology, 14: 300-301.

Wang H, Liu P, Wang M, et al. 2021. Enhanced phototransformation of atorvastatin by polystyrene microplastics: critical role of aging. Journal of Hazardous Materials, 408: 124756.

Wang Q, Wang J X, Zhang Y, et al. 2020a. The toxicity of virgin and UV-aged PVC microplastics on the growth of freshwater algae *Chlamydomonas reinhardtii*. Science of the Total Environment, 749: 141603.

Wang W, Ai T, Yu Q. 2017. Electrical and photocatalytic properties of boron-doped ZnO nanostructure grown on PET-ITO flexible substrates by hydrothermal method. Scientific Reports, 7: 42615-42615.

Wang X, Li Y, Zhao J, et al. 2020b. UV-induced aggregation of polystyrene nanoplastics: effects of radicals, surface functional groups and electrolyte. Environmental Science-Nano, 7: 3914-3926.

Wong H C, Wang Q, Speller E M, et al. 2020. Photoswitchable solubility of fullerene-doped polymer thin films. ACS Nano, 14: 11352-11362.

Wu J, Xu P, Chen Q, et al. 2020a. Effects of polymer aging on sorption of 2,2′,4,4′-tetrabromodiphenyl ether by polystyrene microplastics. Chemosphere, 253: 126706.

Wu M, Ge S, Jiao C, et al. 2020b. Improving electrical, mechanical, thermal and hydrophobic properties of waterborne acrylic resin-glycidyl methacrylate (GMA) by adding multi-walled carbon nanotubes. Polymer, 200: 122547.

Xiao R, Noerpel M, Ling L H, et al. 2014. Thermodynamic and kinetic study of ibuprofen with hydroxyl radical: a density functional theory approach. International Journal of Quantum Chemistry, 114: 74-83.

Xue X D, Fang C R, Zhuang H F. 2021. Adsorption behaviors of the pristine and aged thermoplastic polyurethane microplastics in Cu (Ⅱ)-OTC coexisting system. Journal of Hazardous Materials, 407: 124835.

Yang P, Yang W. 2013. Surface chemoselective phototransformation of C-H Bonds on organic polymeric materials and related high-tech applications. Chemical Reviews, 113: 5547-5594.

Zhang X, Julian R R. 2012. Photoinitiated intramolecular diradical cross-linking of polyproline peptides in the gas phase. Physical Chemistry Chemical Physics, 14: 16243-16249.

Zhou J, Gui B, Qiao Y, et al. 2016. Understanding the pyrolysis mechanism of polyvinylchloride (PVC) by characterizing the chars produced in a wire-mesh reactor. Fuel, 166: 526-532.

Zhu K, Jia H, Sun Y, et al. 2020a. Long-term phototransformation of microplastics under simulated sunlight irradiation in aquatic environments: roles of reactive oxygen species. Water Research, 173: 115564.

Zhu L, Zhao S, Bittar T B, et al. 2020b. Photochemical dissolution of buoyant microplastics to dissolved organic carbon: rates and microbial impacts. Journal of Hazardous Materials, 383: 121065.

第 11 章 光照和天然有机质对金属硫化物纳米颗粒毒性的影响机制

11.1 引　　言

纳米颗粒具有独特的物理化学性质，在日常生活和工业生产中得到了广泛应用，如陶瓷制品、化妆品、纺织品、医药等行业（Li et al.，2011a；Wu et al.，2011；Yin et al.，2014）。纳米颗粒在制造、运输、消费、废弃等生命周期中不可避免地进入环境中，水中的纳米颗粒具有更强的迁移能力和更广的影响范围（Akujuobi，2013；Baalousha et al.，2014；Elsaesser and Howard，2012）。释放到天然水体中的纳米颗粒在太阳光或人为光源照射下表现出很强的光化学活性，能够显著抑制细菌的活性（Li et al.，2012a，2012b；Peng et al.，2017；Qi et al.，2013）。纳米颗粒对细菌产生毒性可能会影响整个食物链和食物网，导致整个生态系统的平衡被破坏。天然有机质（NOM）可以通过影响纳米颗粒的表面性质、ROS 的产生和金属离子的释放等环境行为，影响纳米颗粒与细菌之间的作用（Feris et al.，2009；Li et al.，2011b，2012a，2013）。目前，光照下纳米颗粒对细菌的毒性机理存在很多争议，可能导致纳米颗粒对细菌毒性的机理主要包括 ROS 的产生、金属离子的释放、尺寸效应和直接接触导致的物理损伤等（Gao et al.，2013；Hossain and Mukherjee，2013；Li et al.，2009；Synnott et al.，2013）。因此，深入研究纳米颗粒对细菌的毒性效应，不但能为评估其对生态环境和人类健康的潜在危害提供理论依据，也是大量生产和应用纳米产品的基本前提。

本章以天然水体中广泛存在的金属硫化物纳米颗粒为目标，将发育周期短、分裂增殖能力强和普遍存在的大肠杆菌作为模式生物，评价紫外光照条件下硫化镉（CdS）、二硫化钼（MoS$_2$）和二硫化钨（WS$_2$）三种金属硫化物纳米颗粒对大肠杆菌的毒性，阐明金属硫化物纳米颗粒产生的 ROS 或金属离子的释放与其对细菌毒性之间的关系。通过添加 NOM 模拟自然水体环境，研究光照下 NOM 的不同成分腐殖酸（HA）和富里酸（FA）对金属硫化物纳米颗粒产生 ROS 的动力学与光化学溶解的影响机制，阐明 NOM 对金属硫化物纳米颗粒毒性效应的影响机理。

11.2 研究方法

11.2.1 金属硫化物纳米颗粒光化学活性实验

1) 光化学实验装置

ROS 的检测、离子释放的测量和光照下毒性的评价等一系列光化学实验使用的装置如图 11-2-1 所示。本研究使用的光源为 4W 的紫外灯，其输出波长范围是 315～400nm，最大强度为 365nm。所有光化学实验在同一光源下进行。将盛有 100mL 反应液的培养皿放在光源正下方进行照射。本实验反应液表面的光强是 1.0×10^{-6} Einstein $L^{-1}s^{-1}$，控制温度保持在 22℃±2℃。在光照的不同时刻取样，然后立刻进行后续分析。

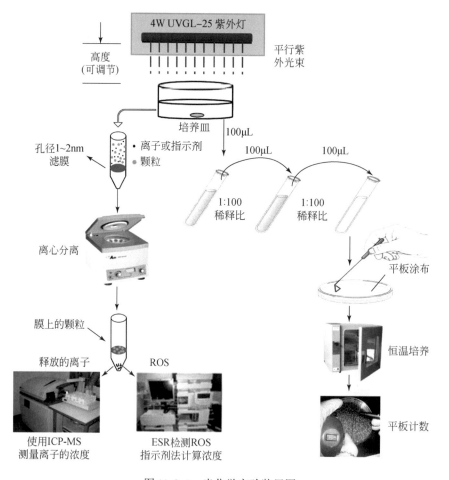

图 11-2-1 光化学实验装置图

2）分子探针法检测·OH、$^1O_2$ 和 ·O_2^-

分别使用 XTT 钠盐（100μmol/L）、p-氯苯甲酸（pCBA，20μmol/L）和糠醇（FFA，850μmol/L）作为 ·O_2^-、·OH 和 $^1O_2$ 的指示剂。将指示剂加入纳米颗粒的悬浮液中，使用磁力搅拌器进行搅拌，在光照不同时刻取样。对于 XTT，使用紫外分光光度计在 470nm 下测量 ·O_2^- 还原 XTT 后产生橙色 XTT-甲臜的浓度。对于 pCBA 和 FFA，放入 Amicon Ultra-4mL 离心超滤器，置于高速离心机中离心 30min 除去纳米颗粒，转速 7000×g。使用 HPLC 测量 pCBA 和 FFA 的浓度，检测波长分别为 237nm 和 230nm，选用 WpH C18（4.6mm×250mm，5μm）色谱柱，流速设定为 1.0mL/min。pCBA 检测采用的流动相为甲醇和水的混合溶液（55∶45，v/v），FFA 检测采用的流动相为甲醇和 0.1%磷酸水溶液的混合溶液（15∶85，v/v）。同时检测黑暗条件下纳米颗粒产生 ROS 的浓度。光照条件下，每个体系产生每种 ROS 的平均摩尔浓度计算方法如下：

$$C = \frac{\int_0^t (C_0 - C_t)\, \mathrm{d}t}{t} \tag{11-2-1}$$

式中，C 为产生每种 ROS 的平均浓度，μmol/L；C_0 为指示剂的初始浓度，μmol/L；C_t 为紫外光照射 th 后指示剂的浓度，μmol/L；t 为光照时间，h。

3）ESR 检测·OH、$^1O_2$ 和 ·O_2^-

本实验采用 ESR 检测在紫外光照条件下纳米颗粒悬浮液产生的 ROS。使用 5,5-二甲基-1-吡咯啉-N-氧化物（DMPO，0.2mol/L）作为 ·OH 和 ·O_2^- 的自旋捕获剂，DMPO 与 ·OH 和 ·O_2^- 作用生成的自旋加合物分别为 DMPO-·OH 和 DMPO-·O_2^-。使用 2,2,6,6-四甲基哌啶（TEMP，0.2mol/L）作为 $^1O_2$ 的自旋捕获剂，TEMP 可与 $^1O_2$ 反应产生 2,2,6,6-四甲基哌啶酮-1-氧基（TEMPO）。ESR 仪器参数为：中心磁场 3480G，调制幅度 2.071G，扫描宽度 100G，微波功率 10mW，扫描时间 41.943s。

4）金属离子释放浓度的测量

将 100mL 的纳米颗粒悬浮液进行光照，在不同光照时刻取 3mL 样品放入离心超滤器，置于高速离心机中离心 30min 除去纳米颗粒，转速为 7000×g。取滤液 2.5mL，与等体积痕量金属级别的 HNO_3 充分混合。混合溶液中离子的浓度使用 ICP-MS 进行测量。光照条件下纳米颗粒释放的离子浓度为光照下测量的离子浓度减去黑暗条件下测量的离子浓度。该实验进行三次。数据使用平均值±标准偏差表示。

11.2.2 金属硫化物纳米颗粒对大肠杆菌的毒性实验

1）大肠杆菌死亡率评价

本研究使用添加卡那霉素的 Luria-Bertani（LB）液体培养基培养细菌，液体培养基组分包括 5.0g/L 酵母浸粉、10.0g/L 胰蛋白胨、10.0g/L NaCl 和 100mg/L 卡那霉素，使用 NaOH 调节 pH 到 7.0。将大肠杆菌接种于 LB 液体培养基后，在转速为 150r/min 的恒温振荡培养箱中培养 12~16h，温度设定为 30℃，将收获的大肠杆菌使用离心机在 5000×g 下离心 5min，然后从 LB 培养基中分离出来，倒弃上清液，使用 0.9%生理盐水洗涤并且离心。这个过程至少重复三次，最后将大肠杆菌重悬在 0.9% 生理盐水中备用。

采用前人报道的方法重组、培养和收获绿色荧光蛋白修饰的大肠杆菌（GFP-*E. coli*）（Jiang et al.，2011）。将不同浓度的纳米颗粒均匀分散于 100mL 浓度大约为 10^7 CFU/mL 的细菌混合液中。采用 UV-Vis 在 600nm 下测量细胞浓度（Zhang et al.，2011）。将混合溶液置于紫外光下照射 4h，紫外光单独作用 4h 不能引起大肠杆菌失活，在光照不同时刻取样，然后使用平板计数法统计分析纳米颗粒处理过的细菌的死亡率。

将不同光照时刻取 100μL 的反应液稀释 100 倍，然后将 50μL 样品涂于琼脂培养基上（5.0g/L 酵母浸粉、10.0g/L 胰蛋白胨、10.0g/L NaCl、100mg/L 卡那霉素和 20.0g/L 琼脂），每个稀释的样品均涂 5 个平行板，在 37℃ 下培养 24h 后统计 GFP-*E. coli* 菌落数。同时设置无纳米颗粒和 NOM 的空白对照实验。GFP-*E. coli* 死亡率的计算方法如下：

$$细菌死亡率 = \frac{N_0 - N_t}{N_0} \times 100\% \qquad (11\text{-}2\text{-}2)$$

式中，N_t 为暴露于纳米颗粒 th 后的细菌存活数量；N_0 为相同实验条件下没有暴露于纳米颗粒的细菌存活数量。

为了研究 NOM 成分的影响，比较 HA 或者 FA 存在条件下 CdS、MoS$_2$ 和 WS$_2$ 三种金属硫化物纳米颗粒对绿色荧光蛋白修饰的大肠杆菌的毒性。将不同浓度的金属硫化物纳米颗粒均匀分散于 100mL 浓度大约为 10^7 CFU/mL 的细菌混合液中，加入 20mg/L HA 或者 FA。采用传统平板计数法分析不同反应体系中纳米颗粒对 GFP-*E. coli* 的毒性。

2）大肠杆菌形态表征

采集 5mL 暴露于纳米颗粒紫外光照前和光照 4h 后的大肠杆菌，使用微分干涉差模式（DIC）的激光共聚焦显微镜表征其荧光强度。激发波长和发射波长分别为 488nm 和 520nm。未使用纳米颗粒处理的大肠杆菌在黑暗或光照 4h 后也使用激光共聚焦显微镜表征。

11.3 光照对金属硫化物纳米颗粒毒性的影响机理

11.3.1 分子探针法检测金属硫化物纳米颗粒产生的 ROS

1）光照下纳米颗粒产生 ROS 的动力学

如表 11-3-1 所示，紫外光照 12h 后，CdS 纳米颗粒产生 ·O$_2^-$ 的平均摩尔浓度是 15.3μmol/L±1.1μmol/L，分别是 MoS$_2$ 纳米颗粒（7.4μmol/L±0.3μmol/L）和 WS$_2$ 纳米颗粒（5.5μmol/L±0.2μmol/L）产生 ·O$_2^-$ 平均摩尔浓度的 2.1 倍和 2.8 倍。黑暗条件下与 XTT 共存时，三种纳米颗粒在 470nm 波长处均未产生吸收峰，表明三种纳米颗粒在黑暗条件下均未产生 ·O$_2^-$。紫外光照 12h 后，WS$_2$ 纳米颗粒产生 ·OH 的速率比 MoS$_2$ 纳米颗粒快。采用 pCBA 作为 ·OH 的指示剂，pCBA 浓度的降低间接反映体系中 ·OH 的产生。紫外光照下，CdS 纳米颗粒不能降解 pCBA，表明 CdS 纳米颗粒不能产生 ·OH。如表 11-3-1 所示，紫外光照 12h 后，WS$_2$ 纳米颗粒产生 ·OH 的平均摩尔浓度（3.4μmol/L±0.2μmol/L）是

MoS_2纳米颗粒（1.9μmol/L±0.1μmol/L）产生·OH平均摩尔浓度的1.8倍。在紫外光照下三种纳米颗粒的悬浮液中，FFA均发生明显的降解，表明CdS、MoS_2和WS_2三种纳米颗粒均产生$^1O_2$。MoS_2纳米颗粒产生$^1O_2$的浓度最高，接下来分别是WS_2和CdS纳米颗粒。MoS_2纳米颗粒产生ROS的平均总浓度（177.3μmol/L±8.5μmol/L）分别是WS_2纳米颗粒（108.2μmol/L±6.4μmol/L）和CdS纳米颗粒（57.5μmol/L±3.2μmol/L）产生ROS平均总浓度的1.6倍和3.1倍。

表 11-3-1　紫外光照下三种金属硫化物纳米颗粒产生 ROS 的平均摩尔浓度

（单位：μmol/L）

纳米颗粒	·OH	$^1O_2$	$·O_2^-$	总浓度
CdS	0	42.2±2.1	15.3±1.1	57.5±3.2
MoS_2	1.9±0.1	168.0±8.2	7.4±0.3	177.3±8.5
WS_2	3.4±0.2	99.3±6.2	5.5±0.2	108.2±6.4

2）光照下纳米颗粒产生 ROS 的机理

在光照下，金属硫化物纳米颗粒产生ROS的种类（如·OH、$^1O_2$或$·O_2^-$）和硫化物纳米颗粒的电子结构及产生ROS的氧化还原电位（E_H）密切相关（Grätzel，2001；Li et al.，2012b）。金属硫化物纳米颗粒的带隙（E_g）指的是价带（E_v）和导带（E_c）之间的能量差。表11-3-2显示三种金属硫化物纳米颗粒相对于标准氢电极电位（NHE）的E_g、E_c和E_v。只有当入射光子能量大于纳米颗粒的E_g时纳米颗粒才能够被激发，价带（E_v）的电子跃迁到导带（E_c）形成导带电子，同时在价带形成一个空穴（Brunet et al.，2009）。电子和空穴能分别与电子供体（如O_2）和受体（如H_2O和OH^-）发生反应，生成不同种类的ROS（如$·O_2^-$、·OH或$^1O_2$）（Brunet et al.，2009；Lin et al.，2005）。

表 11-3-2　三种金属硫化物纳米颗粒相对于标准氢电极电位的带隙、导带和价带

（单位：eV）

金属硫化物纳米颗粒	E_g	E_c	E_v	参考文献
CdS	2.5	−0.4	2.1	Ipe et al.，2005
MoS_2	1.9	−0.5	1.4	Ho et al.，2004
WS_2	2.1	−0.55	1.55	Ho et al.，2004

$O_2/·O_2^-$相对于NHE的E_H是−0.2eV（Li et al.，2012b），高于CdS（−0.4eV）、MoS_2（−0.5eV）和WS_2（−0.55eV）纳米颗粒的E_c（Ho et al.，2004；Maurette et al.，1983）。因此，CdS、MoS_2和WS_2纳米颗粒被激发的电子有足够的能量还原O_2为$·O_2^-$。$H_2O/·OH$相对于NHE的E_H是2.2eV（Li et al.，2012b），比CdS纳米颗粒（2.1eV）的E_v高（Ipe et al.，2005；Li et al.，2012b）。因此，CdS纳米颗粒光激发后产生的空穴不能将H_2O氧化为·OH。理论上MoS_2和WS_2纳米颗粒不能产生$^1O_2$和·OH。然而，由于MoS_2和WS_2纳米颗

粒是 p 型半导体，其费米能级靠近 E_v（Jäger- Waldau et al.，1994；Xu and Schoonen，2000），纳米颗粒的量子尺寸效应导致 MoS_2 和 WS_2 纳米颗粒的还原电位转化到更正的值，因此能将空穴传递给 H_2O，继而产生 ·OH（Calabrese et al.，1982；Ho et al.，2004）。

11.3.2 光照下金属硫化物纳米颗粒的溶解动力学

MoS_2 纳米颗粒悬浮液中检测不到金属离子，这主要是由于 MoS_2 纳米颗粒的价带和导带的电子状态源自 Mo $4d$ 轨道的电子结构，光激发产生的电子不能削弱 Mo 和 S 原子之间的键能，导致 MoS_2 纳米颗粒在紫外光照时表现出高稳定性（Coehoorn et al.，1987；Tacchini et al.，2011；Thurston and Wilcoxon，1999）。与光化学溶解相比，黑暗条件下 CdS 和 WS_2 纳米颗粒释放的离子浓度可以忽略不计。在紫外光照下，当硫化物纳米颗粒初始浓度从 5.0mg/L 增加到 20.0mg/L 时，释放的离子浓度随着其初始浓度的增加而升高（图 11-3-1）。紫外光照 5h 后，初始浓度为 5.0mg/L、10.0mg/L 和 20.0mg/L 的 CdS 纳米颗粒释放的离子比例分别为 0.8%、1.1% 和 0.8%。初始浓度为 5mg/L、10mg/L 和 20mg/L 的 WS_2 纳米颗粒释放的离子比例分别为 1.7%、1.4% 和 1.4%。此外，紫外光照时间越长，CdS 和 WS_2 纳米颗粒释放的离子越多。由于入射光子的能量（3.4eV）高于 CdS（2.5eV）和 WS_2 纳米颗粒（2.1eV）的带隙（Ho et al.，2004；Ipe et al.，2005），因此紫外光可诱导 CdS 和 WS_2 纳米颗粒的价带产生空穴，空穴对纳米颗粒具有腐蚀作用，反应途径为 $CdS+2h^+ \xrightarrow{h\nu} Cd^{2+}+S$ 和 $WS_2+6h^+ \xrightarrow{h\nu} W^{6+}+2S$。

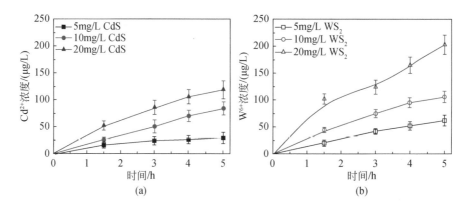

图 11-3-1 紫外光照下（a）CdS 和（b）WS_2 纳米颗粒的溶解动力学

11.3.3 光照下金属硫化物纳米颗粒对大肠杆菌活性的影响

本部分以大肠杆菌为模式生物，评价了紫外光照下三种硫化物纳米颗粒对大肠杆菌的毒性效应。黑暗条件下的对照实验表明，三种金属硫化物对细菌的毒性很小，纳米颗粒作用 4h 后大肠杆菌的死亡率均低于 35%。图 11-3-2 显示紫外光照不同时刻 CdS、MoS_2 和

WS₂三种纳米颗粒处理的大肠杆菌的死亡率。显然，大肠杆菌的死亡率与金属硫化物纳米颗粒的类型和浓度密切相关。在没有任何纳米颗粒的条件下，紫外光不具备足够的能量杀死大肠杆菌。紫外光照和 5mg/L WS₂纳米颗粒共存，轻微地促进细菌生长。与黑暗条件相比，紫外光照 4h 显著提高三种金属硫化物纳米颗粒处理的大肠杆菌的死亡率（$p<0.05$）。在 5 ~ 50mg/L 浓度范围内，紫外光照下每种纳米颗粒对大肠杆菌的毒性随着纳米颗粒浓度的升高逐渐增加。紫外光照 4h 后，初始浓度为 50mg/L 的 CdS、MoS₂和 WS₂纳米颗粒处理的大肠杆菌的死亡率分别达到 96.7%、38.5% 和 31.2%。本实验中金属硫化物纳米颗粒对大肠杆菌活性抑制剂量较低，可能是因为紫外光照能诱导纳米颗粒悬浮液产生 ROS 或者释放有毒金属离子。

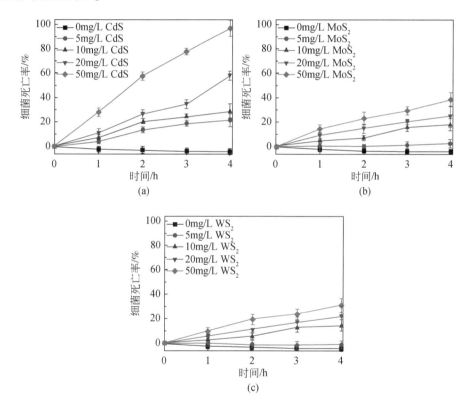

图 11-3-2　紫外光照不同时刻 CdS（a）、MoS₂（b）和 WS₂（c）纳米颗粒处理的大肠杆菌的死亡率

图 11-3-3 显示紫外光照 4h 后 CdS、MoS₂和 WS₂三种纳米颗粒处理的大肠杆菌的激光共聚焦显微镜图片。在黑暗条件，每种纳米颗粒处理 4h 后大肠杆菌的数量、大小、形状以及荧光强度变化很小，表明黑暗条件下纳米颗粒对大肠杆菌的活性和完整性影响可以忽略不计。暴露于紫外光照和纳米颗粒之前，正常细菌具有杆状的结构，表面光滑，形貌完整，具有高荧光强度。紫外光和纳米颗粒共同作用 4h 后，细菌的形貌和荧光强度发生显著变化，虽然大部分细菌仍然呈杆状，但是细菌形态变短、变小和变窄，细菌数量也相应减少，与 MoS₂和 WS₂纳米颗粒处理的细菌相比，CdS 纳米颗粒处理的细菌荧光强度、数量和尺寸发生更显著的变化。如图 11-3-3 的红色箭头所示，CdS 和 MoS₂纳米颗粒处理的大

肠杆菌细胞膜受损破碎。CdS 和 MoS_2 纳米颗粒处理的大肠杆菌细胞壁被破坏，细胞发生破裂，并释放内部成分。暴露于 CdS 纳米颗粒的细菌比暴露于 MoS_2 和 WS_2 纳米颗粒的细菌受损更严重。紫外光照 4h 后，三种硫化物纳米颗粒处理的大肠杆菌释放的核酸量大小存在如下顺序：$CdS > MoS_2 > WS_2$。

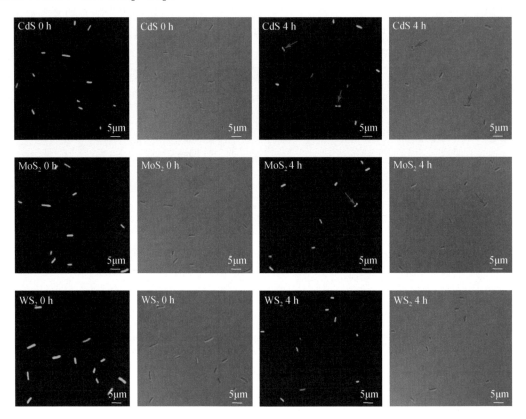

图 11-3-3　CdS、MoS_2 和 WS_2 纳米颗粒处理的大肠杆菌在紫外光照不同时刻的
荧光图和微分干涉差显微镜图
红色箭头显示细菌的碎片

11.3.4　光照下金属硫化物纳米颗粒对大肠杆菌的毒性机理

分别采用超氧化物歧化酶（SOD，2000unit/L）、叔丁醇（tert-BuOH，30mmol/L）和 L-组氨酸（80mmol/L）作为 $\cdot O_2^-$、$\cdot OH$ 和 $^1O_2$ 的猝灭剂，研究紫外光照下 ROS 对三种硫化物纳米颗粒毒性的贡献。将紫外光照 4h 后的纳米颗粒悬浮液离心过滤去除纳米颗粒，研究离子对大肠杆菌活性的影响。

加入 SOD、tert-BuOH 和 L-组氨酸后，初始浓度为 10mg/L 的 CdS 纳米颗粒处理 4h 后的大肠杆菌死亡率是 17.7%，比不加猝灭剂体系中的细菌死亡率低（28.7%），表明 ROS 是 CdS 纳米颗粒对细菌光致毒性的主要原因之一。CdS 纳米颗粒滤液处理的大肠杆菌的死亡率是 29.0%，与 CdS 纳米颗粒处理的细菌死亡率（28.7%）基本一致，表明滤液中的 Cd^{2+} 对大肠杆菌的活性具有较强的抑制作用，CdS 纳米颗粒通过光化学溶解作用释放的 Cd^{2+} 在其对细菌的光致毒性中发挥着重要作用。因此，ROS 产生和 Cd^{2+} 释放共同导致紫外光照射下 CdS 纳米颗粒对大肠杆菌的毒性（图 11-3-4）。

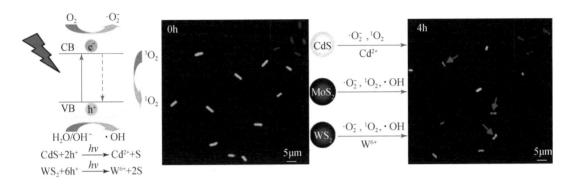

图 11-3-4　紫外光照下硫化物纳米颗粒对大肠杆菌的毒性机理

三种猝灭剂和 10mg/L MoS_2 纳米颗粒共同作用 4h 后大肠杆菌的死亡率为 1.0%，显著低于不加任何猝灭剂的 MoS_2 纳米颗粒单独导致的大肠杆菌死亡率（18.0%）。紫外光照射 4h 后，MoS_2 纳米颗粒悬浮液中没有检测到离子。因此，光照下 MoS_2 纳米颗粒对大肠杆菌的毒性主要归因于产生的 $\cdot O_2^-$、$\cdot OH$ 和 $^1O_2$。紫外光照 4h 后，三种猝灭剂和 10mg/L WS_2 纳米颗粒混合体系处理的大肠杆菌的死亡率（8.0%）低于 WS_2 纳米颗粒悬浮液单独处理的大肠杆菌的死亡率（14.7%），表明 ROS 对大肠杆菌的活性表现出较强的抑制作用，但不是 WS_2 纳米颗粒导致大肠杆菌死亡的唯一因素。WS_2 纳米颗粒（14.7%）和 WS_2 纳米颗粒滤液（15.7%）对大肠杆菌表现出相似的毒性效应，表明释放的钨离子也可以导致 WS_2 纳米颗粒对大肠杆菌的光致毒性。与 CdS 纳米颗粒类似，WS_2 纳米颗粒对大肠杆菌的光致毒性主要归因于产生的 ROS 和释放的钨离子。

11.4　光照下天然有机质对金属硫化物纳米颗粒毒性的影响

11.4.1　光照下天然有机质对金属硫化物纳米颗粒产生 ROS 的影响

1）光照下天然有机质对金属硫化物纳米颗粒产生 $\cdot O_2^-$ 的影响

如图 11-4-1 所示，在紫外光照射下，无论有无 HA/FA，三种纳米颗粒的悬浮液中均检测到 DMPO- $\cdot O_2^-$ 加合物的六个典型特征峰的 ESR 谱图信号。三种纳米颗粒悬浮液中 DMPO- $\cdot O_2^-$ 信号强度按照 CdS>MoS_2>WS_2 的顺序递减。在仅含有自旋捕获剂或不经光照的硫化物纳米颗粒的样品中均没有观察到 DMPO- $\cdot O_2^-$ 加合物的信号。NOM 的加入显著提高

CdS 纳米颗粒悬浮液中产生 DMPO- $\cdot O_2^-$ 加合物的强度,这是由于 NOM 转移到纳米颗粒表面上的电子促进 O_2 的还原(Li et al., 2016)。在 CdS 纳米颗粒和 HA 混合体系中产生 DMPO- $\cdot O_2^-$ 加合物的强度与在 CdS 和 FA 混合体系中的强度相似,表明两体系产生相近浓度的 $\cdot O_2^-$。然而,将 NOM 加入 WS_2 和 MoS_2 纳米颗粒的悬浮液后,DMPO- $\cdot O_2^-$ 加合物的强度减弱,表明 HA 和 FA 均降低光照下 WS_2 和 MoS_2 纳米颗粒产生 $\cdot O_2^-$ 的浓度。NOM 对 WS_2 和 MoS_2 纳米颗粒产生 $\cdot O_2^-$ 的抑制作用可能是因为 NOM 可以作为抗氧化剂与 $\cdot O_2^-$ 反应,或者与纳米颗粒竞争吸收紫外光(Collin et al., 2014;Deng et al., 2016;Fabrega et al., 2009)。

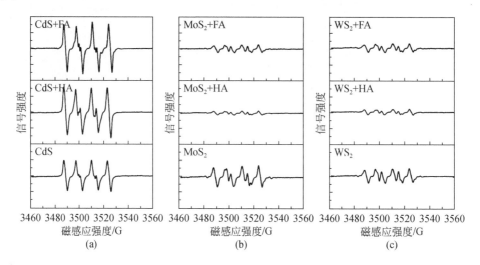

图 11-4-1 紫外光照下金属硫化物纳米颗粒悬浮液或者 NOM 和金属硫化物纳米颗粒混合体系中 DMPO- $\cdot O_2^-$ 加合物的 ESR 谱图

纳米颗粒浓度是 5mg/L,NOM 浓度是 20mg/L

使用如下公式计算纳米颗粒和 NOM 混合体系中每部分吸收光的比例(Crittenden et al., 2012):

$$f_S = \frac{\varepsilon'(\lambda)_S C_S}{\varepsilon'(\lambda)_S C_S + \varepsilon'(\lambda)_N C_N} = \frac{k(\lambda)_S}{k(\lambda)_S + k(\lambda)_N} \tag{11-4-1}$$

$$f_N = 1 - f_S \tag{11-4-2}$$

式中,f_S 为硫化物纳米颗粒吸收光的比例;f_N 为 NOM 吸收光的比例;$\varepsilon'(\lambda)_S$ 为纳米颗粒以 e 为底数的消光系数;$\varepsilon'(\lambda)_N$ 为 NOM 以 e 为底数的消光系数;C_S 为纳米颗粒的浓度,mol/L;C_N 为 NOM 的浓度,mol/L;$k(\lambda)_S$ 为纳米颗粒在波长 365nm 的吸光度;$k(\lambda)_N$ 为 NOM 在波长 365nm 的吸光度。

表 11-4-1 列出纳米颗粒和 HA 混合体系,或者纳米颗粒和 FA 混合体系中每种组分吸收光的比例。在 MoS_2/FA 混合体系中,FA 的光吸收比例低于 MoS_2/HA 混合体系中 HA 的光吸收比例,这导致 MoS_2/HA 混合体系中检测到的 $\cdot O_2^-$ 浓度比 MoS_2/FA 混合体系中检测到的 $\cdot O_2^-$ 浓度低。类似地,HA 较高的光吸收比例导致 WS_2/HA 混合体系中检测到的 $\cdot O_2^-$

浓度比 WS$_2$/FA 混合体系中检测到的 ·O$_2^-$ 浓度低。·O$_2^-$ 与萨瓦尼河 HA 反应的一级速率常数高于与萨瓦泥河 FA 反应的一级速率常数（Goldstone and Voelker，2000），导致在 NP/HA 混合体系中检测到的 ·O$_2^-$ 浓度低于 NP/FA 混合体系中检测到的 ·O$_2^-$ 浓度。

表 11-4-1　纳米颗粒（5mg/L）与 NOM 混合体系中每种组分吸收光的比例

（单位：%）

NP/NOM 混合体系	f_S	f_N
CdS/HA 混合体系	57.0	43.0
CdS/FA 混合体系	79.6	20.4
MoS$_2$/HA 混合体系	54.1	45.9
MoS$_2$/FA 混合体系	77.6	22.4
WS$_2$/HA 混合体系	61.1	38.9
WS$_2$/FA 混合体系	82.2	17.8

2）光照下天然有机质对金属硫化物纳米颗粒产生 ·OH 的影响

如图 11-4-2 所示，在紫外光照下，WS$_2$ 和 MoS$_2$ 纳米颗粒的悬浮液中观察到相对强度为 1∶2∶2∶1 的 DMPO- ·OH 加合物的 ESR 光谱。在紫外光照下，CdS 纳米颗粒悬浮液中 DMPO- ·OH 加合物的特征峰不明显，表明 CdS 纳米颗粒不能产生 ·OH。WS$_2$ 纳米颗粒悬浮液中 DMPO- ·OH 的信号强度远高于 MoS$_2$ 纳米颗粒悬浮液中 DMPO- ·OH 的信号强度，表明 WS$_2$ 纳米颗粒比 MoS$_2$ 纳米颗粒产生更高浓度的 ·OH。这与采用指示剂方法所得到结果一致。紫外光照单独作用的 DMPO 或者黑暗条件中的 DMPO/NP 混合体系均未观察到 DMPO- ·OH 的 ESR 信号。

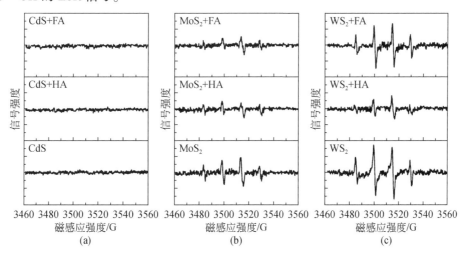

图 11-4-2　紫外光照下金属硫化物纳米颗粒悬浮液或者 NOM 和金属硫化物纳米颗粒
混合体系中 DMPO- ·OH 加合物的 ESR 谱图
纳米颗粒浓度是 5mg/L，NOM 浓度是 20mg/L

在紫外光照下，将 HA 或 FA 溶液加入 CdS 纳米颗粒悬浮液中，在 CdS/HA 或 CdS/FA 混合体系中没有检测到 DMPO-·OH 信号，表明 NOM 不会促进 CdS 纳米颗粒产生 ·OH。与此相反，加入 NOM 后 WS_2 和 MoS_2 纳米颗粒悬浮液中产生 DMPO-·OH 的信号强度减弱，表明在紫外光照下 NOM 抑制 WS_2 和 MoS_2 纳米颗粒产生 ·OH。·OH 产生浓度的减少，可能是由于 NOM 可以消耗 ·OH，或者 NOM 能够与纳米颗粒竞争吸收紫外光（McKay et al.，2011；Vione et al.，2006）。对于 WS_2 和 MoS_2 纳米颗粒，NP/FA 混合体系中的 DMPO-·OH 信号强度高于 NP/HA 混合体系。如表 11-4-1 所示，NP/HA 混合体系中 HA 吸收光比例高于 NP/FA 混合体系中 FA 吸收光比例，这导致 FA 对 WS_2 和 MoS_2 纳米颗粒产生 ·OH 的抑制作用较低。·OH 和萨瓦尼河 HA 反应的二级速率常数 [$8.1×10^8$ L/(mol C·s)] 是萨瓦尼河 FA [$3.7×10^8$ L/(mol C·s)] 的 2.2 倍（Westerhoff et al.，1999）。因此，HA 与 ·OH 的高反应速率导致 NP/HA 混合体系中产生 ·OH 的浓度低于 NP/FA 混合体系中产生 ·OH 的浓度。

3）光照下天然有机质对金属硫化物纳米颗粒产生 $^1O_2$ 的影响

如图 11-4-3 所示，光照后在 CdS、WS_2 和 MoS_2 纳米颗粒的悬浮液中均检测到 TEMPO 自旋加合物的三个特征峰，峰强度之比为 1:1:1。MoS_2 纳米颗粒悬浮液中 TEMPO 的信号最强，其次是 WS_2 和 CdS 纳米颗粒。在黑暗条件，无论有无 NOM，三种纳米颗粒均没有产生 $^1O_2$。单独的 TEMP 在紫外光照下也不产生 $^1O_2$。将 HA 或 FA 溶液加入 CdS、WS_2 和 MoS_2 纳米颗粒悬浮液后，TEMPO 信号减弱。在紫外光照过程中，MoS_2/NOM 混合体系和 WS_2/NOM 混合体系中均没有检测到明显的 TEMPO 信号，说明加入 NOM 后 MoS_2 和 WS_2 纳米颗粒悬浮液均不能产生 $^1O_2$。因为 NOM 含有芳香胺、烯烃和芳香醇等活性基团，这些活性基团能够与 $^1O_2$ 反应而导致 $^1O_2$ 的消耗（Brame et al.，2014；Huang et al.，2004）。此外，NOM 可以通过与 ROS（包括 $^1O_2$）反应而起到抗氧化剂的作用（Collin et al.，2014；Fabrega et al.，2009）。FA 对 CdS 纳米颗粒产生 $^1O_2$ 的抑制作用高于 HA。这与之前的研究一致，萨瓦尼河 FA 与 $^1O_2$ 的反应速率常数 [$4.1×10^6$ L/(mol C·s)] 是萨瓦尼河 HA [$1.6×10^6$ L/(mol C·s)] 的 2.6 倍（Carlos et al.，2011；Cory et al.，2008）。

11.4.2 光照下天然有机质对金属硫化物纳米颗粒溶解动力学的影响

图 11-4-4 显示在紫外光照下有无 HA/FA 的情况下 CdS 和 WS_2 纳米颗粒的光化学溶解动力学。离子释放浓度随着纳米颗粒初始浓度的升高而增加。加入 NOM 后，紫外光照下 CdS 和 WS_2 纳米颗粒释放的离子浓度降低，HA 对两种纳米颗粒溶解的抑制作用高于 FA。当纳米颗粒的初始浓度为 50mg/L 时，紫外光照 5h 后，CdS、CdS/FA 混合体系和 CdS/HA 混合体系中释放的 Cd^{2+} 比例分别是 1.06%、0.85% 和 0.64%；WS_2、WS_2/FA 混合体系和 WS_2/HA 混合体系中释放的 W^{6+} 比例分别是 0.79%、0.40% 和 0.30%。这主要是由于 NOM 吸附在纳米颗粒表面上起到光屏蔽的作用，形成防止光子转移到硫化物纳米颗粒表面的物理屏障（Chen et al.，2011；Fabrega et al.，2009；van Hoecke et al.，2011）。

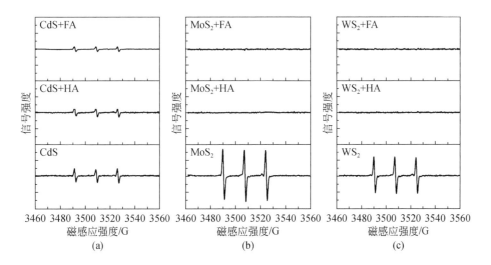

图 11-4-3　紫外光照下金属硫化物纳米颗粒悬浮液或者 NOM 和金属硫化物纳米颗粒混合
体系中 TEMPO 加合物的 ESR 谱图

纳米颗粒浓度是 5mg/L，NOM 浓度是 20mg/L

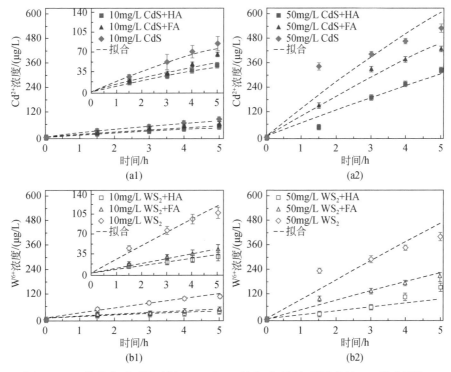

图 11-4-4　紫外光照不同时刻，HA 或 FA 共存时不同初始浓度的 CdS 纳米颗粒
［（a1）、（a2）］和 WS₂ 纳米颗粒［（b1）、（b2）］的溶解动力学

波长是 365nm，NOM 浓度是 20mg/L

为了定量阐明硫化物纳米颗粒初始浓度和 NOM 组分对纳米颗粒的光化学溶解动力学的影响，本研究采用如下公式模拟纳米颗粒的溶解动力学：

$$[Ion]_{released} = [Ion]_{max} \cdot [1 - \exp(-k \cdot t)] \qquad (11\text{-}4\text{-}3)$$

式中，$[Ion]_{released}$ 为光照 t h 后 CdS 或 WS$_2$ 纳米颗粒释放 Cd^{2+} 或 W^{6+} 的浓度，mg/L；$[Ion]_{max}$ 为纳米颗粒释放的最大离子浓度，mg/L；k 为一级反应动力学速率常数，h^{-1}。

两种纳米颗粒的光化学溶解实验数据采用式（11-4-3）拟合，拟合数据在图11-4-4中使用虚线表示。相同浓度的纳米颗粒，在不同反应体系中，k 和 $[Ion]_{max}$ 存在如下顺序：NPs>NP/FA 混合体系>NP/HA 混合体系。NOM 对硫化物纳米颗粒光化学溶解速率的抑制作用主要是因为 NOM 吸附到纳米颗粒的表面，减少纳米颗粒表面的活性位点，同时，NOM 可作为还原剂将释放的离子还原为纳米颗粒（Collin et al., 2016；Deng et al., 2016）。HA 对 CdS 和 WS$_2$ 纳米颗粒溶解速率的抑制作用比 FA 更明显。不同初始浓度 WS$_2$ 纳米颗粒的光化学溶解速率分别是添加 FA 和 HA 后的 1.4~1.7 倍和 1.8~2.4 倍。由于含有共轭不饱和键及杂原子上的自由电子对，HA 和 FA 可以吸收太阳光谱 300~500nm 范围内的光子（de Laurentiis et al., 2013；Dong and Rosario-Ortiz, 2012；Lee et al., 2013）。因此，NOM 可以减少纳米颗粒对光子的吸收，进而降低纳米颗粒释放金属离子的浓度。NP/HA 混合体系中 HA 的光吸收比例高于 NP/FA 混合体系中 FA 的光吸收比例，因此混合体系中 HA 可以比 FA 过滤更多的光。NP/HA 混合体系中纳米颗粒对紫外光的吸收比例较低，导致 NP/HA 混合体系中光化学溶解的离子浓度低于 NP/FA 混合体系中光化学溶解的离子浓度。

11.4.3 光照下天然有机质对金属硫化物纳米颗粒毒性的影响机理

在黑暗条件下，三种纳米颗粒、NOM 或二者混合体系处理的大肠杆菌的活性未受到明显抑制。与 CdS 纳米颗粒单独处理的大肠杆菌相比，加入 HA 或 FA 后 CdS 纳米颗粒对大肠杆菌的毒性没有显著差异（$p>0.05$）。NOM 降低 CdS 纳米颗粒释放的离子浓度和产生 $^1O_2$ 的浓度，但是增加 CdS 纳米颗粒产生 $\cdot O_2^-$ 的浓度。因此，CdS 纳米颗粒对大肠杆菌的毒性可能是由释放的 Cd^{2+} 和产生的 ROS 共同作用导致的。NOM 对 ROS 产生和离子释放的综合作用，导致 NOM 对 CdS 纳米颗粒光致毒性的影响较小。

如图11-4-5所示，对于 MoS$_2$ 和 WS$_2$ 纳米颗粒，HA 或者 FA 的加入显著降低大肠杆菌的死亡率（$p<0.05$）。NOM 的加入可以降低 MoS$_2$ 纳米颗粒产生 ROS 的速率，而 ROS 的产生是 MoS$_2$ 纳米颗粒对细菌光致毒性的主要机制。另外，NOM 吸附在纳米颗粒的表面，可作为纳米颗粒和细菌细胞之间的物理屏障，阻碍它们之间的直接接触；此外，NOM 还可以与细胞竞争纳米颗粒表面的活性位点，防止纳米颗粒和大肠杆菌体内蛋白质的结合（Alrousan et al., 2009；Fabrega et al., 2009；Zhao et al., 2013）。NOM 可以通过清除自由基、竞争纳米颗粒表面的活性位点以及竞争吸收光，减轻暴露于紫外光照下纳米颗粒对细菌的光致毒性。

加入 FA 后，MoS$_2$ 和 WS$_2$ 纳米颗粒对大肠杆菌的毒性显著高于加入 HA 后的毒性（$p<0.05$）。50mg/L 纳米颗粒接触 4h 后，MoS$_2$、MoS$_2$/FA 混合体系和 MoS$_2$/HA 混合体系内大

肠杆菌的死亡率分别为 38.5%、10.4% 和 5.5%。与 NP/HA 混合体系相比，MoS_2/FA 和 WS_2/FA 混合体系对大肠杆菌的光致毒性更高，主要是由于 NP/FA 混合体系中纳米颗粒释放的离子浓度更高或产生的 ROS 浓度更高。对于相同的 NOM 组分，相同质量浓度的三种纳米颗粒对细菌的毒性遵循如下顺序：CdS/NOM 混合体系>MoS_2/NOM 混合体系>WS_2/NOM 混合体系。

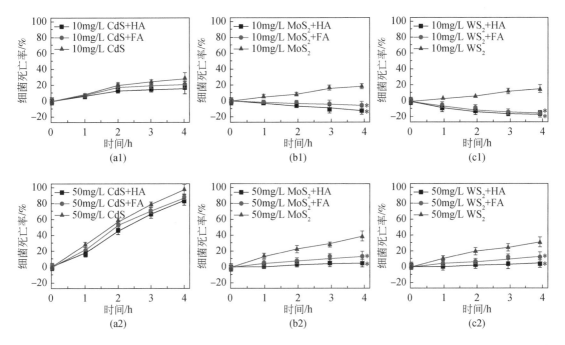

图 11-4-5　紫外光照不同时刻，NOM 共存时不同初始浓度的金属硫化物纳米颗粒处理的大肠杆菌的死亡率

系列 a、b 和 c 分别指 CdS、MoS_2 和 WS_2 纳米颗粒。* 表示 NOM 加入前后纳米颗粒对细菌的死亡率存在统计学的显著差异

11.5　小　　结

本章以大肠杆菌为模式生物，研究了紫外光照和 NOM 的不同组分对金属硫化物纳米颗粒产生 ROS 与溶解等光化学行为的影响，阐明光照下金属纳米颗粒对细菌的毒性机理，主要研究结论如下。

（1）紫外光照射下金属硫化物纳米颗粒产生 ROS 的实验结果表明，MoS_2 和 WS_2 纳米颗粒能够产生 $\cdot O_2^-$、$\cdot OH$ 和 $^1O_2$，CdS 纳米颗粒能够产生 $\cdot O_2^-$ 和 $^1O_2$。通过比较纳米颗粒的电子结构和产生 ROS 的氧化还原电位，阐明三种纳米颗粒产生 ROS 的机理。紫外光照显著提高 CdS 和 WS_2 纳米颗粒释放金属离子的速率。MoS_2 纳米颗粒在紫外光照下未释放金属离子。

（2）NOM 降低 WS_2 和 MoS_2 纳米颗粒产生 ROS 的浓度（$\cdot O_2^-$、$\cdot OH$ 和 $^1O_2$）。HA 对 WS_2 和 MoS_2 纳米颗粒产生 $\cdot O_2^-$ 与 $\cdot OH$ 的抑制作用高于 FA。HA 与 FA 能够彻底抑制 WS_2 和 MoS_2 纳米颗粒产生 $^1O_2$。NOM 可以向 CdS 纳米颗粒传递电子，促进其产生 $\cdot O_2^-$。无论有无

NOM，CdS 纳米颗粒均不产生 $\cdot OH$。FA 对 CdS 纳米颗粒产生 $^1O_2$ 的抑制作用高于 HA。HA 对 CdS 和 WS_2 光化学溶解的抑制作用高于 FA。

（3）紫外光照下，相同质量浓度的 CdS、MoS_2 和 WS_2 纳米颗粒对 GFP-*E. coli* 的毒性大小依次为 CdS>MoS_2>WS_2。激光共聚焦显微镜结果证明，不同纳米颗粒作用 4h 后的细菌发生不同程度的破碎，受损程度大小为 CdS>MoS_2>WS_2。加入猝灭剂和使用滤液进行毒性实验的结果表明，ROS 和金属离子共同导致 CdS 和 WS_2 纳米颗粒对大肠杆菌的光致毒性效应。MoS_2 纳米颗粒对大肠杆菌的光致毒性主要是由产生的 ROS 引起的。

（4）加入 HA 和 FA 对暴露于 CdS 纳米颗粒大肠杆菌的活性没有显著影响（$p>0.05$），但由于减少 WS_2 和 MoS_2 产生 ROS 的浓度和/或离子释放浓度，降低 WS_2 和 MoS_2 纳米颗粒对大肠杆菌的毒性（$p<0.05$）。与 NP/HA 混合体系相比，MoS_2/FA 和 WS_2/FA 混合体系对大肠杆菌的光致毒性更高，原因在于 FA/NP 混合体系中纳米颗粒释放的离子浓度更高或产生的 ROS 浓度更高。对于同一 NOM 组分，相同质量浓度的三种纳米颗粒对大肠杆菌的毒性大小依次为 CdS/NOM 混合体系>MoS_2/NOM 混合体系>WS_2/NOM 混合体系。

参 考 文 献

Akujuobi C M. 2013. Nanotechnology safety in the electronics and telecommunications industries, Nanotechnology Safety, 141-159.

Alrousan D M, Dunlop P S, McMurray T A, et al. 2009. Photocatalytic inactivation of *E. coli* in surface water using immobilised nanoparticle TiO_2 films. Water Research, 43 (1): 47-54.

Baalousha M, How W, Valsami-Jones E, et al. 2014. Overview of environmental nanoscience. Frontiers of Nanoscience, 7: 1-54.

Brame J, Long M, Li Q, et al. 2014. Trading oxidation power for efficiency: differential inhibition of photogenerated hydroxyl radicals versus singlet oxygen. Water Research, 60: 259-266.

Brunet L, Lyon D Y, Hotze E M, et al. 2009. Comparative photoactivity and antibacterial properties of C_{60} fullerenes and titanium dioxide nanoparticles. Environmental Science & Technology, 43 (12): 4355-4360.

Calabrese G S, Buchanan R M, Wrighton M S. 1982. Electrochemical behavior of a surface-confined naphthoquinone derivative. Electrochemical and photoelectrochemical reduction of oxygen to hydrogen peroxide at derivatized electrodes. Journal of the American Chemical Society, 104 (21): 5786-5788.

Carlos L, Pedersen B W, Ogilby P R, et al. 2011. The role of humic acid aggregation on the kinetics of photosensitized singlet oxygen production and decay. Photochemical & Photobiological Sciences, 10 (6): 1080-1086.

Chen J, Xiu Z, Lowry G V, et al. 2011. Effect of natural organic matter on toxicity and reactivity of nano-scale zero-valent iron. Water Research, 45 (5): 1995-2001.

Coehoorn R, Haas C, de Groot R. 1987. Electronic structure of $MoSe_2$, MoS_2, and WSe_2. II. The nature of the optical band gaps. Physical Review B, 35 (12): 6203.

Collin B, Oostveen E, Tsyusko O V, et al. 2014. Influence of natural organic matter and surface charge on the toxicity and bioaccumulation of functionalized ceria nanoparticles in *Caenorhabditis elegans*. Environmental Science & Technology, 48 (2): 1280-1289.

Collin B, Tsyusko O V, Starnes D L, et al. 2016. Effect of natural organic matter on dissolution and toxicity of sulfidized silver nanoparticles to *Caenorhabditis elegans*. Environmental Science: Nano, 3 (4): 728-736.

Cory R M, Cotner J B, McNeill K. 2008. Quantifying interactions between singlet oxygen and aquatic fulvic acids. Environmental Science & Technology, 43 (3): 718-723.

Crittenden J C, Trussell R R, Hand D W, et al. 2012. MWH's Water Treatment: Principles and Design. New York: John Wiley & Sons.

de Laurentiis E, Buoso S, Maurino V, et al. 2013. Optical and photochemical characterization of chromophoric dissolved organic matter from lakes in Terra Nova Bay, Antarctica. Evidence of considerable photoreactivity in an extreme environment. Environmental Science & Technology, 47 (24): 14089-14098.

Deng C, Gong J, Zeng G, et al. 2016. Graphene-CdS nanocomposite inactivation performance toward *Escherichia coli* in the presence of humic acid under visible light irradiation. Chemical Engineering Journal, 284: 41-53.

Dong M M, Rosario-Ortiz F L. 2012. Photochemical formation of hydroxyl radical from effluent organic matter. Environmental Science & Technology, 46 (7): 3788-3794.

Elsaesser A, Howard C V. 2012. Toxicology of nanoparticles. Advanced Drug Delivery Reviews, 64 (2): 129-137.

Fabrega J, Fawcett S R, Renshaw J C, et al. 2009. Silver nanoparticle impact on bacterial growth: effect of pH, concentration, and organic matter. Environmental Science & Technology, 43 (19): 7285-7290.

Feris K, Otto C, Tinker J, et al. 2009. Electrostatic interactions affect nanoparticle-mediated toxicity to gram-negative bacterium *Pseudomonas aeruginosa* PAO1. Langmuir, 26 (6): 4429-4436.

Gao P, Liu J, Sun D D, et al. 2013. Graphene oxide-CdS composite with high photocatalytic degradation and disinfection activities under visible light irradiation. Journal of Hazardous Materials, 250: 412-420.

Goldstone J V, Voelker B M. 2000. Chemistry of superoxide radical in seawater: CDOM associated sink of superoxide in coastal waters. Environmental Science & Technology, 34 (6): 1043-1048.

Grätzel M. 2001. Photoelectrochemical cells. Nature, 414 (6861): 338.

Ho W, Yu J C, Lin J, et al. 2004. Preparation and photocatalytic behavior of MoS_2 and WS_2 nanocluster sensitized TiO_2. Langmuir, 20 (14): 5865-5869.

Hossain S T, Mukherjee S K. 2013. Toxicity of cadmium sulfide (CdS) nanoparticles against *Escherichia coli* and HeLa cells. Journal of Hazardous Materials, 260: 1073-1082.

Huang W, Chen L, Peng H. 2004. Effect of NOM characteristics on brominated organics formation by ozonation. Environment International, 29 (8): 1049-1055.

Ipe B I, Lehnig M, Niemeyer C M. 2005. On the generation of free radical species from quantum dots. Small, 1 (7): 706-709.

Jäger-Waldau A, Lux-Steiner M C, Bucher E. 1994. MoS_2, $MoSe_2$, WS_2 and WSe_2 thin films for photovoltaics. Solid State Phenomena, 37: 479-484.

Jiang G, Shen Z, Niu J, et al. 2011. Toxicological assessment of TiO_2 nanoparticles by recombinant *Escherichia coli* Bacteria. Journal of Environmental Monitoring, 13 (1): 42-48.

Lee E, Glover C M, Rosario-Ortiz F L. 2013. Photochemical formation of hydroxyl radical from effluent organic matter: role of composition. Environmental Science & Technology, 47 (21): 12073-12080.

Li H, Li M, Shih W Y, et al. 2011a. Cytotoxicity tests of water soluble ZnS and CdS quantum dots. Journal of Nanoscience and Nanotechnology, 11 (4): 3543-3551.

Li K, Chen J, Bai S, et al. 2009. Intracellular oxidative stress and cadmium ions release induce cytotoxicity of unmodified cadmium sulfide quantum dots. Toxicology in Vitro, 23 (6): 1007-1013.

Li M, Lin D, Zhu L. 2013. Effects of water chemistry on the dissolution of ZnO nanoparticles and their toxicity to *Escherichia coli*. Environmental Pollution, 173: 97-102.

Li M, Zhu L, Lin D, 2011b. Toxicity of ZnO nanoparticles to *Escherichia coli*: mechanism and the influence of medium components. Environmental Science & Technology, 45 (5): 1977-1983.

Li Y, Niu J, Shang E, et al. 2016. Influence of dissolved organic matter on photogenerated reactive oxygen species and metal-oxide nanoparticle toxicity. Water Research, 98: 9-18.

Li Y, Zhang W, Li K, et al. 2012a. Oxidative dissolution of polymer-coated CdSe/ZnS quantum dots under UV irradiation: mechanisms and kinetics. Environmental Pollution, 164: 259-266.

Li Y, Zhang W, Niu J, et al. 2012b. Mechanism of photogenerated reactive oxygen species and correlation with the antibacterial properties of engineered metal-oxide nanoparticles. ACS Nano, 6 (6): 5164-5173.

Lin H, Liao S, Hung S. 2005. The dc thermal plasma synthesis of ZnO nanoparticles for visible-light photocatalyst. Journal of Photochemistry and Photobiology A: Chemistry, 174 (1): 82-87.

Maurette M T, Oliveros E, Infelta P P, et al. 1983. Singlet oxygen and superoxide: experimental differentiation and analysis. Helvetica Chimica Acta, 66 (2): 722-733.

McKay G, Dong M M, Kleinman J L, et al. 2011. Temperature dependence of the reaction between the hydroxyl radical and organic matter. Environmental Science & Technology, 45 (16): 6932-6937.

Peng C, Zhang W, Gao H, et al. 2017. Behavior and potential impacts of metal-based engineered nanoparticles in aquatic environments. Nanomaterials, 7 (1): 21.

Qi P, Zhang D, Wan Y. 2013. Sulfate-reducing bacteria detection based on the photocatalytic property of microbial synthesized ZnS nanoparticles. Analytica Chimica Acta, 800: 65-70.

Synnott D W, Seery M K, Hinder S J, et al. 2013. Anti-bacterial activity of indoor-light activated photocatalysts. Applied Catalysis B: Environmental, 130: 106-111.

Tacchini I, Terrado E, Anson A, et al. 2011. Preparation of a TiO_2-MoS_2 nanoparticle-based composite by solvothermal method with enhanced photoactivity for the degradation of organic molecules in water under UV light. Micro & Nano Letters, 6 (11): 932-936.

Thurston T, Wilcoxon J. 1999. Photooxidation of organic chemicals catalyzed by nanoscale MoS_2. The Journal of Physical Chemistry B, 103 (1): 11-17.

van Hoecke K, de Schamphelaere K A, Ramirez-Garcia S, et al. 2011. Influence of alumina coating on characteristics and effects of SiO_2 nanoparticles in algal growth inhibition assays at various pH and organic matter contents. Environment International, 37 (6): 1118-1125.

Vione D, Falletti G, Maurino V, et al. 2006. Sources and sinks of hydroxyl radicals upon irradiation of natural water samples. Environmental Science & Technology, 40 (12): 3775-3781.

Westerhoff P, Aiken G, Amy G, et al. 1999. Relationships between the structure of natural organic matter and its reactivity towards molecular ozone and hydroxyl radicals. Water Research, 33 (10): 2265-2276.

Wu H, Yang R, Song B, et al. 2011. Biocompatible inorganic fullerene-like molybdenum disulfide nanoparticles produced by pulsed laser ablation in water. ACS Nano, 5 (2): 1276-1281.

Xu Y, Schoonen M A. 2000. The absolute energy positions of conduction and valence bands of selected semiconducting minerals. American Mineralogist, 85 (3-4): 543-556.

Yin W, Yan L, Yu J, et al. 2014. High-throughput synthesis of single-layer MoS_2 nanosheets as a near-infrared photothermal-triggered drug delivery for effective cancer therapy. ACS Nano, 8 (7): 6922-6933.

Zhang W, Rittmann B, Chen Y. 2011. Size effects on adsorption of hematite nanoparticles on *E. coli* cells. Environmental Science & Technology, 45 (6): 2172-2178.

Zhao J, Wang Z, Dai Y, et al. 2013. Mitigation of CuO nanoparticle-induced bacterial membrane damage by dissolved organic matter. Water Research, 47 (12): 4169-4178.

第 12 章 气候变化对多环芳烃在多介质中分布及健康风险的影响

12.1 引 言

全球气候变化对健康的影响已然成为最受关注的环境和公共健康问题之一。气候变化，直接或间接地影响持久性有机污染物在环境中的分布、迁移转化和效应等，进而对相关持久性有机污染物多途径暴露的人体健康产生影响。然而有关整个影响路径的研究较少，气候变化影响持久性有机污染物多介质环境归趋及相关人体健康的影响程度尚不清楚。中国横跨多个气候带，人口密度高，持久性有机污染物的暴露水平和相关的健康风险可能很高，尤其是在持久性有机污染物排放量大的地方。

本研究选取中国大陆为研究区域，选取多环芳烃（PAHs）为代表性持久性有机污染物，构建了多介质环境模型、生物累积模型以及人体健康风险评价模型三者疏松耦合的大尺度、高精度的模型体系，量化了 0.5°×0.5°空间分辨率内基准年和未来两种气候变化情景 RCP 4.5 与 RCP 8.5 下温度升高 1.5℃ ~4℃时 16 种多环芳烃在不同环境介质中的浓度水平，识别了呼吸、皮肤接触及经口摄入多种人体暴露多环芳烃的途径，进一步量化了多途径及累积的人体健康风险，进而探究未来气候变化对中国多环芳烃多介质归趋及相关人体健康的影响程度，揭示了影响的区域差异和不同增温幅度之间的差异，并提出了未来多环芳烃减排目标。

12.2 研 究 方 法

12.2.1 中国有机污染物环境归趋及人体健康风险评价模型体系构建

本研究构建了适用于中国大陆的、稳态的、空间显式的、高精度大尺度模型体系，耦合高精度多介质环境归趋模型 SESAMe v3.4、使用生物累积因子计算的水生生物生物累积模型以及多途径暴露的终生致癌风险人体健康风险评价模型，以模拟 PAHs 从排放、多介质环境分布、水–土–气–生物相间迁移转化到人体健康效应的全路径。模型体系构建好后，经过可靠性验证，分别在基准年和未来气候变化情景下运行，未来情景下模拟结果相较于基准年的绝对变化和相对变化均可呈现未来气候变化对 PAHs 环境多介质分配及多途径暴露人体健康风险的影响程度。

1) 多介质环境模型

Zhu 等（2014，2015，2016）将 Simplebox 3.24a 模型和 MAMI Ⅲ模型紧密耦合起来建

立了中国地区国家尺度的多介质Ⅲ级网格浓度模型——SESAMe（Sino evaluative simplebox-MAMI model）v3.4 模型，以 0.5°分辨率将全国划分为 5506 个网格区域，并且以网格为单位构建了环境参数数据库。这是一个适用于中国大陆的、稳态的、空间显式的环境归趋模型，利用 PAHs 的排放、PAHs 的物理化学性质和环境参数，在 0.5°空间分辨率上估计不同环境介质中的 PAHs 浓度。每个小区域（0.5°×0.5°）都是一个方形网格单元，由空气、水体、沉积物、三种类型的土壤（城市、自然和农业土壤）和两种类型的植被（自然和农业植被）组成。对每一个网格单元的每一环境相建立输入量等于输出量的方程，联立方程组，从而计算出 PAHs 浓度。模型中包含了 PAHs 环境行为的四个基本过程：向环境中的排放过程、平流输送（advective transport）过程、扩散输送/介质间输送（diffusive transport）过程以及降解过程（图 12-2-1）。

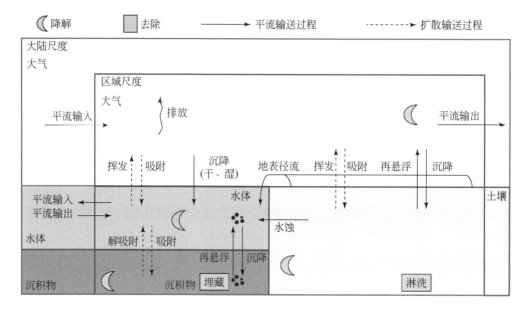

图 12-2-1　SESAMe 模型环境过程原理图

2）生物累积模型

由于以鱼类为代表的水生生物是人体饮食暴露和产生健康风险的主要来源之一，本研究将生物累积模型与 SESAMe v3.4 模型疏松耦合，以研究水生生物中 PAHs 的浓度。生物累积模型的构建主要针对水生生物，重点关注人体可食用鱼体与水体 PAHs 浓度达到平衡后浓度。为了使结果在中国这样大的空间尺度上更加准确，本研究只能在缺乏足够可用数据的情况下进行粗略估计，使用生物累积因子 [bioacculmulation factors，BAF；来自 EPI Suite（USEPA，2012）；中营养级，包括生物转化速率] 以及每个网格中 PAHs 的平均淡水水体浓度，来计算在该网格点的鱼体内浓度（不针对特定种类或大小的鱼），如式（12-2-1）所示，其中，C_F 和 C_W 分别为 PAHs 在鱼体（ng/g）和水体（ng/L）中的浓度。

$$BAF = C_F / C_W \tag{12-2-1}$$

3）人体健康风险评价模型的疏松耦合

本研究使用 ILCR 方法来估计在基准年和未来每个变暖年份暴露于 PAHs 引起的网格

化人体健康风险。

根据多介质环境浓度模型及生物累积模型疏松耦合的模型模拟结果，得到大气、淡水水体、淡水沉积物、土壤、植被及水生生物 16 种 PAHs 的网格化浓度数据，随后本研究使用毒性当量因子（toxic equivalency factor，TEF）计算 16 种 PAHs 的 BaP 毒性当量浓度，加和后得到 PAHs 毒性当量总浓度（toxicity equivalent concentration，TEQ），如式（12-2-2）所示，其中 i 表示第 i 种 PAHs，以计算 PAHs 物质总的暴露风险（Nisbrt and Lagoy，1992）。通过人口密度数据，本研究还计算了人口密度加权健康风险（population-weighted ILCR，$ILCR_{pop}$），如式（12-2-3）所示，其中 PD_i 和 $ILCR_i$ 分别表示第 i 个 $0.5° \times 0.5°$ 网格中的人口密度和 ILCR 风险值，$PD_{average}$ 表示全国平均人口密度。本研究中使用的人口密度数据来自中国人口空间分布公里网格数据集（Xu，2017）（网址：https：//www.resdc.cn/DOI/DOI.aspx？DOIid=32），时间是 2010 年，空间分辨率为 1km。在计算未来 PAHs 暴露人体健康风险时，本研究没有考虑未来人口密度可能产生的变化趋势，基准年及未来气候变化年份人口密度数据均采用此套数据。具有多个网格单元的区域人口加权 ILCR 风险值可由式（12-2-4）进行计算，其中 P_i 和 $ILCR_i$ 分别表示第 i 个网格的人口数和 ILCR 风险值，P_t 表示目标区域内的总人口数，计算结果可以代表该区域平均暴露水平。

$$TEQ = \sum PAH_i \times TEF_i \tag{12-2-2}$$

$$ILCR_{pop,i} = (PD_i \times ILCR_i)/PD_{average} \tag{12-2-3}$$

$$ILCR_{pop} = \sum (P_i \times ILCR_i)/P_t \tag{12-2-4}$$

ILCR 方法的原理是通过估计的终生平均日剂量（lifetime average daily dose，LADD）乘以适当的致癌斜率因子（或称癌症斜率因子，cancer slope factor，CSF），来保守估计与暴露致癌物质（如 PAHs）相关的潜在终生致癌风险。ILCR 的计算公式如下：

$$ILCR = CSF \times LADD = \sum_a \left[CSF \times \frac{(C \times IR_{a,g} \times ED_{a,g} \times EF \times ET_{a,g})}{BW_{a,g} \times AT_g} \right] \tag{12-2-5}$$

式中，a 和 g 分别指代表年龄（age）和性别（gender）的下标，本研究根据性别和年龄将暴露人群分为 14 组，终身、婴幼儿（<3 岁）、少儿（3~10 岁）、青少年（10~18 岁）、青年人（18~30 岁）、中年人（30~60 岁）和老年人（>60 岁）；C 为 16 种 USEPA 优先控制 PAHs 在不同环境介质中的 BaP 总毒性当量浓度，ppm；IR 为摄入率，体积/d；ED 为暴露持续时间，年；EF 为暴露频率，d/a，本研究中采用 EF 数值为 350d/a，这一假设最早由 USEPA 提出，基于保护性估计，即暴露人群需要两周时间远离暴露位置；ET 为暴露时间，h/d；BW 为体重，kg；AT 为平均暴露时间，天，这里指的是中国人平均预期寿命（世界卫生组织报告指出，中国男性平均预期寿命为 74.7 岁，女性为 80.5 岁。网址：https：//apps.who.int/gho/data/node.main.688？lang=en）。

本研究识别了人体暴露 PAHs 的三种主要途径，包括呼吸、皮肤接触以及经口摄入，经多篇文献调研 CSF 值分别采用 3.85 ［mg/(kg·d)］$^{-1}$、25 ［mg/(kg·d)］$^{-1}$ 和 7.3 ［mg/(kg·d)］$^{-1}$，其中呼吸包括空气呼吸和土壤颗粒物通过呼吸道进入人体，皮肤接触包括通过水体接触的洗澡、游泳以及对土壤的接触，经口摄入包括饮水和饮食摄入以及土壤颗粒摄入三方面。不同暴露途径的 ILCR 计算公式稍有不同，如式（12-2-6）~式（12-2-13）

所示,公式中具体参数的意义及取值多来自《中国人群暴露参数手册》及《中国人群环境暴露行为模式研究报告》成人卷和儿童卷。分别计算各暴露途径的健康风险后,可以相加以计算多途径暴露累积健康风险,以供进一步讨论,从而全面评估未来的风险变化。

$$\text{ILCR}_{\text{air\_inhalation}} = \text{CSF}_{\text{inhalation}} \times \frac{(C_{\text{air}} \times \text{IR}_{\text{a,g}} \times \text{ED}_{\text{a,g}} \times \text{EF} \times \text{ET})}{\text{BW}_{\text{a,g}} \times \text{AT}_{\text{g}}} \quad (12\text{-}2\text{-}6)$$

$$\text{ILCR}_{\text{soil\_particle inhalation}} = \text{CSF}_{\text{inhalation}} \times \frac{(C_{\text{soil}} \times \text{ER} \times \text{IR}_{\text{a,g}} \times \text{ED}_{\text{a,g}} \times \text{EF} \times \text{ET})}{\text{PEF} \times \text{BW}_{\text{a,g}} \times \text{AT}_{\text{g}}} \quad (12\text{-}2\text{-}7)$$

$$\text{ILCR}_{\text{water\_dermal\_shower}} = \text{CSF}_{\text{dermal}} \times \frac{(C_{\text{freshwater}} \times \text{ER} \times \text{SA}_{\text{a,g}} \times K_{\text{p}} \times \text{CF} \times \text{ED}_{\text{a,g}} \times \text{EF} \times \text{ET})}{\text{BW}_{\text{a,g}} \times \text{AT}_{\text{g}}} \quad (12\text{-}2\text{-}8)$$

$$\text{ILCR}_{\text{water\_dermal\_swim}} = \text{CSF}_{\text{dermal}} \times \frac{(C_{\text{freshwater}} \times \text{ER} \times \text{SA}_{\text{a,g}} \times K_{\text{p}} \times \text{CF} \times \text{ED}_{\text{a,g}} \times \text{EF} \times \text{ET})}{\text{BW}_{\text{a,g}} \times \text{AT}_{\text{g}}} \quad (12\text{-}2\text{-}9)$$

$$\text{ILCR}_{\text{soil\_dermal}} = \text{CSF}_{\text{dermal}} \times \frac{(C_{\text{soil}} \times \text{ER} \times \text{SA}_{\text{a,g}} \times \text{AF}_{\text{a,g}} \times \text{ABS} \times \text{CF} \times \text{ED}_{\text{a,g}} \times \text{EF} \times \text{ET})}{\text{BW}_{\text{a,g}} \times \text{AT}_{\text{g}}} \quad (12\text{-}2\text{-}10)$$

$$\text{ILCR}_{\text{water\_drinking}} = \text{CSF}_{\text{oral}} \times \frac{(C_{\text{freshwater}} \times \text{ER} \times \text{IR}_{\text{a,g}} \times \text{ED}_{\text{a,g}} \times \text{EF} \times \text{ET})}{\text{BW}_{\text{a,g}} \times \text{AT}_{\text{g}}} \quad (12\text{-}2\text{-}11)$$

$$\text{ILCR}_{\text{dietaryi ngestion}} = \text{CSF}_{\text{oral}} \times \frac{[\sum (C_{\text{bio},i} \times \text{IR}_{\text{a,g},i}) \times \text{CF} \times \text{ED}_{\text{a,g}} \times \text{EF} \times \text{ET}]}{\text{BW}_{\text{a,g}} \times \text{AT}_{\text{g}}} \quad (12\text{-}2\text{-}12)$$

$$\text{ILCR}_{\text{soil\_accidental ingestion}} = \text{CSF}_{\text{oral}} \times \frac{(C_{\text{soil}} \times \text{ER} \times \text{IR}_{\text{a,g}} \times \text{CF} \times \text{ED}_{\text{a,g}} \times \text{EF} \times \text{ET})}{\text{BW}_{\text{a,g}} \times \text{AT}_{\text{g}}} \quad (12\text{-}2\text{-}13)$$

根据 USEPA 指南(USEPA,2016),对 ILCR 的风险值范围及风险程度进行描述:ILCR 低于 1.00×10^{-6} 被认为风险是在可接受的范围之内,一百万人之中有一人具有罹患癌症可能性(ILCR = 1.00×10^{-6})被视为可接受的阈值;ILCR 在 $1.00 \times 10^{-6} \sim 1.00 \times 10^{-4}$ 表示存在潜在的癌症风险;ILCR 高于 1.00×10^{-4} 表示癌症风险高,需要特别关注。

另外,全国范围内人体健康风险 Nodata 值由其所在区域(全国划分为四大区域,中国北方、中国南方、中国西北、青藏高原)内最高频值(一位有效数字)替换,为最优方案[其他方案及不可行的原因:替换周边网格值(可用 continental 数据),原因为 Nodata 值集中分布区域无法替换;替换所在区域平均值,原因是会导致淡水水体皮肤接触途径暴露风险过高的情况出现]。

12.2.2 模型参数识别

识别模型输入参数主要有三大类,分别是污染物物理化学性质参数、污染物排放参数以及环境参数。各类参数进行识别、收集整理后需要进行预处理才能输入构建的模型体系中,从而进行模型模拟。

1)污染物物理化学性质参数

本研究选取 PAHs 为目标污染物,而 PAHs 种类繁多,不同种类 PAHs 性质不同。USEPA 将 16 种 PAHs 列为优先控制污染物(表 12-2-1),成为科研工作者普遍研究的对象。因此本研究也以这 16 种 PAHs 为主要研究对象。

表 12-2-1 16 种 USEPA 优先控制 PAHs

中文名称	英文名称	缩写	CAS 号	分子式	化学 结构式	环数
萘	Naphthalene	NAP	91-20-3	$C_{10}H_8$		2
苊烯	Acenaphthylene	ACY	208-96-8	$C_{12}H_8$		3
苊	Acenaphthene	ACE	83-32-9	$C_{12}H_{10}$		3
芴	Fluorene	FLO	86-73-7	$C_{13}H_{10}$		3
菲	Phenanthrene	PHE	85-01-8	$C_{14}H_{10}$		3
蒽	Anthracene	ANT	120-12-7	$C_{14}H_{10}$		3
荧蒽	Fluoranthene	FLA	206-44-0	$C_{16}H_{10}$		4
芘	Pyrene	PYR	129-00-0	$C_{16}H_{10}$		4
苯并（a）蒽	Benz [a] anthracene	BaA	56-55-3	$C_{18}H_{12}$		4
屈	Chrysene	CHR	218-01-9	$C_{18}H_{12}$		4

续表

中文名称	英文名称	缩写	CAS 号	分子式	化学结构式	环数
苯并（b）荧蒽	Benzo［b］fluoranthene	BbF	205-99-2	$C_{20}H_{12}$		5
苯并（k）荧蒽	Benzo［k］fluoranthene	BkF	207-08-9	$C_{20}H_{12}$		5
苯并（a）芘	Benzo［a］pyrene	BaP	50-32-8	$C_{20}H_{12}$		5
二苯并（a，h）蒽	Dibenzo［a，h］anthracene	DahA	53-70-3	C22H14		5
茚并（1,2,3-cd）芘	Indeno［1，2，3-c，d］pyrene	IcdP	193-39-5	C22H12		6
苯并（g，h，i）苝	Benzo［g，h，i］perylene	BghiP	191-24-2	C22H12		6

其中，含有四个或更多苯环的 PAHs（表 12-2-1 中 16 种 PAHs 的后 10 种）通常被认为是高分子量的（high-molecular-weight，HMW）PAHs，具有潜在的遗传毒性和致癌作用。它们比低分子量的（low-molecular-weight，LMW）PAHs（表 12-2-1 中 16 种 PAHs 的前 6 种）更顽固，降解更为困难，在环境中持续存在的时间更长。

2）污染物排放参数

基准年前后（即 2008～2010 年）的 16 种 PAHs 的排放数据取自北京大学陶澍老师团队核查的 PKU-PAHs-v2 全球排放清单，其空间分辨率为 0.1°，网址为 http://inventory.pku.edu.cn/（Shen et al.,2013）。

原始排放数据是月排放量，这里需要进行求和计算年排放量；另原始排放数据是 dat 格式数据，需要进行数据格式转换后进一步进行分辨率的转化和提取。dat 格式数据首先转 ASC II 数据，而后转为栅格数据。原始排放数据是全球 0.1°×0.1°网格空间分辨率，整个模型体系是中国大陆地区 0.5°×0.5°网格空间分辨率，通过 Spatial Analyst 工具/区域分析/以表格显示分区统计（zonal statistics as table）实现原始数据的分辨率转化和提取以适用于模型体系分辨率，作为输入数据之一进行后续模拟。2008～2010 年平均的 16 种 PAHs 排放总量的空间分布如图 12-2-2 所示，2008～2010 年 16 种 PAHs 全国排放总量分别为 149.96Gg/a、144.46Gg/a 和 142.69Gg/a，2008～2010 年平均的 16 种 PAHs 全国排放总量为 145.70Gg/a。

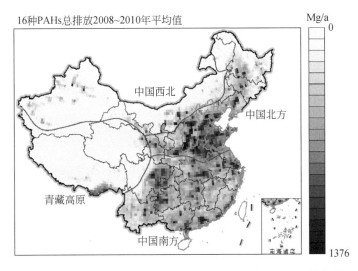

图 12-2-2　2008～2010 年平均 16 种 PAHs 排放总量空间分布图
海南和台湾数据不可用，在所有浓度和风险的空间分布地图中不设色

其中，月排放量求和以及 dat 转 ASCⅡ格式在 MATLAB 软件中进行操作；ASCⅡ转栅格数据及分辨率转化和提取在 ArcGIS10.2 软件中进行操作。

3）环境参数

环境参数的空间分布从现有数据库中收集或根据数据库中获取的原始数据进一步生成，如表 12-2-2 所示。ArcGIS10.2 软件用于提取某些区域网格参数值，以生成中国大陆 0.5°×0.5°环境参数数据库。

表 12-2-2　环境参数表单

环境参数	单位	范围	中位值[a]
自然土壤面积分数[b]	—[c]	0.052～1	0.89
农业土壤面积分数[b]	—	0～0.82	0.11
城市土壤面积分数[b]	—	0～0.17	$4.3×10^{-3}$
淡水水体面积分数[b]	—	0～0.11	$4.5×10^{-3}$
自然植被面积分数[d]	—	0～0.73	0.040
温度[e]	K	259.2～297.2	279.2
风速[e]	m/s	0.75～5.74	2.45
降水速率[e]	m/s	$4.8×10^{-10}$～$1.3×10^{-7}$	$1.29×10^{-8}$
地表水深度[f,g]	m	0～5.97	0.87

环境参数	单位	范围	中位值[a]
径流分数[h]	—	$0.21 \sim 0.36$	0.27
土壤侵蚀率[i]	m/s	$0 \sim 2.0 \times 10^{-10}$	2.1×10^{-12}
土壤有机碳分数[h]	—	$0.003\,1 \sim 0.034$	0.011
地表水流入速率[f]	m^3/s	$0 \sim 28\,742$	27
地表水流出速率[f]	m^3/s	$0 \sim 29\,920.7$	51.5

a 未经转换的每个参数的原始数据的中值;

b http://www.geodata.cn;

c 无量纲;

d http://www.iscgm.org;

e 此处给出的是基准年 RCP4.5 情景下气象模式数据;

f 地表水流入、流出和深度来自或基于 Whelan 等的地表水流量图计算得到(Gandolfi et al., 1999;Whelan et al., 1999);

g 根据地表水流量计算地表水深度(Allen et al., 1994;Schulze et al., 2005);

h http://webarchive.iiasa.ac.at/Research/LUC/External-World-soil-database/;

i 取自 Doetterl 等(2012)的研究。

12.2.3 模型可靠性验证

为了验证 SESAMe 模型的可靠性,分别对基准年(2009 年)模型的输入数据和输出数据进行了评估,包括:①输入气象模式数据和观测数据的验证;②输出 PAHs 浓度预测数据和观测数据的验证。

在现在年份和未来年份的模型模拟与预测中,本研究主要替换气象数据作为不同年份的输入。由于未来年份模型模拟气象输入数据采用的是模式数据,为与其保持一致,基准年模型模拟的气象输入数据也采用模式数据。本研究使用的模式数据是由四个全球气候模式的输出所驱动的区域气候模式的动态降尺度数据。在基准年,模式数据需要与观测气象数据一致,才能进一步采用未来年份的模式数据作为输入进行未来年份的模型模拟和预测。这里观测气象数据采用的是国家青藏高原科学数据中心提供的中国区域地面气象要素驱动数据集(1979~2018 年)(Yang et al., 2019),包括 7 个要素:近地面气温、气压、空气比湿和全风速,还有地面向下短波辐射、向下长波辐射以及降水速率。数据为 NETCDF 格式,时间分辨率为 3h,水平空间分辨率为 0.1°。该数据需要转化为栅格数据并且进行空间分辨率转化及时间分辨率的提取,才可用于与模式数据进行进一步比较。具体预处理操作如下:使用 ArcGIS 10.2 软件创建并导出 NetCDF 栅格图层,利用 Spatial Analyst 工具库中的分区统计区域分析工具实现分辨率的转化和网格的提取,从中国1979~2018 年 0.1°×0.1°的地面气象要素数据中提取出中国 2008~2010 年 0.5°×0.5°共 5506 个网格的气象数据。分析散点图结果表明,采用比值法进行数据订正后,2009 年模式数据与观测数据之间的整体拟合效果较好。温度数据点几乎在 1∶1 线内,降水速率和风速几乎在 1∶5 线内,且以上三个参数的数据点均集中在 1∶1 线附近。

将 2008~2010 年［基准年（2009 年）前后各 1 年，以减少年际差异引起的不确定性］排放量数据和气象观测数据库［中国区域地面气象要素驱动数据集（1979~2018年）］中 2008~2010 年气象数据分别作为模型输入，运行模型至稳态，模型输出预测的 2008~2010 年 16 种 PAHs 在不同环境介质中的浓度水平，将其模拟结果的平均值与实测数据进行比较可验证模型的可靠性。本研究在文献库中收集了 1999~2019 年［基准年（2009 年）前后各 10 年，以达到足够具有代表性的数据量］空气、土壤、淡水水体、淡水沉积物、植物环境介质中 16 种 PAHs 的浓度数据。本研究从文献库中约 1300 份文献中收集了约 7200 组可用数据，不区分年际数据，而是根据坐标点进行两两比较，具体方法是计算每一个 $0.5° \times 0.5°$ 网格中的算数平均值，与模型预测数据进行比较，以验证上述模型 2008~2010 年［基准年（2009 年）前后各 1 年］的浓度平均输出数据，以减少年际差异引起的不确定性。本研究用散点图的形式进行了比较。通过文献中收集的 20 年间 PAHs 监测数据，与基准年（2009 年）模型体系模拟结果进行比较，发现对所有环境介质来说，大多数数据点位于 1：10 线范围内，并且许多数据点集中在 1：1 线周围，不同种类 PAHs、不同环境介质的均方根对数误差的平均值和相关系数分别为 0.51 和 0.49，结果表明模型预测效果良好，可以进行后续模拟与分析。

12.2.4 未来气候变化情景

本研究选取了 IPCC 提出的 RCP4.5 和 RCP8.5 两个气候变化情景，以探讨未来气候变化对中国多环芳烃多介质归趋及相关人体健康的影响以及不同气候变化情景之间影响的差异性。其中 RCP8.5 是一个基准情景，不包括任何气候缓解措施，而 RCP4.5 代表一个包含中等缓解措施的情景（riahi et al., 2011）。本研究使用的是利用区域气候模式（regional climate model，RCM）的最新版本（RegCM4）模拟的中国地区的动力降尺度数据，它由四个全球气候模式的输出的集合平均值所驱动，分别是来自 CMIP5 的 CSIRO Mk3.6.0、EC-EARTH、HadGEM2-ES 和 MPI-ESM-MR 模式。

RCP4.5 和 RCP8.5 气候变化情景人为减缓措施不同，增温趋势也是不同的。为比较不同增温阈值之间影响的差异性，本研究需要明确在 RCP4.5 和 RCP8.5 温室气体排放情景下，计算用于驱动区域气候模式的全球模式集合的全球平均地表气温（average surface air temperature，ASAT）到达 1.5~4℃ 温升的时间分别在未来的哪些年份，并相应使用对应年份的气象数据展开模型模拟工作。本研究在考察未来气候变化的影响时，主要关注温度、降水速率和风速气象数据的变化，对于极端气候事件导致的气象数据变化未作考虑。

对于四个全球气候模式的全球地表气温数据来说，本研究首先在时间尺度上计算每个网格的年平均数据，然后在空间尺度上计算全球平均数据，得到全球网格的年平均数据（一年一个值）。随后，本研究计算了距离平均值以及距离平均值的 11 年滑动平均值，距离平均值是相比于 1860~2005 年（1860 年 1 月~2005 年 12 月）的多年平均值的距离。本研究计算了四个全球气候模式的集合平均值，结果表明，在 RCP4.5 情景下，计算用于驱动区域气候模式的全球气候模式集合的全球平均地表气温上升 1.5℃、2℃ 和 3℃ 的时间分别在 2028 年、2043 年和 2091 年；在 RCP8.5 情景下，计算用于驱动区域气候模式的全球气候模式集合的全球平均地表气温上升 1.5℃、2℃、3℃和 4℃的时间分别在 2024 年、2037 年、2055 年和 2073 年。

区域降尺度数据的计算是相似的。首先在时间尺度上计算每个网格的年平均数据，然后在空间尺度上计算区域平均数据，得到区域网格的年平均数据（一年一个值）。随后计算距离平均值以及距离平均值的 11 年滑动平均值，距离平均值是相比于 1986~2005 年的多年平均值的距离。使用该方法分别计算未来年份的温度、降水速率和风速的区域数据。

12.2.5 模型运行情景

为了评估 PAHs 环境多介质分配和浓度水平及相关人体健康风险对未来气候变化的响应，在本研究中，使用输入恒定 PAHs 排放量（2008~2010 年平均排放量）的模型体系进行了三组模拟：

（1）使用 2008~2010 年观测气象数据［温度、风速、降水速率，来自中国区域地面气象要素驱动数据集（1979~2018 年）］作为输入环境参数进行模型模拟，目的是根据其模拟结果均值与观测数据比较对模型进行验证。

（2）使用 RCP4.5 气候变化情景 2009 年气象模式数据［温度、风速、降水速率；经与模拟组（1）中 2008~2010 年平均观测数据校正后］作为输入环境参数进行模型模拟，目的是作为"现在年份"或基准年的模拟结果。

（3）使用 RCP4.5 和 RCP8.5 气候变化情景模式集合平均的 1.5~4℃升温阈值对应的未来年份的 11 年滑动平均气象数据（温度、风速、降水速率）作为输入环境参数进行模型模拟，目的是作为"未来年份"的模拟结果。

根据模拟组（2）和模拟组（3）中基准年与未来年份的模拟结果，计算未来气候变化背景下，PAHs 多介质环境浓度水平和多途径暴露人体健康风险水平相较于基准年的绝对变化与相对变化，以定量评估 PAHs 环境多介质分配和浓度水平及相关人体健康风险对未来气候变化的响应程度。

12.2.6 模型不确定性分析及灵敏度分析

通过蒙特卡洛模拟探究了高精度气候、化学品环境归趋和健康风险模型疏松耦合模型体系的不确定性。首先评估不同输入参数的概率分布是正态分布还是对数正态分布还是其他分布，并根据参数的概率分布，随机生成对应 16 种 PAHs 排放量及 20 种环境参数的值。根据随机生成的输入参数的随机数值，本研究分别计算出 16 种 PAHs 不同暴露途径的累积 ILCR 的预测模拟结果，计算次数为 10 000 次。

预测对假设的整体敏感度由两个因素共同决定：预测对假设的模型敏感度以及假设的不确定性。本研究用两个参数来呈现模型灵敏度分析的结果，分别是方差贡献率（variance contribution rate，VCR）和等级相关系数。方差贡献率是指单个因子引起的变异占总变异的比例，说明此公因子对因变量影响力的大小。方差贡献百分比通过计算等级相关系数的平方值并将它们标准化为 100% 来进行计算。此结果只是一个近似值，并不是严格的方差分解。要确保方差贡献率的适当准确率，需要至少运行 10 000 次蒙特卡洛模拟试验。在运行模拟时敏感度也可以由各个假设变量和预测变量之间的等级相关系数呈现，等级相关系数为正表示假设的增大与预测的增大相关，等级相关系数为负则表示相反情况。相关系数的绝对值越大表示假设变量和预测变量之间的关系越紧密。

本次研究中灵敏度分析运行蒙特卡洛模拟试验的次数均为 10 000 次。模型的不确定性分析及灵敏度分析中的蒙特卡洛模拟均使用 Oracle Crustal Ball 软件完成。

12.3　基准年多环芳烃在水–土–气–生物等多介质中的时空分布特征

12.3.1　基本过程和相间分配

2008～2010 年 SESAMe v3.4 模型在中国大陆地区的 PAHs 多介质浓度输出及验证过程表明，该模型模拟效果良好。验证后的模型由 2008～2010 年平均 PAHs 排放量和 RCP4.5 情景下 2009 年区域气候模式中气象数据驱动，代表基准年或现在年份。该模型预测，PAHs 进入大气后，主要通过干湿沉降和吸附扩散向土壤、淡水水体和植被迁移；通过沉降和吸附扩散从水迁移到沉积物；通过凋落物产生从植被迁移到土壤，通过径流和侵蚀从土壤迁移到淡水水体。相反的过程，从土壤、淡水水体等向空气中挥发以及蒸腾作用，相对来说不重要，如图 12-3-1 所示，箭头的长度一定程度反映通量的相对大小。各介质挥发的通量比大气向其他介质传输的通量小 0～5 个数量级。另外，在所有界面传输过程中，水和沉积物之间的交换通量与其他介质之间的交换通量相比最为显著。整个环境系统中的去除过程，包括降解、埋藏、淋洗等，其中降解是不同环境介质 PAHs 去除的主要过程。

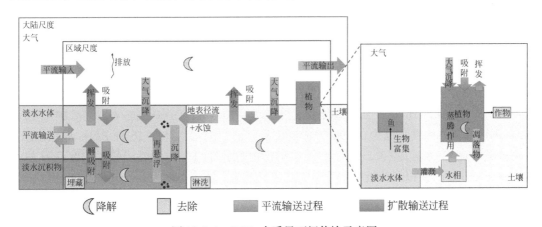

图 12-3-1　PAHs 介质界面间传输示意图

土壤是中国 PAHs 的主要汇。在稳态下，66% 的 PAHs 存在于土壤中，31% 存在于沉积物中 ［图 12-3-2 （a）］。PAHs 各组分在不同环境介质中的质量分布随着分子量的不同而不同。除空气中外，HMW PAHs 的比例比 LMW PAHs 更显著 ［图 12-3-2 （b）］。

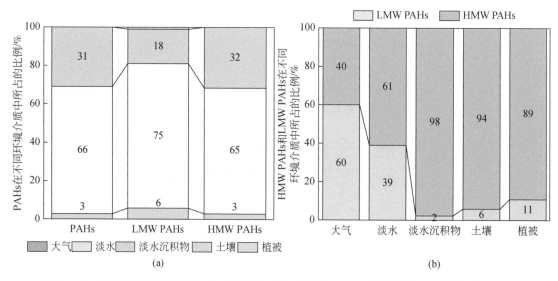

图 12-3-2　基准年不同介质中 PAHs 的比例：（a）基准年 PAHs 在不同环境介质中的分配比例；
（b）基准年各环境介质中 HMW PAHs 和 LMW PAHs 的比例

土壤包括自然土壤、农业土壤和城市土壤；植被包括自然植被和农业植被

12.3.2　浓度及空间分布差异

该模型预测了基准年中国大陆地区不同环境介质中 16 种 PAHs 总浓度（16 种 PAHs 浓度直接相加）范围（第 5 ~ 第 95 百分位数，括号给出中位数，保留三位有效数字），如下所示：大气中 16 种 PAHs 总浓度范围为 0.300 ~ 392ng/m³（27.9ng/m³），土壤中 16 种 PAHs 总浓度范围为 0 ~ 626ng/g（44.3ng/g），淡水水体中 16 种 PAHs 总浓度范围为 0 ~ 2.24×10³ng/L（80.5ng/L），淡水沉积物中 16 种 PAHs 总浓度范围为 0 ~ 1.28×10³ng/g（42.1ng/g），以及植被中 16 种 PAHs 总浓度范围为 0 ~ 43.0ng/g（1.90ng/g）。

该模型预测了基准年中国大陆地区不同环境介质中 16 种 PAHs 毒性当量总浓度（16 种 PAHs 的 BaP 当量浓度相加）范围（第 5 ~ 第 95 百分位数，括号给出中位数），如下所示：大气中 16 种 PAHs 毒性当量总浓度范围为 0 ~ 10.5ng/m³（0.8ng/m³），土壤中 16 种 PAHs 毒性当量总浓度范围为 0 ~ 94.7ng/g（6.8ng/g），淡水水体中 16 种 PAHs 毒性当量总浓度范围为 0 ~ 121ng/L（3.2ng/L），淡水沉积物中 16 种 PAHs 毒性当量总浓度范围为 0 ~ 218ng/g（5.7ng/g），以及植被中 16 种 PAHs 毒性当量总浓度范围为 0 ~ 6.6ng/g（0.3ng/g）。

为方便后续空间分布模式及变化的分析，本研究将全国区域划分为四大地理区域，分别为中国北方、中国南方、中国西北以及青藏高原地区，如图 12-3-3 所示。其中位于中国北方地区的 "2+26" 城市群是在 2017 年《大气污染防治行动计划》的具体工作方案中提出并重点关注的，是指北京、天津 2 个城市，再加上周边地区的 26 个城市，它们构成了京津冀大气污染的传输通道。

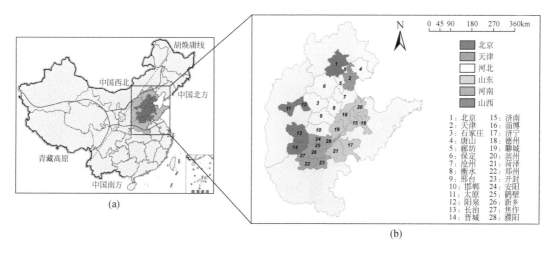

图 12-3-3　中国四大地理区域及"2+26"城市群分布图

四大地理区域包括中国北方、中国南方、中国西北以及青藏高原地区；绿色虚线表示的是胡焕庸线

　　在大陆尺度上每种环境介质（大气、淡水、淡水沉积物和土壤）中 16 种 PAHs 总浓度的空间分布模式基本相似，如图 12-3-4 所示，主要由 PAHs 的排放量决定。PAHs 排放由住宅或商业部门产生，主要是因为大量使用生物质燃料做饭和取暖，如中国北方地区。从图 12-2-2 PAHs 排放总量空间分布图也可以看出，中国北方地区 PAHs 排放量最高，因此，预测在中国北方所有环境介质中 PAHs 的浓度都会更高，并集中在排放量最高的"2+26"城市群所在的城市和省（自治区），包括北京、天津、河北、山西、山东和河南。其中，山西各环境介质中 PAHs 浓度显著较高，不管是对于大气、水体、沉积物、土壤还是植被来说。从图 12-2-2 PAHs 排放总量空间分布图也可以看出，山西 PAHs 排放量也位居第一，山西 2008～2010 年平均 16 种 PAHs 排放总量达 14.38Gg/a，高于全国平均水平 3 个数量级，占全国总排放量的 10%。山西临汾等地区是典型的燃煤地区，而燃煤是 PAHs 的主要来源之一。

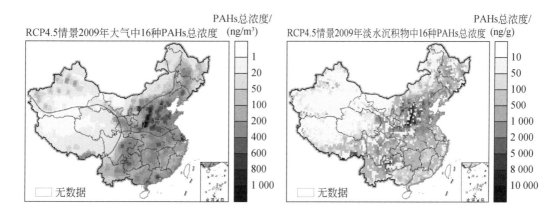

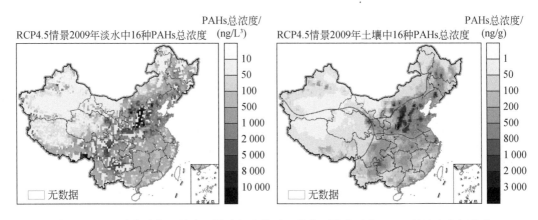

图 12-3-4　基准年大气、淡水、淡水沉积物及土壤各环境介质中 PAHs 总浓度空间分布

随后环境介质中 PAHs 浓度较高的是中国南方地区，没有浓度极高的地区。最后是中国西北和青藏高原地区，PAHs 排放量较低。而上述这两个"低排放低浓度"区域——中国西北和青藏高原地区，主要受周边区域大气传输的影响。新疆西北部和西藏东南端等这样有当地 PAHs 排放的地区除外，PAHs 预测环境浓度相对较高。

12.4　未来不同升温情景下多环芳烃在多介质中的分布特征

12.4.1　气象因素变化趋势

本研究使用 RCP 4.5 和 RCP 8.5 情景来反映气候变化的影响。RCP 4.5 情景包含一些减少温室气体排放的缓解措施，如用可再生能源替代化石燃料等。RCP 8.5 是一个基准情景，不包含缓解气候变化的措施（Riahi et al., 2011）。表 12-4-1 总结了中国在 21 世纪 50 年代（表中 21 世纪中期）和 90 年代（表中 21 世纪末期）在不同气候变化情景下的两种环境变化趋势。与基准年 2009 年相比，RCP 8.5 情景显示 21 世纪 90 年代气温将上升 4.5℃，降水速率增加 10.3%，风速减少 3.7%。相比之下，在缓解措施情景 RCP4.5 条件下，气象数据的变化仅为高排放 RCP8.5 情景下变化的一半左右，分别是气温将上升 2.1℃，降水速率增加 5.3%，风速减少 1.6%。

表 12-4-1　RCP 气候变化情景下 21 世纪相较于基准年气象因素变化

气候变化情景	温度/℃		降水速率/%		风速/%	
	21 世纪中期	21 世纪末期	21 世纪中期	21 世纪末期	21 世纪中期	21 世纪末期
RCP8.5	+1.8	+4.5	+3.2	+10.3	−1.6	−3.7
RCP4.5	+1.3	+2.1	+2.3	+5.3	−1.2	−1.6

本研究明确了未来气候变化温度升高 1.5～4℃不同变暖阈值所在年份，分别作为未来年份。具体而言，在 RCP4.5 气候变化情景下，全球平均地表气温上升 1.5℃、2℃和 3℃的时间分别为 2028 年、2043 年和 2091 年。在 RCP8.5 气候变化情景下，全球平均地表气温上升 1.5℃、2℃、3℃和 4℃的时间分别为 2024 年、2037 年、2055 年和 2073 年。

RCP 4.5 和 RCP 8.5 气候变化情景未来不同变暖年份全球平均地表气温升高 1.5～4℃时中国温度、降水速率及风速绝对变化的空间分布中温度的变化表明，全国均呈现增加趋势，其中中国西北和青藏高原地区温度变化量较大，并且随着气候变化程度加深：全球平均地表气温升高（1.5～4℃）、情景切换（从 RCP4.5 到 RCP8.5），增加程度更甚。降水速率在全国范围内随着气候变化程度加深而增加：全球平均地表气温升高（1.5～4℃）、情景切换（从 RCP4.5 到 RCP8.5），逐渐呈现增加趋势，并无明显的地域分异。风速变化不明显，青藏高原地区风速变化量最大，并且随着气候变化程度加深：全球平均地表气温升高（1.5～4℃）、情景切换（从 RCP4.5 到 RCP8.5），减少程度更甚，温度、降水速率和风速均如此。多篇研究也表明，全球范围内除了南北极外，青藏高原是全球变暖最为敏感的地区，是解答众多气候变化环境效应及影响的典型先锋实验区。

12.4.2 多环芳烃浓度变化

预测表明，温度、降水速率和风速气象数据的变化对不同区域与情景中 PAHs 在各个环境介质中的环境浓度有不同的影响。

全国范围内对应网格土壤和植被 16 种 PAHs 的总浓度全部减少，并且随着温度升高（1.5～4℃）、情景切换（从 RCP4.5 到 RCP8.5），减少程度更甚。在无减缓措施 RCP8.5 情景下，温度升高 4℃时自然土壤中 PAHs 浓度减少 0～720ng/g(12.9%～34.9%)，农业土壤中 PAHs 浓度减少 0～721ng/g(13.0%～47.4%)，城市土壤中 PAHs 浓度减少 0～757ng/g(13.0%～32.7%)；自然植被中 PAHs 浓度减少 0～67.0ng/g(12.0%～31.6%)，农业植被中 PAHs 浓度减少 0～15.6ng/g(5.1%～22.6%)。整个气候变化情景中自然土壤中 PAHs 浓度减少 0～720ng/g(1.2%～34.9%)，农业土壤中 PAHs 浓度减少 0～721ng/g(1.3%～47.4%)，城市土壤中 PAHs 浓度减少 0～757ng/g(1.2%～32.7%)；自然植被中 PAHs 浓度减少 0～67.0ng/g(0.5%～31.6%)，农业土壤中 PAHs 浓度减少 0～15.6ng/g(0%～22.6%)。HMW PAHs 和 LMW PAHs 均符合此规律。

全国范围内对应网格水体和沉积物 16 种 PAHs 的总浓度几乎全部（网格覆盖率>96%）减少，并且随着温度升高（1.5～4℃）、情景切换（从 RCP4.5 到 RCP8.5），逐步转为全部减少（网格覆盖率=100%）。例如，在无措施 RCP8.5 情景下，温度升高 4℃时全国范围内对应网格水体和沉积物 16 种 PAHs 的总浓度全部减少：淡水水体中 PAHs 浓度减少 0～2.02×10⁴ng/g(5.1%～47.3%)，淡水水体沉积物中 PAHs 浓度减少 0～6.78×10³ng/g(8.6%～39.7%)。整个气候变化情景中淡水水体中 PAHs 浓度减少 0～2.02×10⁴ng/g(0%～47.3%)，淡水水体沉积物中 PAHs 浓度减少 0～6.78×10³ng/g(0%～39.7%)。HMW PAHs 和 LMW PAHs 均符合此规律。

全国范围内对应网格大气 16 种 PAHs 的总浓度主要（网格覆盖率>63.5%）表现为减

少，并且随着温度升高（1.5~4℃）、情景切换（从 RCP4.5 到 RCP8.5），减少程度更甚。例如，在无措施 RCP8.5 情景下温度升高 4℃ 时，全国范围内 72.1% 对应网格大气 16 种 PAHs 的总浓度表现为减少，减少 0~9.5ng/m³（0%~3.2%）；27.9%（网格覆盖率）对应网格（1537 个网格；共 5506 个网格）大气 16 种 PAHs 的总浓度表现为增加，增加 0~7.9ng/m³（0%~4.8%）。

总的来看，模型结果表明，大气、淡水水体、淡水沉积物、3 种类型土壤（自然土壤、农业土壤和城市土壤）、2 种类型植被（自然植被和农业植被）不同环境介质中 16 种 PAHs 的总浓度主要表现为减少的趋势，减少了 0.1%~20.4%，主要原因是气候变暖，温度升高，促进了 PAHs 在不同环境介质中的降解代谢过程。温度升高 1.5~4℃ 促进不同环境介质中 16 种 PAHs 的总的降解速率升高 0.4%~33.0%（最小值~最大值）。RCP4.5 和 RCP8.5 气候变化情景全国范围内各介质 16 种 PAHs 的总浓度变化比例的中位值结果如图 12-4-1 所示。

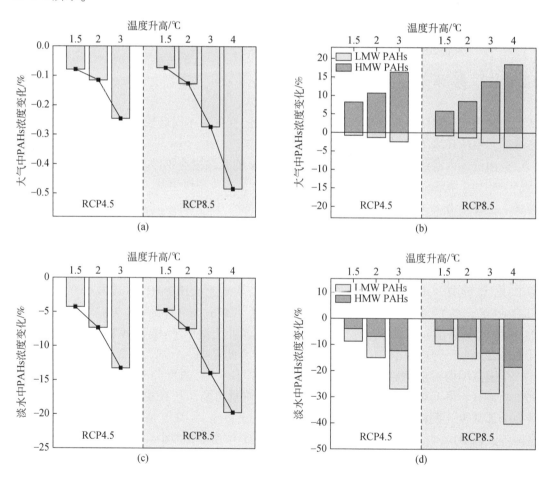

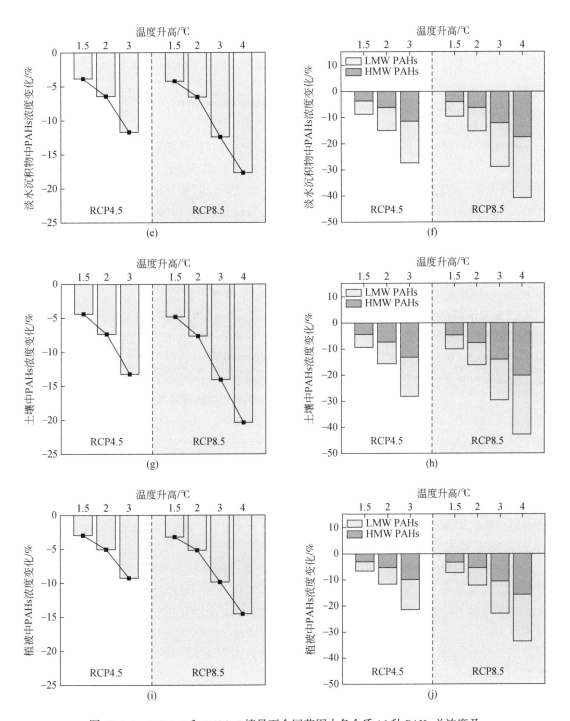

图 12-4-1 RCP4.5 和 RCP8.5 情景下全国范围内各介质 16 种 PAHs 总浓度及
高低分子量 PAHs 浓度变化比例

对比不同环境介质（图 12-4-1），可以看到，大气 PAHs 总浓度的变化比例相比于其他介质低 1~2 个数量级。另外，大气向其他介质的净通量主要（>69.9%）表现为减少，在 1.5 ~ 4℃不同增温阈值所在年份减少了 0% ~ 24%，并且随着温度升高（1.5 ~ 4℃）、情景切换（从 RCP4.5 到 RCP8.5），减少程度更甚［除淡水水体（网格覆盖率 = 76.4%）外，99.4%以上（网格覆盖率）对应网格变化比例为负］。PAHs 将从其他介质中向大气迁移。

在大气中，值得关注的是，LMW PAHs 和 HMW PAHs 浓度的变化情况不同于其他介质，具体来看，分别如下。

全国范围内对应网格大气 LMW PAHs 浓度几乎全部（网格覆盖率>99.7%）减少，并且随着温度升高（1.5 ~ 4℃）、情景切换（从 RCP4.5 到 RCP8.5），逐步转为全部减少（网格覆盖率 = 100%）。例如，在无措施 RCP8.5 情景下，温度升高 4℃时全国范围内对应网格大气 LMW PAHs 浓度全部减少，减少 0 ~ 22.3ng/m³（0% ~ 3.9%）。这也是整个气候变化情景中 LMW PAHs 浓度变化程度最大的范围。

LMW PAHs 中选择 PHE 为代表物质进行具体分析，大气中 PHE 浓度几乎全部（网格覆盖率>99.1%）减少，并且随着温度升高（1.5 ~ 4℃）、情景切换（从 RCP4.5 到 RCP8.5），减少程度更甚。例如，在无措施 RCP8.5 情景下，温度升高 4℃时，全国范围内 99.8%对应网格大气 PHE 浓度表现为减少，减少 0 ~ 6.4ng/m³（0% ~ 3.4%）；0.2%（网格覆盖率）对应网格（10 个网格；共 5506 个网格）大气 PHE 浓度表现为增加，增加 0 ~ 0.03ng/m³（0% ~ 1.2%）。几乎全部大气 PHE 浓度减少的原因是 PHE 本身降解速率快，而温度升高又促进 PHE 降解速率增大了 0.3% ~ 3.5%，同时促进挥发作用（14.0% ~ 34.5%），因此 PHE 在大气中的流转较快。由大气中 PHE 浓度作为预测变量的灵敏度分析结果也可以看出，PHE 主要受排放影响（VCR = 98.9%），排放量大；另外受本身的降解速率影响（VCR = 0.3%），降解快。对于 PHE，排放进入大气中，主要是降解过程在起作用。另外，大气 PHE 浓度增加的这 10 个网格位于青藏高原地区，这些网格大气 PHE 浓度表现为增加的原因是温度和降水速率同时促进 PHE 在大气与其他介质中的流转，这种对向大气中分配的促进作用大于温度对其降解促进的作用。其他 LMW PAHs 规律类似，不再做具体分析。因此，全国范围内对应网格大气 LMW PAHs 浓度减少的主要原因是 LMW PAHs 降解速率快，温度对其促进作用大于对向大气分配的促进作用。

全国范围内对应网格大气 HMW PAHs 浓度主要（网格覆盖率>73.2%）表现为增加，并且随着温度升高（1.5 ~ 4℃）、情景切换（从 RCP4.5 到 RCP8.5），增加程度更甚。例如，在无措施 RCP8.5 情景下温度升高 4℃时，全国范围内 83.3%（网格覆盖率）对应网格大气 HMW PAHs 浓度表现为增加，增加 0 ~ 17.5ng/m³（0% ~ 18.5%）；16.7%（网格覆盖率）对应网格（917 个网格；共 5506 个网格）大气 HMW PAHs 浓度表现为减少，减少 0 ~ 1.0ng/m³（0% ~ 2.8%）。

HMW PAHs 中选择 BaP 为代表物质进行具体分析，大气中 BaP 浓度主要（网格覆盖率>87.6%）表现为增加，并且随着温度升高（1.5 ~ 4℃）、情景切换（从 RCP4.5 到 RCP8.5），增加程度更甚。例如，在无措施 RCP8.5 情景下，温度升高 4℃时，全国范围内 95.5%对应网格大气 BaP 浓度表现为增加，增加 0 ~ 1.7ng/m³（0% ~ 47.2%）；4.5%（网格覆盖率）对应网格（249 个网格；共 5506 个网格）大气 BaP 浓度表现为减少，减少 0 ~ 0.008ng/m³（0% ~ 2.4%）。大部分网格大气 BaP 浓度表现为增加的原因是温度升高对大气中 BaP 降解的促进作用没有所有气象因素对其向大气分配的促进作用强烈：BaP 降解速率慢，温度升高促进 BaP 降解速率增大了 0.5% ~ 42.1%，但是降解速率还是较低，降解量较少。降水增加促进 BaP 的大气沉降，而温度升高又促进 BaP 向大气挥发（4.6% ~ 29.6%），气象因素的共同作用促进了大气中 BaP 浓度的升高。由大气中 BaP 浓度作为预测变量的灵敏度分析的结果也指出，BaP 除了受排放影响（VCR = 80.7%）以外，还受温度（VCR = 7.8%）和降水（VCR = 5.5%）的影响。温度虽然对 BaP 降解速率的促进效果更加明显，但降解过程不占主导。另外，大气 BaP 浓度减少的这 249 个网格位于中国西北地区，在这些网格大气 BaP 浓度表现为减少的原因是降水速率慢，减少了相间传输。其他 HMW PAHs 规律类似，不再做具体分析。因此，全国范围内对应网格大气 HMW PAHs 浓度增加的主要原因是 HMW PAHs 降解速率慢，温度对其促进作用小于对向大气分配的促进作用。

综上所述，大气中 PHE 和 BaP 浓度的相反变化模式是由于它们不同的物理化学性质以及对未来气候变化的响应不同，主要是增温和降水，在大多数地区作为主要的气象驱动因素。PHE 的蒸气压比 BaP 高近 5 个数量级，PHE 在大气中的降解速率约为 BaP 的 3.5 倍，因此 PHE 在气相比颗粒相更容易分解，并且在大气中比 BaP 降解得更快。同时，气相化学物质的冲刷率比颗粒结合化学物质高出两个数量级以上。因此，尽管在 RCP8.5 情景下（温度升高 4℃ 时），较高的温度对 PHE 挥发速率的促进作用（14.0% ~ 34.5%）大于对 BaP 挥发速率的促进作用（4.6% ~ 29.6%），但预计降水水平的升高将比 BaP 更大限度地加强对大气中 PHE 的清除。

除大气外，所有其他介质中 HMW 或 LMW PAHs 的浓度都会降低，如图 12-4-1（中位值）所示。在大气中，随着气候变暖，LMW PAHs 的减少逐渐起主导作用；在其他环境介质中，LMW PAHs 的减少仍然占主导地位，揭示了气候变化对 LMW PAHs 本身较高的降解速率的促进作用，如促进 LMW PAHs 中的 PHE 降解速率增大 0.3% ~ 3.5%。LMW PAHs 的减少量（0 ~ 22.3ng/m³）大于 HMW PAHs 的增加量，导致大气中 PAHs 总浓度降低。

在未来气候变化背景下，土壤仍然是中国 PAHs 的主要汇。在稳态下，仍有 65.8% ~ 66.0%（不同气候变化情景不同增温幅度）的 PAHs 存在于土壤中，31.0% ~ 31.1% 存在于沉积物中。图 12-4-2 表明，未来气候变化 RCP 情景下，分配给大气和植被的 PAHs 比例将增加基准年（2009 年）比例的 6.9% ~ 35.5%（1.5 ~ 4℃ 不同增温阈值所在年份的变化范围）和 1.6% ~ 8.2%，分配到淡水、淡水沉积物和土壤的比例将减少 1.2% ~ 5.9%、0% ~ 0.2% 和 0.1% ~ 0.3%，其中沉积物和土壤的比例变化小于 1%。就 LMW PAHs 来说，分配到各环境介质中的比例均有所减少，分配到大气、淡水水体、淡水沉积物、土壤和植被的比例分别减少 0.4% ~ 2.0%、0.7% ~ 4.0%、3.1% ~ 14.7%、0.9% ~ 4.5% 和 0.8% ~ 3.8%。而分配到各环境介质中的 HMW PAHs 的比例均有所增加，分配到大气、淡水水体、淡水沉积物、土壤和植被的比例分别增加 0.6% ~ 2.9%、0.5% ~ 2.6%、0.1% ~ 0.4%、0.1% ~ 0.3% 和 0.1% ~ 0.5%。HMW PAHs 和 LMW PAHs 相反的变化规律一定程度上也揭示了气候变化对 LMW PAHs 本身较高降解速率的促进作用，温度对 LMW PAHs 降解的促进作用大于其向大气分配的促进作用。而 HMW PAHs 恰好相反，温度促进 HMW PAHs 向大气分配的作用大于对其降解的促进作用。对于 LMW PAHs，本身降解速率快，降解是其去除的主要过程。而对于 HMW PAHs, 降解过程没有那么显著。

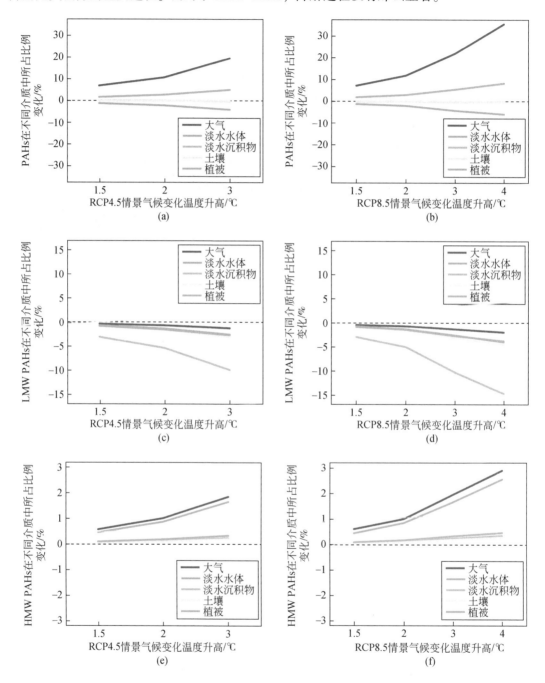

图 12-4-2　RCP4.5 和 RCP8.5 情景全国范围内 16 种 PAHs 及高低分子量 PAHs 在不同介质中
所占比例变化

12.4.3 多环芳烃浓度变化的空间差异

在 1.5 ~ 4℃的升温阈值下，不同环境介质中 PAHs 总浓度变化存在地理空间分布差异。图 12-4-3 和图 12-4-4 分别给出 RCP8.5 情景下温度升高 1.5-4℃时大气中 PAHs 总浓度、LMW PAHs 及 HMW PAHs 浓度绝对变化（ng/m³）和相对变化（%）的空间分布图，图 12-4-5 和图 12-4-6 分别给出 RCP8.5 情景下温度升高 1.5 ~ 4℃时自然土壤中 PAHs 总

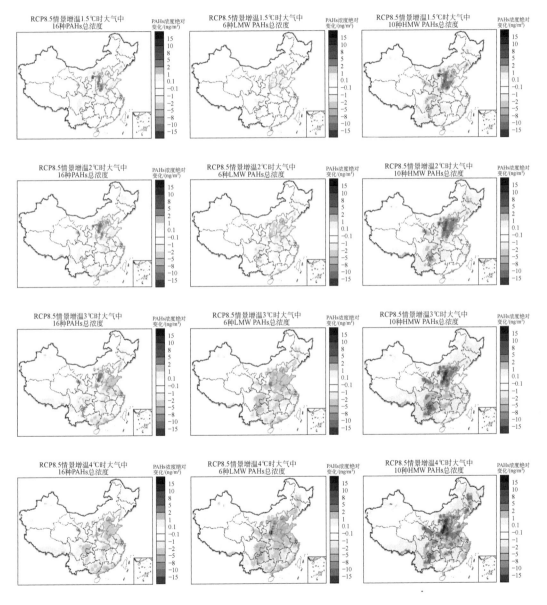

图 12-4-3 RCP8.5 情景温度升高 1.5 ~ 4℃时大气中 16 种 PAHs 及高低分子量 PAHs 浓度绝对变化空间分布图

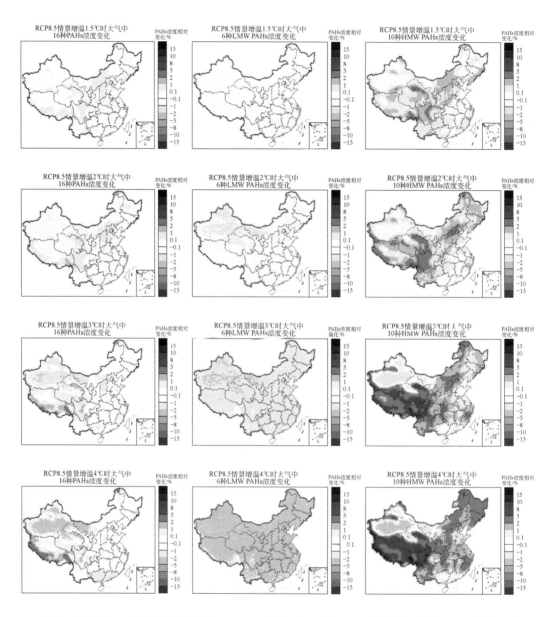

图 12-4-4　RCP8.5 情景温度升高 1.5～4℃时大气中 16 种 PAHs 及高低分子量 PAHs 浓度相对变化空间分布图

浓度、LMW PAHs 及 HMW PAHs 浓度绝对变化（ng/g）和相对变化（%）的空间分布图（大气和自然土壤在 RCP4.5 情景下以及其他环境介质未来不同气候变化情景下不同增温阈值所在年份 PAHs 总浓度、LMW PAHs 及 HMW PAHs 浓度绝对变化与相对变化的空间分布图略）。

　　本研究发现，PAHs 浓度绝对变化的空间分布与 PAHs 排放的空间分布一致。从一系列绝对变化空间分布图可以看到，在气候变化背景下，中国北方地区 16 种 PAHs 的浓度变化绝对量高于其他地区，排放量最高的"2+26"城市群所在的省市 16 种 PAHs 的浓度在未来气候变化下会变化最多，其次是中国南方地区，最后是中国西北和青藏高原地区。不管是 16 种 PAHs 总浓度、LMW PAHs 浓度及 HMW PAHs 浓度的绝对变化均符合以上规律。

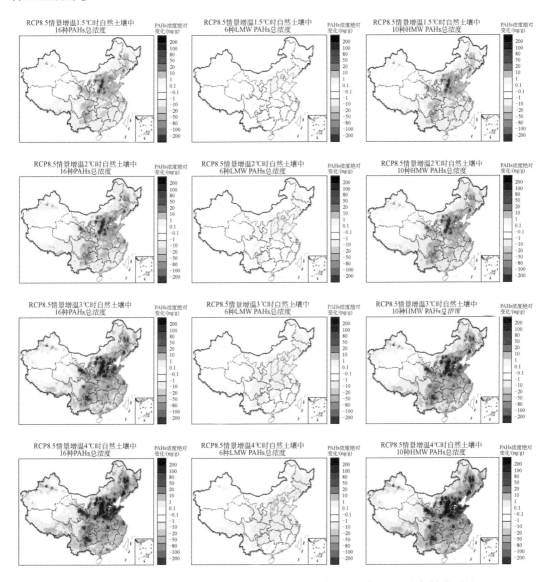

图 12-4-5　RCP8.5 情景温度升高 1.5～4℃时自然土壤中 16 种 PAHs 及高低分子量 PAHs
浓度绝对变化空间分布图

　　另外，PAHs 浓度相对变化/变化比例的空间分布主要受气候因素变化的控制。青藏高原是气候变化的敏感地区，该地区气温、降水速率和风速的变化在中国最为显著。从一系列相对变化空间分布图可以看到，青藏高原地区各环境介质中 PAHs 的浓度对气候变化的反应最强烈，并且随着温度升高（1.5～4℃）、情景切换（从 RCP4.5 到 RCP8.5），变化程度更甚。尤其是在 RCP8.5 气候变化情景下，当温度升高 4℃时（2073 年），PAHs 浓度

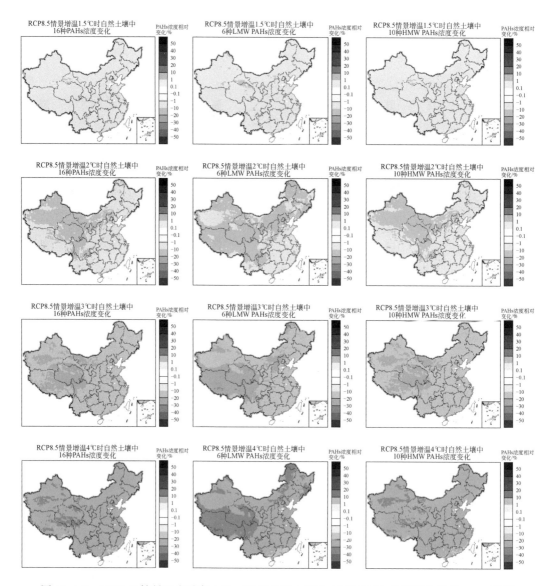

图 12-4-6　RCP8.5 情景温度升高 1.5～4℃时自然土壤中 16 种 PAHs 及高低分子量 PAHs 浓度
相对变化空间分布图

变化比例比其他地区高出 3.9%～220% 。16 种 PAHs 总浓度、LMW PAHs 浓度及 HMW PAHs 浓度的相对变化均符合以上规律。除在大气中，其他环境介质中的 16 种 PAHs 总浓度、LMW PAHs 浓度及 HMW PAHs 浓度均相对减少；在全国范围内，与 HMW PAHs 浓度相比，LMW PAHs 浓度减少的比例更甚，与上节规律一致，揭示了气候变化对 LMW PAHs 本身较高降解速率的促进作用。

同样，大气中 HMW PAHs 浓度在全国范围内几乎均呈现增加趋势和 LMW PAHs 浓度在全国范围内均呈现减少趋势的变化的空间分布也受到排放与气候变化的影响。具体来看，中国北方地区的大气中浓度的变化量较多，其中"2+26"城市群所在省市的浓度变化量最多，其次是中国南方地区，最后是中国西北和青藏高原地区。另外，大气中 LMW PAHs 浓度减少、HMW PAHs 浓度增加，导致气候变化情景下大气中 16 种 PAHs 浓度总和变化的空间分布差异与其他环境介质中有所不同。HMW PAHs 浓度增加更甚，导致在山西和青藏高原地区 16 种 PAHs 总浓度有所增加，其他地区浓度减少。这与山西在全国范围内最高的排放量以及藏东南在青藏高原地区范围内相对较高的本地排放量有关。

而对气候变化的响应最为强烈的地区仍集中在青藏高原地区和中国西北地区，尤其是在西部地区，不管是对于 16 种 PAHs 总浓度、LMW PAHs 浓度还是 HMW PAHs 浓度而言。但不同于其他环境介质，大气中 PAHs 浓度相对变化的方向在全国范围内有地理分布差异。LMW PAHs 浓度在全国范围内变化比例为负，而 HMW PAHs 浓度在新疆和内蒙古西部相对于基准年是减少的，其余地区几乎是增加的，尤其是青藏高原地区相对增加程度最大。HMW PAHs 浓度的相对变化更甚，导致新疆、内蒙古西部以及青藏高原地区这些西部地区对气候变化的响应最为强烈。同样，随着气候变化的程度愈发强烈：温度升高（$1.5 \sim 4\,^{\circ}\mathrm{C}$）、情景切换（从 RCP4.5 到 RCP8.5），这种变化程度变得越来越大。在同一增温阈值下，相比于中等温室气体排放 RCP4.5 情景，在温室气体高排放 RCP8.5 情景下变化更加强烈。

12.5 未来不同升温情景下多环芳烃的健康风险

12.5.1 暴露途径变化

鉴于气候变化背景下 PAHs 的环境归趋已经改变，本研究通过不同的人体暴露途径量化了 PAHs 摄入相较于基准年的变化情况。将 SESAMe v3.4 模型模拟及生物累积模型模拟输出的结果与终生致癌风险 ILCR 方法疏松耦合，以揭示未来气候变化对多途径暴露 PAHs 人体健康的潜在影响。在描述终生平均日剂量 LADD 和终生致癌风险 ILCR 时均采用 BaP 当量浓度数据；此外，为了强调人口稠密地区 PAHs 浓度对人体健康的更强烈的影响，每个特定网格单元的人口加权 PAHs 浓度通过每个 $0.5\,^{\circ} \times 0.5\,^{\circ}$ 网格中的网格风险和人口密度的乘积再除以全国平均人口密度计算。

本研究识别并量化了人体暴露 PAHs 的三种主要途径，包括呼吸、皮肤接触以及经口摄入，其中呼吸包括空气呼吸和土壤颗粒物通过呼吸道进入人体，皮肤接触包括通过水体接触的洗澡、游泳以及对土壤的接触，经口摄入包括饮水和饮食摄入以及土壤颗粒意外摄入（意外）。

基准年（2009 年）中国大陆绝大部分区域（网格覆盖率为 $5484/5506 \times 100\% = 99.6\%$）主要的暴露途径是经口摄入，所占比例超过 50%（$Q1 \sim Q3$，$97.4\% \sim 99.4\%$），并且在经口摄入暴露途径中，摄入鱼类途径贡献最多（61.9%，中位值；$Q1 \sim Q3$，$30.7\% \sim 84.3\%$），其次是摄入植被（38.0%，中位值；$Q1 \sim Q3$，$15.7\% \sim 69.2\%$），饮水和土壤颗粒意外摄入贡献最小；在这其中，除去替换高频值引起误差的区域范围（网格覆盖率为 $657/5506 \times 100\% = 11.9\%$），大部分区域（网格覆盖率为 $4591/4849 \times 100\% = 94.7\%$）呼吸暴露风险（1.4%，中位值；$Q1 \sim Q3$，$0.7\% \sim 2.5\%$）大于皮肤接触暴露风险（0.1%，中位值；$Q1 \sim Q3$，0.1%~0.2%）。因此，经口摄入为主要暴露途径，其次是呼吸暴露途径，最后是皮肤接触暴露途径，经过不同 PAHs 暴露途径的人体健康风险值大小呈现的基本规律是：经口摄入>呼吸摄入>皮肤接触。

所有暴露途径导致的总的人体健康风险的三个四分位数变化较大，分别是 $3.23×10^{-7}$、$4.20×10^{-5}$ 以及 $1.56×10^{-4}$，相差 3 个数量级。各途径暴露及累积总的人体健康风险的数据分布情况见表 12-5-1。在没有考虑个体易感性的基础上，30~60 岁的人群总的健康风险最大，因为其环境暴露行为一般多于其他年龄段人群，如他们与污染物接触的皮肤表面积、土壤暴露比例、土壤暴露时间等评价参数都是最大的。3~10 岁及 10~30 岁紧随其后，人体健康总风险较小的是婴幼儿和老人，即 0~3 岁和>60 岁的人。三种途径各自的健康风险和多途径累积暴露的总体健康风险的空间分布情况是类似的，与排放、浓度分布情况相一致，主要体现在中国北方尤其是"2+26"城市群所在省市风险较高，其次是中国南方，最后是青藏高原和中国西北地区。另外，胡焕庸线东侧，即中国东南部分，风险普遍较高，这是人口密度加权后的结果，体现了人口稠密地区风险更高。

表 12-5-1 基准年中国各途径及累积人体健康风险的数据分布情况

数据	呼吸暴露风险	皮肤接触暴露风险	经口摄入暴露风险	累积总体暴露风险
平均值	$4.54×10^{-6}$	$5.28×10^{-7}$	$4.05×10^{-4}$	$4.10×10^{-4}$
最小值	$1.39×10^{-19}$	$2.16×10^{-14}$	$1.04×10^{-11}$	$1.30×10^{-11}$
$Q1$	$8.68×10^{-10}$	$1.07×10^{-9}$	$2.73×10^{-7}$	$3.23×10^{-7}$
$Q2$/中位值	$5.80×10^{-8}$	$1.04×10^{-8}$	$4.06×10^{-6}$	$4.20×10^{-6}$
$Q3$	$2.22×10^{-6}$	$2.29×10^{-7}$	$1.52×10^{-4}$	$1.56×10^{-4}$
最大值	$3.83×10^{-4}$	$1.03×10^{-4}$	$7.30×10^{-2}$	$7.35×10^{-2}$

未来气候变化情景，本研究具体分析了基准情景 RCP8.5 最高升温阈值——温度升高 4℃时的暴露途径结构，以保守估计未来气候变化相对于基准年的影响。RCP8.5 情景下增温 4℃（2073 年）时中国大陆绝大部分区域（网格覆盖率为 5476/5506×100%=99.5%）主要的暴露途径是经口摄入，所占比例超过 48%（$Q1 \sim Q3$，96.8%~99.2%）；在这其中，除去替换高频值引起误差的区域范围（网格覆盖率为 709/5506×100%=12.9%），大部分区域（网格覆盖率为 4621/4797×100%=96.3%）呼吸暴露风险（1.7%，中位值；$Q1 \sim Q3$，1.0%~3.1%）大于皮肤接触暴露风险（0.1%，中位值；$Q1 \sim Q3$，0.1%~0.2%）。因此，未来气候变化情景下，主要暴露途径的结构没有改变，依旧是：经口摄入>呼吸摄入>皮肤接触。

呼吸暴露风险所占比例增加，RCP8.5 情景下增温 4℃（2073 年）时，呼吸暴露风险所占比例增加 24.2%（中位值；$Q1 \sim Q3$，16.3%~31.7%）；皮肤接触暴露风险所占比例减少，RCP8.5 情景下增温 4℃（2073 年）时，皮肤接触暴露风险所占比例减少 2.1%（中位值）；经口摄入暴露风险所占比例减少，RCP8.5 情景下增温 4℃（2073 年）时，经口摄入暴露风险所占比例减少 0.3%（中位值；$Q1 \sim Q3$，0.2%~0.6%）。

12.5.2 健康风险变化

多途径暴露的累积总体健康风险随着温度升高而减少，具体来看，当温度增加到 1.5℃、2℃、3℃时，在 RCP4.5 情景下（2028 年、2043 年、2091 年）总的健康风险降低了 2.8%（中位值；$Q1 \sim Q3$，1.7%~4.5%）、5.4%（3.3%~7.5%）和 10.1%（6.3%~14.1%）；当温度增加到 1.5℃、2℃、3℃、4℃时，RCP8.5 情景下（2024 年、2037 年、2055 年、2073 年）总的健康风险降低了 3.2%（$Q1 \sim Q3$，2.0%~4.7%）、5.5%（3.4%~7.6%）、10.8%（6.9%~14.7%）和 16.4%（10.3%~20.5%），如图 12-5-1 所示。可以看到，相比于 RCP4.5 情景（中等温室气体排放情景），RCP8.5 情景（高温室气体排放情景）下的风险在相同的变暖阈值下降低得更多；在同一增温幅度内，RCP8.5 情景下 ILCR 的减幅比 RCP4.5 高出 1.2%~11.8%。RCP8.5 情景下增温 4℃（2073 年）时，所有暴露途径导致的总的人体健康风险的三个四分位数变化较大，分别是 2.67×10^{-7}、3.48×10^{-6} 以及 1.29×10^{-4}，相差 3 个数量级，如表 12-5-2 所示。

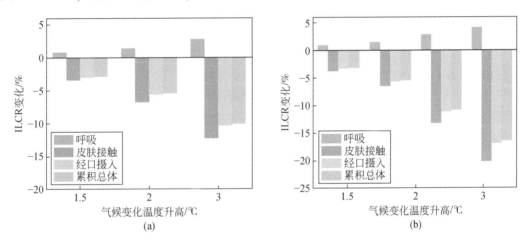

图 12-5-1　RCP4.5（a）和 RCP8.5（b）情景全国各途径暴露及累积人体健康风险的变化

表 12-5-2　RCP8.5 情景温度升高 4℃时全国各途径暴露及累积人体健康风险的数据分布情况

数据	呼吸暴露风险	皮肤接触暴露风险	经口摄入暴露风险	累积总体暴露风险
平均值	4.70×10^{-6}	4.30×10^{-7}	3.46×10^{-4}	3.51×10^{-4}
最小值	1.41×10^{-19}	1.62×10^{-14}	7.86×10^{-12}	1.03×10^{-11}
$Q1$	9.18×10^{-10}	8.19×10^{-10}	2.35×10^{-7}	2.67×10^{-7}
$Q2$/中位值	6.05×10^{-8}	8.05×10^{-9}	3.34×10^{-6}	3.48×10^{-6}
$Q3$	2.30×10^{-6}	2.20×10^{-7}	1.26×10^{-4}	1.29×10^{-4}
最大值	3.92×10^{-4}	8.94×10^{-5}	6.49×10^{-2}	6.54×10^{-2}

气候变暖后，更多的 PAHs 被转移到大气中，尤其是 HMW PAHs，在大气中浓度有所

增加。尽管经口摄入和皮肤接触两种暴露途径导致的人体健康风险减少，但呼吸暴露导致的人体健康风险有所增加，需要引起关注与重视。当温度增加到 1.5℃、2℃、3℃ 时，RCP4.5 情景下（2028 年、2043 年、2091 年）呼吸暴露导致的健康风险增加了 0.8%（$Q1 \sim Q3$，0.2% ~ 1.5%）、1.4%（0.8% ~ 2.1%）和 2.8%（1.3% ~ 4.0%）；当温度增加到 1.5℃、2℃、3℃、4℃ 时，RCP8.5 情景下（2024 年、2037 年、2055 年、2073 年）呼吸暴露导致的健康风险增加了 0.9%（$Q1 \sim Q3$，0.4% ~ 1.5%）、1.5%（0.8% ~ 2.2%）、2.9%（1.5% ~ 4.2%）和 4.1%（2.9% ~ 5.8%），如图 12-5-1 所示。相比于 RCP4.5 情景（中等温室气体排放情景），RCP8.5 情景（高温室气体排放情景）下的风险在相同的变暖阈值下增加得更多；在同一增温幅度内，RCP8.5 情景下呼吸暴露 ILCR 的增幅比 RCP4.5 高出 1.3% ~ 16.2%。RCP8.5 情景下增温 4℃（2073 年）时，呼吸暴露途径导致的人体健康风险的三个四分位数变化较大，分别是 9.18×10^{-10}、6.05×10^{-8} 以及 2.30×10^{-6}，相差 3 ~ 4 个数量级，如表 12-5-2 所示。而经口摄入和皮肤接触暴露的风险有所降低，两种暴露途径的风险降低幅度相当。另外，全年龄段增长率变化保持一致，与总体健康风险变化情况数值相近。

虽然在气候变化背景下，多途径暴露于 PAHs 的累积总体健康风险呈现减少趋势，但是健康风险的绝对值依旧很高。例如，在基准气候变化 RCP8.5 情景下增温 4℃（2073 年）时，所有暴露途径导致的总的人体健康风险的三个四分位数变化分别是 2.67×10^{-7}、3.48×10^{-6} 以及 1.29×10^{-4}，如表 12-5-2 所示，大部分数值 $>1.00 \times 10^{-6}$。从全国来看，未来气候变化 RCP8.5 情景下，温度升高 4℃（2073 年）时，全国 66% ~ 67% 区域范围内多途径暴露累积健康风险仍高于 1.00×10^{-6}，具有潜在的癌症风险。27% ~ 28% 区域范围内多途径暴露累积健康风险仍高于 1.00×10^{-4}，具有较高的癌症风险。

12.5.3　健康风险变化的空间分布差异

从风险相对变化的空间分布差异来看，如图 12-5-2 和图 12-5-3 所示，不管是每种 PAHs 暴露途径所导致的人体健康风险，还是多种暴露途径累积的总体人体健康风险，青藏高原和中国西北地区 PAHs 人体暴露及健康影响对气候变化的响应都要强于其他地区。呼吸暴露风险在全国范围内几乎均呈现增加趋势，体现在空间分布差异中，增幅最大的是青藏高原地区，如在 RCP8.5 情景下温度升高 4℃（2073 年）时，青藏高原地区呼吸暴露风险增加了 7.0%（5.0% ~ 9.4%），比全国平均水平高出 1.6 倍，而累积总体健康风险减少了 23.0%（18.2% ~ 27.6%），比全国平均水平高出 1.3 倍；另外，在新疆塔里木盆地，大气中 LMW PAHs 和 HMW PAHs 的浓度均有所降低，呼吸暴露引起的健康风险也因此有所降低。同样，随着气候变化的程度愈发强烈：温度升高（1.5 ~ 4℃）、情景切换（从 RCP4.5 到 RCP8.5），以上变化程度变得越来越大。在同一增温阈值下，相比于中等温室气体排放 RCP4.5 情景，在温室气体高排放 RCP8.5 情景下变化更加强烈。对于绝对风险较高的"2+26"城市群所在省市，气候变化引起的相对变化不太大，但即使未来气候变暖，"2+26"城市群所在省市呼吸暴露的绝对健康风险及多种暴露途径累积的总体健康风险仍高于其他地区。

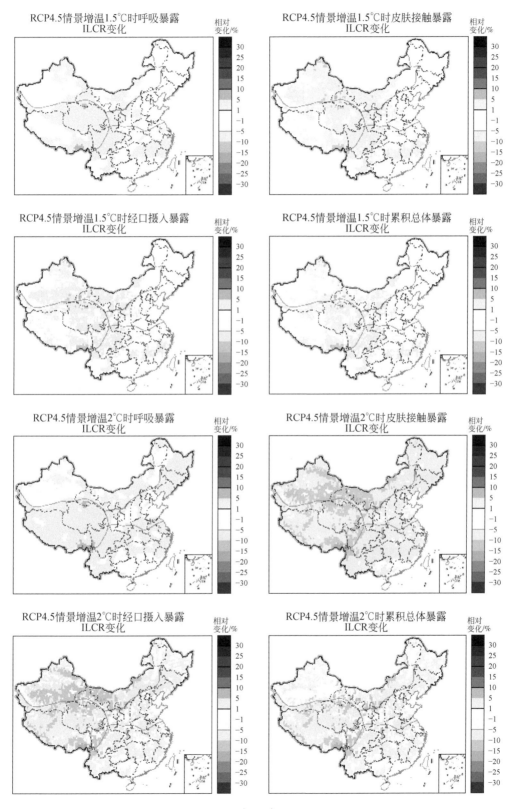

RCP4.5情景增温1.5℃时呼吸暴露
ILCR变化

RCP4.5情景增温1.5℃时皮肤接触暴露
ILCR变化

RCP4.5情景增温1.5℃时经口摄入暴露
ILCR变化

RCP4.5情景增温1.5℃时累积总体暴露
ILCR变化

RCP4.5情景增温2℃时呼吸暴露
ILCR变化

RCP4.5情景增温2℃时皮肤接触暴露
ILCR变化

RCP4.5情景增温2℃时经口摄入暴露
ILCR变化

RCP4.5情景增温2℃时累积总体暴露
ILCR变化

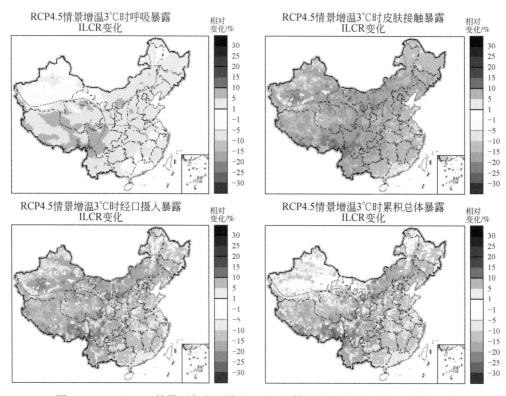

图 12-5-2　RCP4.5 情景下各途径暴露 PAHs 人体健康风险相对变化空间分布图

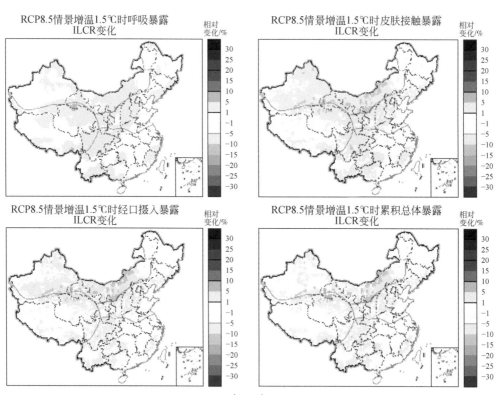

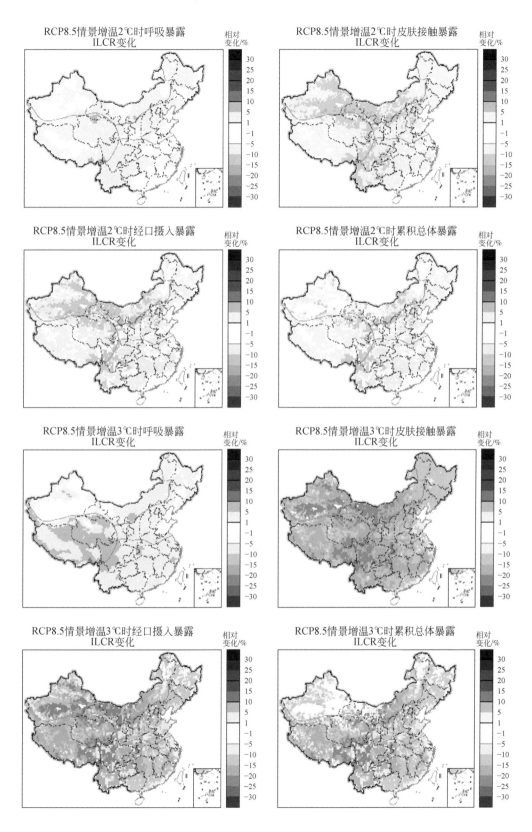

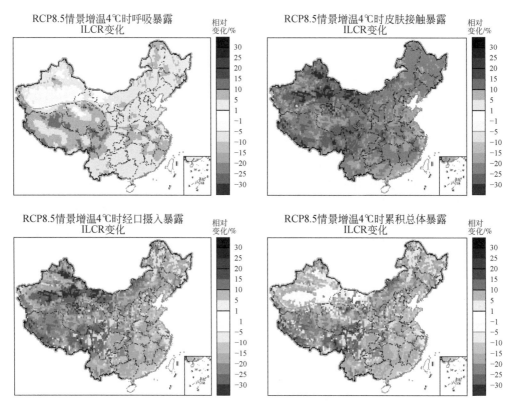

图 12-5-3　RCP8.5 情景下各途径暴露 PAHs 人体健康风险相对变化空间分布图

12.5.4　多环芳烃减排目标

尽管本研究未来的气候变化评估存在一定的不确定性，但本研究对不同气候变化情景的对比分析清楚地表明，随着全球变暖的加剧，对 PAHs 多介质环境归趋、多途径人体暴露及健康风险的潜在影响具有明显的趋势性变化，特别是呼吸暴露导致的人体健康风险的增加，这可能会引起一定程度的关注。

为了降低潜在的癌症风险，至少需要从两方面着手。一方面，本研究结果表明，RCP8.5 情景下温度升高 4℃（2073 年）时，与基准年 2009 年相比，呼吸暴露健康风险增加了 2.9%~5.8%。RCP8.5 情景下呼吸暴露健康风险比 RCP4.5 情景下相同升温阈值下的呼吸暴露健康风险高 1.3%~16.2%。将全球平均温升限制在 1.5℃将使呼吸暴露健康风险增加的比例降至 1% 以下，无论是对于 RCP4.5 还是 RCP8.5。另一方面，本研究还指出，在考虑未来气候变化的影响之前，有必要通过减少源输入来减少 PAHs 的排放，最终减少 PAHs 诱发的癌症风险。本研究结果表明，在没有气候变暖干预措施的情况下，需要采取一些其他措施来减少 PAHs 的排放，以实现将多途径暴露的癌症风险降低到可忽略的水平（1.00×10^{-6}）的目标。

如果想将中国多途径暴露总体累积 ILCR 绝对值的中位数［RCP8.5 情景下温度升高 4℃（2073 年）时为 3.48×10⁻⁶］降低到安全水平（<1.00×10⁻⁶），PAHs 的总排放量需要减少到 2009 年排放量的 31%（减少量为 2009 年排放量的 69%），PAHs 排放量应低于 170kg/（km²·a）。北京大学 PAHs 排放清单数据显示，2014 年 PAHs 总排放量为 121.13Gg/a。与 2014 年相比，PAHs 排放量需要减少到 2009 年排放量的 33%。尤其是对于癌症风险高的地区和常有频繁暴露行为的人群，排放量需要进一步减少。

对于不同地区，本研究结果表明中国北方 PAHs 暴露人体健康风险较高，其次是中国南方，最后是中国西北地区和青藏高原，这些地区 PAHs 减少量分别为基准年（2009 年）排放量的 75.1%、75.0%、69.3% 以及 0%（无须减少），以降低到安全水平。再具体到省市，"2+26" 城市群所在的北京、天津、河北、山西、山东、河南等省市以及上海、江苏、安徽等省市的 PAHs 减排力度最大，减排比例均应在 75.2% 以上。而根据本研究的结果，西藏和青海在未来气候变化下的人体健康风险较低，不需要采取减排措施。

事实上，在上述地区，中国已经采取了控制 PAHs 排放源的措施，如针对住宅/商业部门的北方地区冬季清洁取暖规划（http://www.gov.cn/xinwen/2017-12/20/content_5248855.htm）等政策，以减少室内用于日常烹饪和取暖的生物质燃烧（占 2007 年中国 PAHs 排放量的一半以上），尤其是在不断扩大的农村地区，清洁能源取代了生物质燃料，并相应地补贴当地居民。虽然中国北方逐步淘汰取暖和烹饪用固体燃料在减少 PAHs 排放方面具有巨大潜力，但仍需要进一步评估以确定其在减少多途径暴露 PAHs 健康风险方面的有效性。

12.5.5 不确定性分析和灵敏度分析

本研究通过蒙特卡洛模拟探究了整个疏松耦合模型体系的不确定性，分别计算了 16 种 PAHs 不同暴露途径的累积 ILCR 的预测模拟结果 10 000 次，并对输出结果进行数据处理，以确定 16 种 PAHs 不同暴露途径的累积总体健康风险的最小值、最大值、下四分位值、中位值及上四分位值，进而分析模型的不确定性。蒙特卡洛模拟结果表明，16 种 PAHs 不同暴露途径的累积人体健康风险均呈现对数正态分布，四分位范围几乎在一个数量级范围内，有效反映了模型预测健康风险的范围；并且模拟结果与基准年累积总体健康风险数据分布情况数量级吻合，一定程度上验证了随机因子条件下整个疏松耦合模型体系的稳定性。总体而言，整个疏松耦合模型体系整体拟合效果良好。

另外还需对本研究中不确定性产生的原因进行讨论。首先需要说明的是，本研究中应用的环境化学归趋模型为稳态多介质模型（SESAMe v3.4）。它提供了稳定状态下的 PAHs 浓度，以反映年度均值，而不考虑过去几年的残留和累积。考虑到环境中单个 PAHs 的持续时间可能不到一年，尽管在非常特殊的情况下可能存在例外情况，但在这方面，由于应用 SESAMe v3.4 作为疏松耦合模型体系的主体产生的不确定性较小。此外，为了适应多环境介质不同环境参数的可用空间分辨率，SESAMe v3.4 的分辨率当前为 0.5°。与一些大气模型相比，这使得捕捉污染热点具有挑战性。然而，它反映了所有环境介质的平均浓度，这足以作为本研究的目标，对大多数人群进行典型的暴露情景及健康风险评估。考虑到以相对高的分辨率对中国环境进行了相对准确的模拟，以及考虑多种暴露途径的目的，SESAMev 3.4 是一个最佳选择。最后，由于本研究打算在不考虑 PAHs 排放及排放与气候变化相互作用的情况下单探索气候变化的影响，并且由于在如此长的一段时间内缺乏未来的排放数据，本研究假设 21 世纪的排放量是恒定的。考虑到当前 PAHs 排放量自 1995 年出现峰值后呈逐年下降趋势及预测中国地区未来 PAHs 排放量呈现持续下降的趋势（Shen et al., 2013），这可能会导致对未来健康风险的高估，但提供了一个相对保守的风险评估情景，没有 PAHs 排放控制和风险管理作为参考。这可以被视为基线排放情景，在此基础上，本研究提出了 RCP8.5 基准情景下温度升高4℃（2073 年）时的减排目标，以避免患癌症的重大健康风险。

虽然本研究承认模型预测真实环境及情景的可能性还可能再提高，然而这几乎是第一次对气候变化健康响应的比较估计强调，如果要防止各环境介质中 PAHs 对人体造成的潜在癌症风险，就需要加强国际承诺，限制全球变暖；而除此之外更重要的是，需要采取措施减少 PAHs 的排放，以从源头减少 PAHs 暴露于人体引起的相关健康风险。

本研究通过蒙特卡洛模拟进行了灵敏度分析。温度、降水、风速等气象因素共同作用影响 PAHs 的环境归趋和相关的多途径暴露人体健康风险，其中，温度影响最大。蒙特卡洛模拟（10 000 次）的灵敏度分析结果表明，仅考虑气象因素变化条件下，温度对多途径累积总风险结果而言的 VCR 是 71.2%，降水和风速对多途径累积总风险结果而言的 VCR 分别是 28.4%和 0.5%。并且温度对风险的影响是负效应，降水和风速为正效应。说明温度影响最大，其次是降水。在未来气候变化情景下，降水速率增加可以促进降解和大气向地表分配的过程，进而增加水体和土壤中 PAHs 的浓度，从而增加经口摄入和皮肤接触途径的暴露风险。然而，温度增加会促进各个环境介质中的 PAHs 不同程度的降解，从而减少环境介质中 PAHs 浓度，导致多途径暴露总体健康风险的减少。温度影响大于降水，抵消了降水对最终风险的增加效果，导致最终多途径暴露总体健康风险的减少。许多区域研究捕捉到了温度对 PAHs 环境归趋的重要影响，不管是在年内还是在年际。另外，在环境属性中人口密度、区域排放（local emission）以及水体流速（water flow）解释了85%以上的因变量（总体健康风险）的变异性，表明这些因子对因变量影响较大。注意，在 Oracle Crustal Ball 软件中，方差贡献通过计算等级相关系数的平方值并将它们标准化为 100%来进行计算。此结果只是一个近似值，并不是严格的方差分解。

12.6　小　　结

针对未来气候变化对持久性有机污染物多介质环境归趋及相关人体健康影响程度不清的问题，以典型持久性有机污染物 PAHs 为目标污染物，构建了多介质环境模型、生物累积模型以及人体健康风险评价模型三者耦合的大尺度、高精度的模型体系，将气候变化对持久性有机污染物归趋的影响评价由环境浓度水平拓展到人体健康效应；量化评估了未来气候变化对中国，尤其是黄淮海地区，多环芳烃多介质归趋及相关人体健康的影响，揭示了气候变化影响的区域差异以及不同气候变化情景、不同增温幅度影响之间的差异，为气候变化背景下多环芳烃减排策略的制定提供了科学依据。

研究发现不考虑排放变化影响，未来气候变暖，促进了 PAHs 在不同环境介质中的降解代谢过程，中国大陆不同环境介质（大气、淡水水体、淡水沉积物、土壤及植被）中 16 种 PAHs 总浓度减少，但是由于降解速率差异，高分子量 PAHs 在大气中浓度增加，这分别导致多途径暴露总体人体健康风险减小，而呼吸暴露风险有所增加。PAHs 排放和气候因素变化同时影响着 PAHs 浓度及风险变化的空间分布。在所有气象因子中，温度对 PAHs 环境归趋及相关多途径暴露人体健康风险的影响最为显著，促进了不同环境介质中的降解过程。气候变化背景下，全国 66%~67% 区域仍具有潜在的癌症风险，27%~28% 区域具有较高的致癌风险。为将全国健康风险降低到安全水平，PAHs 的总排放量需要减少到 2014 年排放量的 33%。本研究强调了在未来气候变化背景下限制 PAHs 排放的重要性和紧迫性。

参 考 文 献

Allen P M, Arnold J G, Byars B W. 1994. Downstream channel geometry for use in planning-level models. Journal of the American Water Resources Association, 30: 663-671.

Doetterl S, van Oost K, Six J. 2012. Towards constraining the magnitude of global agricultural sediment and soil organic carbon fluxes. Earth Surface Processes and Landforms, 37: 642-655.

Gandolfi C, Bischetti G B, Whelan M J. 1999. A simple triangular approximation of the area function for the calculation of network hydrological response. Hydrol Process, 13: 2639-2653.

Nisbrt I C T, Lagoy P K. 1992. Toxic equivalency factors (TEFs) for polycyclic aromatic hydrocarbons (PAHs). Regulatory Toxicology and Pharmacology, 16: 290-300.

Riahi K, Rao S, Krey V, et al. 2011. RCP 8.5—A scenario of comparatively high greenhouse gas emissions Climate Change, 109: 33-57.

Schulze K, Hunger M, Döll P. 2005. Simulating river flow velocity on global scale. Advances in Geosciences, 5: 133-136.

Shen H, Huang Y, Wang R, et al. 2013. Global atmospheric emissions of polycyclic aromatic hydrocarbons from 1960 to 2008 and future predictions. Environmental Science & Technology, 47: 6415-6424.

USEPA. 2012. Estimation Programs Interface Suite™ for Microsoft® Windows, v4. 11. https://www. epa. gov/tsca-screening-tools/download-epi-suitetm-estimation-program-interface-v411[2021-05-26].

USEPA. 2016. Risk Assessment Guidance for Superfund: Volume Ⅰ. Human Health Evaluation Manual (RAGS/HHEM). https://www. epa. gov/risk/risk-assessment-guidance-superfund-rags-part[2021-05-26].

Whelan M J, Gandolfi C, Bischetti G B. 1999. A simple stochastic model of point source solute transport in rivers based on gauging station data with implications for sampling requirements. Water Research, 33: 3171-3181.

Xu X. 2017. China Population Spatial Distribution Kilometer Grid Data Set. https://www. resdc. cn/DOI/DOI. aspx? DOIid=32[2021-05-26].

Yang K, He J, Tang W, et al. 2018. China meteorological forcing dataset (1979-2018). National Tibetan Plateau/Third Pole Environment Data Center.

Zhu Y, Price O R, Kilgallon J, et al. 2016. A multimedia fate model to support chemical management in China: a case study for selected trace organics. Environmental Science & Technology, 50: 7001-7009.

Zhu Y, Price O R, Tao S, et al. 2014. A new multimedia contaminant fate model for China: how important are environmental parameters in influencing chemical persistence and long-range transport potential?. Environment International, 69: 18-27.

Zhu Y, Tao S, Price O R, et al. 2015. Environmental distributions of benzo [a] pyrene in China: current and future emission reduction scenarios explored using a spatially explicit multimedia fate model Environmental Science & Technology, 49: 13868-13877.